# 深基坑施工技术与工程管理

邱茂顺　韩　峥　王吉荣　主编

U0254587

中国石化出版社

**图书在版编目（CIP）数据**

深基坑施工技术与工程管理／邱茂顺，韩峥，王吉荣主编 . —北京：中国石化出版社，2022.10
ISBN 978-7-5114-6895-6

Ⅰ . ①深… Ⅱ . ①邱… ②韩… ③王… Ⅲ . ①深基坑-工程施工②深基坑-工程管理 Ⅳ . ①TU473.2

中国版本图书馆 CIP 数据核字（2022）第 181432 号

**中国石化出版社出版发行**
地址:北京市东城区安定门外大街 58 号
邮编:100011 电话:(010)57512500
发行部电话:(010)57512575
http://www.sinopec-press.com
E-mail:press@sinopec.com
北京力信诚印刷有限公司印刷
全国各地新华书店经销
＊
787×1092 毫米 16 开本 17.75 印张 445 千字
2022 年 11 月第 1 版 2022 年 11 月第 1 次印刷
定价:128.00 元

# 《深基坑施工技术与工程管理》
# 编 委 会

基坑工程是为保证基坑施工、主体地下结构的安全和周围环境不受损害而采取的支护结构、降水和土方开挖与回填，包括勘察、设计、施工、监测和检测等。基坑工程是一个综合性的岩土工程，既涉及土力学中典型的强度、稳定与变形问题，又涉及土与支护结构的相互作用问题。

随着城市建设步伐的不断加快，城市建设用地日益减少，使得我们更多地向高度上寻找发展空间。建筑高度越高，随之而来的是基坑深度越来越深，并且很多建筑工程基坑边坡紧邻建筑物，使得深基坑支护变得尤为重要。

深基坑支护设计与施工应综合考虑工程地质与水文地质条件、基础类型、基坑开挖深度、降排水条件、周边环境对基坑侧壁位移的要求、基坑周边荷载、施工季节、支护结构使用期限等因素，做到因地制宜、因时制宜、合理设计、精心施工、严格监控。

本书共九个章节，主要内容包括土的物理力学特性、基坑的稳定性分析、土钉支护与排桩支护、PC工法组合桩专项施工案例、降排水措施与深基坑监测，厦门市轨道交通1号线一期工程土建施工管理。全书理论与实例相结合，着重解决施工中真实发生的实际问题，突出重点。

本书旨在为我国土建工程建设贡献绵薄之力，可供从事深基坑专业设计人员、管理人员和高等院校师生学习与参考。对于书中的不当和错误之处，衷心企盼得到专家、读者的批评指正。

# CONTENT
目 录

# 第 一 章
# 绪 论

## 第一节 概 述

随着我国城市建设的快速发展，特别是 20 世纪 90 年代之后，高层和超高层建筑项目日益增多，与之相伴的是基坑开挖面积越来越大、开挖深度越来越深（部分深基坑超过30m）。

高层建筑的基坑通常在城市密集的建筑群之间开挖，其场地之狭窄，施工技术难度之大是前所未有的。基坑开挖除要保证基坑自身的稳定性外，还必须保证邻近建筑设施的安全性，因此在狭窄的场地内开挖基坑不仅会给支护设计带来很大困难，也会对邻近建筑的安全使用造成很大威胁。

基坑工程是一个综合性很强的系统工程，涉及土力学中稳定性、变形及渗流三个基本课题，三者结合在一起，需要综合处理。不但要研究土的强度、变形、稳定性问题，还要研究土与结构的相互作用。与此同时，还需要研究施工方法及施工过程对岩土体的影响和制约、变形反馈对结构设计的控制、设计方法和计算方法等重要问题。由于基坑工程的复杂性和不确定性，信息化施工就显得十分重要，通过对现场的实时检测，设计人员可以根据反馈信息及时修改方案中的不足，采取积极有效的补救措施。基坑工程已成为岩土工程界的热点问题，支护技术则成为难点问题。

## 第二节 深基坑工程特点及原则

### 一、深基坑工程特点

（1）临时性

基坑工程属于临时工程，安全储备相对较小，造价较高，建设单位通常不愿投入较多的资金，因此风险性较大，一旦出现事故，造成的经济损失和社会影响往往很严重。

（2）区域性

基坑工程区域性很强，岩土性质和地下水埋藏条件的地域差别非常大，因此勘察所测得数据的离散性也就较大，而且精确度较低，不能真实地反映场地的土层分布。所以，基坑开挖及支护设计须因地制宜，根据本地实际情况，具体问题具体分析，而不能简单地照搬外地的经验。

（3）综合性

基坑工程是一门交叉性的学科，不仅涉及土力学中稳定性、变形和渗流三个基本课题，还涉及结构力学问题，同时又必须考虑施工的时空效应、施工工艺的可行性及易操作性等问题。因此，基坑工程是一门系统的综合性工程，也是在理论上尚待发展的综合技术学科。

（4）时空效应

基坑的稳定性和变形受深度和平面形状的影响很大。随着基坑开挖深度的增加，作用在支护结构上的土压力随时间变化，蠕变将降低土体强度，进而影响基坑的稳定性。因此，基坑工程具有很强的时空效应。

（5）环境效应

基坑工程对其周边的环境造成的影响，称为环境效应。基坑的开挖，引起一定范围内地下水位的变化和应力场的改变，土体中原有天然应力的释放，使基坑周围的建筑物出现不利的拉应力，或使某些部位出现应力集中，由此导致周围地基土体的变形，从而影响相邻建筑物、构筑物及市政管线。

## 二、基坑工程设计原则

1. 基本设计原则

（1）安全可靠

基坑工程的作用就是为地下工程的施工创造安全空间，满足支护结构体本身强度、稳定性、变形的要求。同时，保证周边环境的安全和正常运营，周边环境包括相邻的地铁、隧道、管线、建(构)筑物、地下洞室、地下商场等公共建筑。

（2）经济合理

在确保基坑本身和环境条件安全可靠的前提下，从工期、造价、材料、设备、人工、环境保护等方面综合分析确定具有明显技术经济效益及环境效益的方案。

（3）施工便利并保证工期

在安全可靠、经济合理的前提下，最大限度地满足方便施工和缩短工期的要求。

2. 设计依据

① 国家有关法律法规及规定。

② 国家及地区的有关规范及规程。

③ 场地岩土工程勘察报告。

④ 周围环境条件及有关限制条件资料。

⑤ 主体结构设计资料。

3. 支护结构设计时应采用的两类极限状态

（1）承载能力极限状态

对应于支护结构达到最大承载力或土体失稳(隆起、倾覆、滑移或踢脚)、过大变形导致支护结构或基坑周边环境破坏、止水帷幕失效(坑内出现管涌、流土)等，属于承载能力极限状态。

（2）正常使用极限状态

包括以下四种状况：

① 造成基坑周边建（构）筑物、地下管线、道路等的损坏或影响其正常使用的支护结构位移。

② 造成基坑周边建（构）筑物、地下管线、道路等的损坏或影响其正常使用的土体变形。

③ 影响主体地下结构正常施工的支护结构位移。

④ 影响主体地下结构正常施工的地下水渗流。

4. 基坑工程方案选型应遵循的原则

（1）基坑支护设计

以"基坑设计三要素"为基本点，进行基坑支护设计，所谓"基坑设计三要素"即基坑深度、场地地质及地下水条件和周边环境条件。

（2）基坑深度

这里包括基坑四周不同地段处的深度、局部地段的深度、坑中坑的深度等。

（3）场地地质及地下水条件

① 当基坑侧壁存在杂填土、软土、砂土等情况时，应考虑确定不同的放坡坡度及支护选型。

② 场地是否存在地下水或其他类型水，如常见的潜水、承压水、浅层土体的上层滞水、管道渗漏水等，它们的存在不但决定了如何进行降水、排水和止水，还直接影响基坑场地的安全与否。

（4）场地环境条件

基坑工程环境调查范围一般指不小于基坑开挖深度23倍的范围。临近地铁、隧道工程或有特殊要求的建设工程，应按有关规定执行。同时，对基坑影响范围内可能受影响的相邻建（构）筑物、道路、地下管线等，必要时应拍摄影像，布设标记，做好原始记录并进行跟踪监测。基坑工程环境调查一般包括下列内容：

① 查明影响范围内的建（构）筑物结构类型、层数、距离、地基基础类型、尺寸、埋深、持力层、基础荷载大小及上部结构现状。

② 查明基坑及周边23倍基坑深度范围内存在的各类地下设施，包括供水、供电、供气、排水、热力等管线或管道的准确位置、材质和形状及对变形的承受能力，管线漏水情况等。

③ 查明拟建、已建（如地铁等）及同期施工的相邻建设工程基坑支护类型、开挖、支护、降水和基础施工等情况。

④ 查明场地周围和邻近地区地表水汇流、排泄情况，地面、地下贮水、输水设施的渗漏情况以及对基坑开挖的影响程度。

⑤ 查明场地周围有无广告牌、电线杆、围墙等，距离远近，基础形式，拆除还是加固；钢筋等材料的堆放场地，荷载取值。

⑥ 查明基坑距四周道路的距离及车辆载重情况以及其他动荷载情况、出土坡道选择位置、塔吊位置、是否加固等。

⑦ 调查基坑及周边 23 倍基坑深度范围内存在的可能影响基坑稳定性的不良地质作用。

⑧ 坑中坑环境条件的调查：明确当时坑中坑的设计条件、荷载条件及建（构）筑物条件。

**5. 方案选型阶段强调概念设计的原则**

综合有关文献，多年来，我国很多地区的大量工程设计经验和基坑事故表明，影响基坑工程设计的不确定因素很多，比如影响基坑设计的三个基本要素、施工因素（挖土机超挖问题、施工设备及施工工艺、坑内基础施工因素、降水影响等）、自然因素（如突发的大暴雨）等；另外，现行的结构设计方法与计算理论都存在一定的假定条件，存在许多缺陷或不可计算性。因此，多因素综合作用下要做好基坑工程设计，必须采用多种工程措施并结合使用才能较好地解决问题，同时每一种工程措施既有合理性也有局限性，且有多种选择方法。如何对这些可选的单项治理措施进行取舍，必须结合实际的工程条件，通过设计条件的概化，根据治理工程措施的适宜性、有效性、可操作性、经济性等多方面因素综合确定。这种对确定基坑工程的整体方案、单项工程措施以及相关的关键细部结构等的论证设计过程即是"概念设计"的工作范畴，明确"概念设计"的工作理念往往决定着整个基坑工程的成败。

人们在总结大量基坑工程灾害的经验中发现：如何选取技术可行、经济合理、安全可靠的治理方案和技术方法成为能否实现有效治理基坑工程事故的关键。它着眼于对影响基坑的设计条件、设计要素的综合分析，既能够把握本质和关键进行宏观控制，又兼顾关键部位的细部结构设计，因地制宜，精准设计。而概念设计往往结合已有的成功工程经验，并辅助计算方法和有关试验手段等，能更好地体现安全可靠与经济实用相结合的设计原则。因此，"概念设计"比"计算设计"更加重要。

要把基坑工程概念设计的含义说清楚，有必要对"概念""设计""概念设计"及"岩土工程概念设计"等进行简要论述。

（1）"概念"的含义

概念是一种逻辑思维的基本形式之一。反映客观事物的一般的、本质的特征，把所感觉到的事物的共同特点抽出来，加以概括，就形成概念。比如"白雪、白马、白纸"的共同特点就是"白"。

（2）"设计"的含义

在正式做某项工作前，根据一定的目的要求，预先制定的方法、图纸等。

（3）"概念设计"的含义

从以上的定义来看，所谓概念设计，就是对某类工程的共同特征进行归纳总结，形成对某类工程的看法或者处理意见，并以此观点或意见形成预先的处置方法或图纸，对该类工程的解决或处理进行指导。

（4）"岩土工程概念设计"的含义

岩土工程概念设计是以场地具有的岩土工程条件（含环境条件）和岩土工程问题为研究对象，以现有岩土工程理论和岩土工程设计方法为指导，对某一地区多年来的勘察设计经验进行归纳、总结和提炼，将其共同特征进行概括、总结，形成具有指导意义的能够有效解决当地岩土工程问题的经验、观点或方法等。

顾宝和大师指出："岩土工程概念设计"已成为岩土工程界的共识。他认为，设计原理、计算方法、控制数据(岩土体参数)是岩土工程设计的三大要素。其中，设计原理最为重要，是概念设计的核心。掌握设计原理就是掌握科学概念。概念不是直观的感性认识，不是分散的具体经验，而是对事物属性的理性认识，是从分散的具体经验中抽象出来的科学真理。我们学习科学知识，最重要的就是学会掌握这些概念。解决工程问题时，概念不清，往往只见现象，不见本质，凭直观的局部经验处理问题。概念错了，可能犯原则性的错误；而概念清楚的人，能透过现象，看到本质，能够举一反三，能自觉地将设计理论和设计经验相结合。就岩土工程设计而言，力学原理、地质演化的科学规律和岩土性质的基本概念、地下水的渗流和运动规律及岩土与结构的共同作用等，都是我们常用的科学原理。

6. 基坑工程的概念设计

基坑工程概念设计是岩土工程概念设计的一个亚类。基坑工程的概念设计也是思路设计(或者路线图设计)，是一种设计理念，是建立在正确理论基础上的对已有的工程在基坑工程选型方面的设计经验进行总结并有效指导类似工程设计的一种设计理念，强调以场地存在的岩土工程问题为导向，以当地已有的成熟的岩土工程设计经验为指导，面向"条件和问题"(各类岩土工程地质条件和岩土工程问题)，通过各种勘察手段的运用，取得各类岩土工程资料和参数，再通过严密的统计、计算和分析，提出合适的岩土工程设计方案和岩土工程治理措施的过程。

要做好基坑工程的概念设计，至少应包括以下几点：强调对基坑工程设计"三要素"的深刻把握和了解；在深刻把握当地地质条件基础上，必须对当地成功的基坑设计经验进行总结和深化，同时对已有失败的工程案例进行消化吸收，用经过检验、不断优化的地区经验指导具体工程的设计；强调要及时引进、消化、吸收先进设计理念、先进设计方法、先进技术和先进工艺，及时补充到当地取得的成功的经验中。

结合多年来的工程设计经验，要做好基坑工程概念设计重点关注的内容，有以下几点值得注意：

① 城市红线意识越来越强烈，原来常用的外拉型的桩锚结构逐步向桩撑支护结构的趋势发展。

② 砂土基坑设计问题。大量砂土工程的工程设计及实践表明，砂土基坑自立性差，坡度太陡，极易发生坍塌事故，因此当场地环境条件允许放坡时可考虑优先放坡；当不允许放坡时，必须采用刚度较大的支护形式。

③ 水泥土搅拌桩墙与桩间土处理问题。在软土及砂土地区，即使不需要水泥土搅拌桩墙做止水帷幕，还应考虑利用水泥土搅拌桩墙对桩间土的保护和加固作用，即在软弱土及砂土基坑中要做水泥土搅拌桩墙对桩间土进行加固，对控制基坑桩间土流失、坍塌及防止地面大幅沉降效果显著。

④ 软土地区锚索施工引起的附加沉降及支护桩选型不当对紧邻建构筑物的破坏问题。对软弱土基坑，当采用锚索施工时，会对地面造成较大的附加沉降，影响较大。在淤泥质土、软弱土及砂性土基坑中应重视大直径旋喷锚索的使用。

⑤ 在软弱土或"类软土"基坑坑底进行 CFG 桩施工时会引起支护体系产生大幅度变形及相应的地面沉降，应妥善安排不同工序的施工时间。

⑥ 坑中坑的设计及施工工序设计。当深、浅坑很接近(如常见的一层地下室与二层地下室的结合部位)，一般先做深坑再做浅坑。但当浅坑附近基础已做好，进行深坑设计时，应考虑以下情况：

a. 考虑已有浅坑附近的附加荷载对深坑的影响。

b. 同时考虑深基坑放坡的可行性(施工的可行性)及支护体系的不同选型对已有浅坑永久建筑物的不利影响。

c. 对浅坑附近的邻近建筑物应进行变形监测，确保邻近建筑的正常使用。

⑦ 重视绿色环保、节约资源及可回收技术。如近年来得到一定使用的可回收锚索、可回收型钢等。

7. 基坑工程的设计方法

目前对基坑工程的设计方法有两种：

(1) 基坑工程稳定控制设计

当基坑周围空旷，允许基坑周围土体产生较大变形时，基坑围护体系满足稳定性要求即可。

(2) 基坑工程变形控制设计

当基坑紧邻市政道路、管线、建(构)筑物，不允许基坑周围地基土体产生较大的变形时，基坑围护设计应按变形控制设计。这种情况下不仅要求基坑围护体系满足稳定性要求，还要求基坑围护体系的变形小于某一控制值。而按变形控制设计不是愈小愈好，也不易统一规定。龚晓南教授又提出，现有规范、规程、手册及设计软件均未能从理论层面加以区分。

# 第三节　深基坑支护措施分类

## 一、基坑支护体系的选择原则

基坑支护体系一般包括两部分：挡土体系和止水降水体系。基坑支护结构一般要承受土压力和水压力，起到挡土和挡水的作用。一般情况下支护结构和止水帷幕共同形成止水体系，但还有两种情况：一种是止水帷幕自成止水体系，另一种是支护本身也起止水帷幕的作用。要合理选择基坑支护的类型，一方面要深刻了解各种支护形式的特点，包括其合理性、优点和缺点；另一方面要结合地质条件和周边的环境及工程造价进行综合考虑。

## 二、常见支护结构特性及适用范围

常见的基坑支护结构形式主要可以分为放坡开挖、土钉支护结构、悬臂式支护结构、水泥土重力式围护结构、内撑式支护结构、拉锚式支护结构等。

### (一) 放坡开挖特性及使用范围

放坡开挖是选择合理的基坑边坡以保证在开挖过程中边坡的稳定性，包括坡面的自立性和边坡整体稳定性。放坡开挖费用较低，但挖土及回填土方量较大。放坡适用于场地开阔，地基土质较好，开挖深度不深的工程。为了增加基坑边坡的整体稳定性，减少开挖及回填的土方量，在放坡过程中，常采用简单的支护形式。

## （二）土钉支护结构特性及使用范围

土钉支护结构的机制可理解为通过在基坑边坡中设置土钉，形成加筋重力式挡墙，起到挡土作用。土钉支护费用较低，适应性强，随挖随支，土方开挖完毕即支护完毕，工期短。土钉支护结构适用于地下水位以上或者人工降水后的黏性土、粉土、杂填土及非松散性砂土、卵石土等，不适用于淤泥质土及未经降水处理地下水位以下的土层。

土钉支护简图如图 1-1 所示，实体照片如图 1-2 所示。

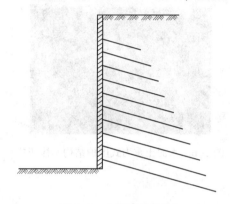

图 1-1　土钉支护简图　　　　　　　　　图 1-2　土钉支护照片

## （三）悬臂式支护结构特性及使用范围

悬臂式支护结构常采用钢筋混凝土桩排桩墙、钢板桩、木板桩、钢筋混凝土板桩、地下连续墙等形式。根据理论分析和工程经验，悬臂式支护桩的桩身弯矩随土压力、基坑深度、桩径以及配筋的变化而变化，但最大弯矩往往发生在基底平面以下不远区域。悬臂式结构对开挖深度很敏感，容易产生较大的变形，对相邻建（构）筑物产生不良影响。悬臂式围护结构适用于土质较好、开挖深度较浅的基坑工程。

悬臂式支护简图如图 1-3 所示，实体照片如图 1-4 所示。

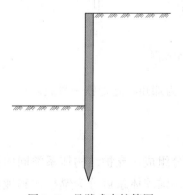

图 1-3　悬臂式支护简图　　　　　　　　图 1-4　悬臂式支护照片

### (四) 水泥土重力式围护结构及适用范围

目前,在工程中用得较多的水泥土重力式围护结构,常采用深层搅拌法形成,有时也采用高压喷射注浆法形成。为了节省投资,常采用格构体系。水泥土与其包围的天然土形成重力式挡墙支挡周围土体,保持基坑边坡稳定。深层搅拌桩水泥土重力式围护结构常用于软黏土地区开挖深度在 6.0m 以内的基坑工程。采用高压喷射注浆法施工可以在砂类土地基中形成水泥土挡墙。水泥土抗拉强度低,水泥土重力式围护结构适用于较浅的基坑工程,其变形也比较大。

水泥土重力式围护挡墙示意图如图 1-5 所示,实体照片如图 1-6 所示。

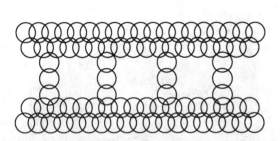
图 1-5　水泥土重力式挡墙示意图

图 1-6　水泥土重力式围护结构实体照片

### (五) 内撑式支护结构及适用范围

内撑式支护结构由支护结构体系和内撑体系两部分组成。支护结构体系常采用钢筋混凝土排桩、SMW 工法、钢筋混凝土咬合桩和地下连续墙形式。内撑体系可采用水平支撑和斜支撑。根据不同开挖深度又可采用单层水平支撑、二层水平支撑及多层水平支撑,分别如图 1-7(a)、(b)、(c)所示。当基坑平面面积很大,而开挖深度不太大时,宜采用单层斜支撑,如图 1-7(d)所示。

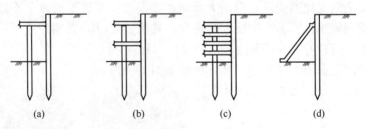

(a)　　　　　(b)　　　　　(c)　　　　　(d)

图 1-7　内撑式围护结构示意图

内撑式支护结构的实体照片如图 1-8 所示(该基坑为郑州在建地铁一号线基坑,基坑深度接近 30m)。

### (六) 拉锚式支护结构及适用范围

拉锚式支护结构由支护结构体系和锚固体系两部分组成。支护结构体系类同内撑式支护结构,常采用钢筋混凝土排桩墙和地下连续墙两种。锚固体系可分为锚杆式和地面拉锚式两种。随基坑深度不同,锚杆式也可分为单层锚杆、二层锚杆和多层锚杆,地面拉锚式支护结构需要有足够的场地设置锚桩，或其他锚固物。锚杆式需要地基土能提供较大的锚固力。锚杆式较适用于砂土地基或黏土地基。

图 1-8　内撑式围护结构照片

拉锚式支护结构示意图如图 1-9 所示，实体照片如图 1-10 所示。

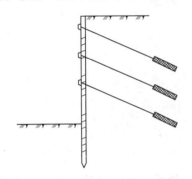

图 1-9　拉锚式支护结构示意图　　　　图 1-10　桩锚式支护结构实体照片

## （七）其他形式支护结构及适用范围

其他形式支护结构主要有门架式支护结构、连拱式组合支护结构（见图 1-11）、灌注桩与高压喷射桩组合支护（见图 1-12）、喷锚网支护结构、SMW 工法桩组合支护、加筋水泥土墙支护结构、沉井支护结构和冻结法支护结构等。门架式支护结构的支护深度比悬臂式支护结构深，适用于开挖深度已超过悬臂式支护结构的合理支护深度的基坑工程；喷锚网支护结构由锚杆（或锚索）、钢筋网喷射混凝土面层与边坡土体组成，其结构形式与土钉支护结构类似，其受力机制类同锚杆，有时称为土中锚杆，常用于土坡稳定加固，不适用于含淤泥土和流砂的土层；加筋水泥土挡墙支护结构是在水泥土中插入型钢而形成的，以提高水泥土的抗拉强度，增加水泥土重力式挡墙支护结构的支护深度。

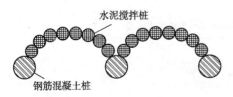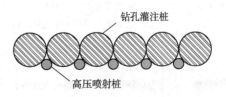

图 1-11　连拱式组合支护结构　　　　图 1-12　灌注桩与高压喷射桩组合支护

9

## 三、基坑支护结构的分类

根据支护结构的性质和结构本身，对其进行大致分类，如图 1-13 所示。

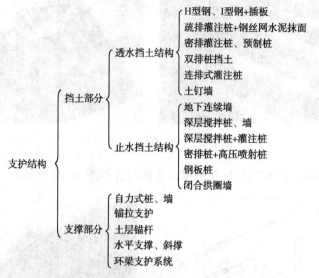

图 1-13　深基坑支护结构的分类

## 四、基坑支护结构的适用条件

支护结构可根据基坑周边环境、开挖深度、工程地质与水文地质、施工作业设备和施工季节等条件按表 1-1 进行选取。

表 1-1　深基坑支护结构的适用条件

| 结构选型 | 适用条件 |
|---|---|
| 排桩或地下连续墙 | ①适用于基坑侧壁安全等级为1、2、3级；<br>②悬臂式结构在软土场地中不宜大于5m；<br>③当地下水位高于基坑底面时，宜采用降水、排桩加截水帷幕或地下连续墙 |
| 水泥土墙 | ①基坑侧壁安全等级为2、3级；<br>②水泥土桩施工范围内地基土承载力不宜大于150MPa；<br>③基坑深度不宜大于6m |
| 土钉墙 | ①基坑侧壁安全等级为2、3级的非软土场地；<br>②基坑深度不宜大于12m；<br>③当地下水位高于基坑底面时，应采取降水措施或截水措施 |
| 逆作拱墙 | ①基坑侧壁安全等级为2、3级；<br>②淤泥和淤泥质场地不宜采用；<br>③拱墙抽线的矢跨比不宜小于1/8；<br>④基坑深度不宜大于12m；<br>⑤当地下水位高于基坑底面时，应采取降水措施或截水措施 |

| 结构选型 | 适用条件 |
| --- | --- |
| 放坡 | ①基坑侧壁安全等级为3级；<br>②施工现场应满足放坡条件；<br>③可独立或与上述其他结构类型结合使用；<br>④当地下水位高于基坑底面时，应采取降水措施 |

# 第四节　基坑工程事故原因分析

　　基坑工程的问题较多，其技术复杂，是建筑工程中的一个难点。基坑涉及多种学科，如土力学、基础工程、结构力学和施工技术等，是一项系统工程，设计人员必须对土质构造、地质成因、地下水的形成等进行详细了解。据文献统计的522例基坑失事工程中，设计原因造成的基坑失事就有213例(典型的基坑事故如图1-14所示)，占调查总数的40.8%，由此可见设计考虑不周的失事概率相当高。

图1-14　基坑工程的事故照片

常见的事故原因可总结为以下几方面：

（1）土层开挖和边坡支护不配套

深基坑开挖过程中，支护施工滞后于土方施工比较常见，因此不得不采取二次回填或搭设架子来完成支护施工。一般来说，土方开挖施工技术含量相对较低，工序比较简单，组织管理也容易。而深基坑挡土或挡水的支护结构施工技术含量比较高，工序多且复杂，施工组织和管理都较土方开挖复杂。所以，在施工过程中，大型的基坑工程一般由两个专业施工队来分别完成土方开挖和挡土支护工作，且两项工作往往是平行进行的。这样就增加了施工过程中的协调管理难度，土方开挖施工单位或者抢进度，或者拖工期，导致开挖顺序较乱。特别是雨期施工时，甚至不顾挡土支护施工所需的工作面要求，使得支护施工的操作面不足，时间上也无法保证，致使支护施工滞后于土方施工。因为支护施工无操作平台完成钻孔、注浆、布网和喷射混凝土等工作，不得不用土方回填或搭设架子来设置操作平台，以便完成施工。这样不但难以保证工程施工进度，更难以保证工程质量，甚至发生安全事故，留下质量隐患。

（2）边坡修理达不到设计和规范要求

深基坑开挖常存在超挖和欠挖现象。一般深基坑开挖均使用机械开挖，人工修坡后即开始挡土支护的混凝土初喷工序。而在实际开挖时，由于施工管理人员不到位，技术交底不充分，分层分段开挖高度不一，开挖机械操作人员的操作水平低等因素的影响，使机械开挖后的边坡表面平整度、顺直度极不规则，达不到设计和规范要求。而人工修理时不可能深度挖掘，只能在机挖表面作平整度简单修整，在没有严格检查验收的情况下就开始初喷，所以挡土支护后经常出现超挖和欠挖现象。

（3）成孔注浆不到位、土钉或锚杆受力达不到设计要求

深基坑支护所用土钉或锚杆钻孔，一般为直径 100～150mm 的钻杆成孔，孔深一般为 4～20m。钻孔所穿过的土质也不相同，钻孔中如果不认真研究土体情况，会产生出渣不尽、残渣沉积等问题，进而影响注浆质量，有的甚至造成成孔困难、孔洞坍塌，无法插筋和注浆。另外，由于注浆时配料随意性大、注浆管插不到位、注浆压力不够等造成注浆长度不足、充盈度不够，而使土钉或锚杆的抗拔力达不到设计要求，影响工程质量。

（4）喷射混凝土厚度不够、强度达不到设计要求

目前，建筑工程基坑支护喷射混凝土常用的是干拌法喷射混凝土设备，其主要特点是设备简单、体积小、输送距离长，速凝剂可在进入喷射机前加入，操作方便，可连续喷射施工。虽然干喷法设备操作简单方便，但由于操作人员的水平不同，操作方法和检查控制等手段不全，混凝土回弹严重，再加上原材料质量控制不严、配料不准、养护不到位等诸多因素，往往造成喷后混凝土的厚度不够，混凝土强度达不到设计要求。

（5）施工过程与设计的差异较大

支护结构中，深层搅拌桩的水泥掺量常常不足，影响水泥土的支护强度。实际施工中，深层搅拌桩支护发生水泥土裂缝，有时不是在受力最大的地段，而往往是因为水泥土强度不足，地面施工荷载集中在局部位置，使得荷载值大大高于设计允许荷载造成的。深基坑开挖是支护结构受力与变形显著增加的过程，设计中需要对开挖程序提出具体要求来减少支护变形，并进行图纸交底，而实际施工中土方开挖单位往往为了抢进度追求效益而忽略这些要求，导致施工质量无法保证。

（6）设计与实际情况差异较大

深基坑支护土压力与传统理论的挡土墙土压力有所不同，在目前没有完善的土压力理论指导的情况下，设计中通常仍沿用传统理论计算，因此存在误差。但是在传统理论土压

力计算的基础上结合必要的经验修正可以达到实用要求，但这是一个极为复杂的课题，如果脱离实际工程情况，不考虑地质条件、地面荷载的差异，照搬照套相同坑深的支护设计，就会造成过量变形的后果。所以，支护设计必须综合考虑实际地面可能发生的荷载，包括建筑堆载、载重汽车、临时设施和附近住宅建筑等的影响，比较正确地估计支护结构上的侧压力。

（7）工程监理不到位

按规定，高层建筑、重大市政工程等的深基坑施工必须实行工程监理，大多数事故工程的主要原因都是没有按规定实施工程监理，或者虽有监理但工作不到位，只管场内工程，不管场外影响，实行包括设计在内的全过程监理就更少了。深基坑工程监理要求监理人员具有较高业务水平，在我国现阶段主要只是监控支护结构工程质量、工期、进度，而对于设计监理与对建筑物及周边环境的监控尚有一定差距，亟待完善与提高。

（8）施工监测不够重视

实际深基坑支护施工中，建设单位为节约开支不要求施工监测，或者虽设置一些测点，但数据不足，经常忽视坑边建筑物的检测，或者不重视监测数据，监测点形同虚设。另外，支护设计中没有监测方案，发生情况不能及时报警，事故发生后也不易分析原因，不利于事故的早期处理。

# 第五节　基坑工程的设计条件及内容

## 一、主体结构的设计资料

设计资料包括建筑总平面图、各层建筑结构平面图及基础结构设计图。

应有所在场地的岩土工程勘察报告，明确场地工程地质条件和水文地质条件。如建筑场地及其周边、地表至基坑底面下一定深度范围内地层结构、土（岩）的物理力学性质，地下水分布、含水层性质、渗透系数和施工期地下水位可能的变化等资料。

明确的场地周边环境条件说明：

① 建筑场地内及周边的地下管线、地下设施的位置、深度、结构形式、埋设时间及使用现状。

② 邻近已有建筑的位置、层数、高度、结构类型、完好程度、已建时间、基础类型、埋置深度、主要尺寸、基础距基坑侧壁的净距等。

③ 基坑周围的地面排水情况，地面雨水、污水、上下水管线排入或漏入基坑的可能性及其管理控制体系资料等。

## 二、明确场地荷载条件及其取值

据高大钊提出的将地表集中荷载折算成均布超载时有如下取值建议：

① 繁重的起重机械。距离支护结构1.5m内，按照60kPa取值；距离支护结构1.5~3m内，按照40kPa取值。

② 轻型公路。按照 5kPa 取值。

③ 重型公路。按照 10kPa 取值。

④ 铁道。按照 20kPa 取值。

⑤ 地面超载与施工荷载。坑外地面超载取值不宜小于 20kPa；当坑外地面为非水平面，或者有施工荷载等其他类型荷载时，应按实际情况取值。

⑥ 影响区范围内建(构)筑物荷载影响。

目前国家及行业规范尚没有明确。但文献中对邻近基坑侧壁的既有建筑为复合地基及桩基础时，分别进行了如下有关规定，且近年来也在河南地区进行了相关应用，效果可行，可以作为相关工程的参考。

a. 对刚性桩复合地基，作用于既有建筑土体的超载值可按基底天然地基承载力特征值的 1.2 倍选用。当桩端位于基坑坑底以下时，可不考虑桩端平面处的超载值；当桩端位于基坑坑底以上时，桩端平面处的超载值可按照应力扩散法计算得到的附加应力值选用。

b. 邻近建筑为桩基础时，作用于既有建筑基底的超载值可按基底天然地基承载力特征值的 0.1~0.2 倍选用。当桩端位于基坑坑底以下时，可不考虑桩端平面处的超载值；当桩端位于基坑坑底以上时，桩端平面处的超载值可按照应力扩散法计算得到的附加应力值选用。

c. 对水泥土桩、高压旋喷桩等半刚性桩复合地基或者散体材料桩复合地基，可将基底处的附加应力作为超载值选用。

⑦ 邻近基础施工、基坑开挖的影响。

⑧ 明确场地红线条件。

现在国内许多地区已有明文规定：围护结构不得超越红线。设计单位进行支护结构的选型时，应严格按照要求进行设计。

⑨ 明确基坑设计使用年限。基坑支护设计应规定其使用年限，一般基坑支护的设计与使用年限不应小于一年。超过使用期后应重新对基坑安全进行评估。

## 三、基坑工程安全等级和设计等级

1. 基坑工程安全等级

基坑工程安全等级的确定比较复杂，一般根据基坑周边环境情况、破坏后果、基坑深度、工程地质和地下水条件等划分。但各地规范划分标准不一。

2. 基坑工程设计等级

基坑工程设计等级也应根据基坑周边环境情况及破坏后果、基坑深度、工程地质和地下水条件等综合确定，一般将基坑工程设计等级分为以下三级：

① 设计等级为甲级：位于复杂地质条件及软土地区的二层及二层以上地下室的基坑工程；开挖深度大于 15m 的基坑工程、周边环境条件复杂、环境保护要求高、基坑采用支护结构与主体结构相结合的基坑工程。

② 设计等级为丙级：基坑开挖深度小于 7m 且地质条件简单、场地开阔的基坑工程。

③ 除甲级和丙级外的基坑工程，设计等级均为乙级。

### 四、设计内容

1. 基坑设计前应收集的资料

① 岩土工程勘察报告(包括水文、地质、气象条件等)。

② 邻近建(构)筑物和地下设施的类型、分布、结构特征、基础类型和埋深及变形要求等。

③ 与本工程有关的资料,如用地界线和红线图、邻近地下管线、建筑总平面图;地下结构平面图和剖面图、拟建建筑物基础类型以及是否先期施工等。

④ 基坑开挖和支护期间是否有相邻建筑物施工,其施工方法、施工工艺与基坑工程的相互影响。

⑤ 工期、质量、经济等方面的业主要求。

2. 基坑工程设计内容

① 基坑支护结构均应进行承载能力极限状态的计算,具体要求如下:根据基坑支护形式及其受力特点进行土体稳定性计算;基坑支护结构的受压、受弯、受剪承载力计算;当有锚杆或支撑时,应对其进行承载能力计算和稳定性验算。

② 当基坑周边有建(构)筑物、道路、地下管线、地下构筑物时设定变形值并对基坑周边环境及支护结构变形进行验(估)算。

③ 地下水控制计算和验算,主要包括以下内容:抗渗透稳定性验算;基坑底突涌稳定性验算;根据支护结构设计要求进行地下水控制计算。

④ 施工监测,包括对支护结构的监测和周边环境的监测。

3. 文件组成

一份完整的基坑支护设计书由设计总说明、支护降水、结构平面图、结构剖面图和细部构造图、设计计算书等组成,应做到图文并茂,相得益彰。具体内容如下:工程概况,主要包括位置、基坑规模、深度、坑中坑情况、地下特征等;场地地质条件、水文地质条件和场地环境条件;支护结构方案比较和选型;支护结构强度、稳定和变形计算内容;降水或止水方案;挖土方案设计;施工工序设计;监测方案;各类应急措施等。

其中,附图及附件包括:基坑周边环境分布图、基坑支护平面图、基坑降水平面图、基坑监测平面布置图、细部设计构造图、各类支护剖面图、各类支护和降水计算书、腰梁计算书、基坑周边环境调查报告书、基坑工程专项勘察报告、专项抽水试验报告。

# 第五节 深基坑双排桩支护结构特性

## 一、双排桩支护结构简介

双排桩支护结构体系是一种悬臂类的空间组合体系,可以将其看作是由部分单排悬臂桩后移,在前后排桩的桩顶位置用刚性的连梁连接,从而构成的垂直于基坑开挖面方向的空间结构体系,通过对桩间土的加固可以使其发挥止水的作用,如图 1-15 所示。双排桩支护结构的布桩方式很多，包括格构式、双三角式、丁字式、梅花式、"之"字式、单三角式等，如图 1-16 所示，还可以将不同桩径和不同材料进行组合形成双排桩支护结构的组合形式。

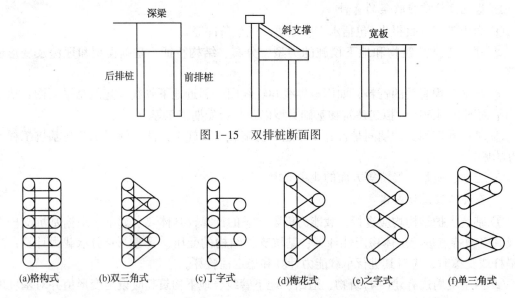

图 1-15 双排桩断面图

图 1-16 双排桩平面布置形式

双排桩支护结构体系的特征如下：

① 双排桩支护结构为空间格构体系，其整体的强度、刚度和稳定性强；

② 基坑周围的主动土压力是由双排桩支护结构的前后排桩共同承担的，前后排桩的受力大小有主次之分，其中后排桩起着拉锚和支挡双重作用；

③ 双排桩支护结构除了采用前后排桩抵抗土压力，还充分利用了土拱效应，改变了土体的侧压力分布，实现更好的支护效果。

与其他支护类型相比，双排桩支护结构具有以下的优点：

① 双排桩支护结构的围护深度较大，不需要设置支撑或者锚杆，是用冠梁和连梁将前后排桩连接而形成的空间结构体系，有效地增大了支护结构的刚度从而减小了其侧向变形。在满足设计安全系数的情况下，相比于单排桩，双排桩桩身最大弯矩是其 1/3 ~ 1/2，钢筋混凝土的用量能够节约 50% 左右；

② 双排桩是超静定结构，在受到多变、复杂的外力荷载时，能够自动地调整自身的内力分布情况来适应外部荷载条件，而单排桩是静定结构，没有这种功能。

③ 当同样设置支撑或者锚杆时，双排桩相比于单排桩其桩径更小、施工更加方便并且造价更低。

④ 由于结构的差异性，相对于单排桩，双排桩在进行基坑的支护时，其后排桩起到了切断采用单排桩结构所可能造成的滑裂的作用，因此选用双排桩结构支护基坑更加稳定。

⑤ 双排桩支护结构需要占用的场地面积比较小，对于施工场地地质情况差或者紧靠场地分布有建筑物等不能够使用拉锚支护结构的条件，可以根据基坑深度等具体条件将双排桩结构纳入优先考虑范围。由工程实际应用可知，相对于其他支护结构，双排桩的施工具

有简便快速、适用范围广、对周围环境影响小以及经济效益高等优点。

⑥ 双排钢板桩可以通过在前后排桩之间设置填充有水泥土以起加固作用的双排钢筋混凝土桩或者水泥土搅拌桩来实现，该结构具有良好的防渗效果，其在码头或者围堰等对防渗效果要求严格的工程中得到了广泛的应用。

## 二、国内外研究现状

### （一）基坑及其支护结构的研究现状

#### 1. 国外研究现状

在二战结束后的 20 多年内，欧美的发达国家为了重建新的家园，并在工业革命的影响下，建造了许多高楼大厦，修筑了很多市区地铁，这就造成了多数深基坑工程的出现，对于深基坑的支护体系的研究也成为了迫切需要解决的问题。Terzaghi 和 Peck 等人最先提出了对深基坑中岩土工程问题的分析方式，在 20 世纪 40 年代，他们提出了总应力法，这种方法能够预测支撑结构的受力以及开挖基坑的稳定性。从这时候开始，国外许多学者都开始对这一方面进行深入的研究，并取得了显著的研究成果。在 50 年代，对于如何分析深基坑内坑底的隆起，Bjerrum 和 Eide 提出了相应的方法。到了 60 年代，智能仪器开始应用于深基坑工程以进行实时监测，这大大提高了预估结果的精确程度，仪器最先用在墨西哥城和奥斯陆的软黏土基坑中。从 70 年代开始，指导基坑工程的土方开挖的法规相继出台。Duncan（1970）为了分析土体应力与应变之间的关系，运用 Duncan-Chang 模型，对一水泵厂的基坑开挖进行了有限单元法的模拟，分析模拟结果可知，当开挖基坑到 200ft 的时候，基坑坑底的竖向回弹量达到了 2.4ft。S. K. Bose 和 N. N. Som 选用修正的剑桥模型作为土体的本构关系以模拟土的非线性，采用数值模拟的方式分析了平面二维情况下深基坑在分步开挖时的变化以及基坑支护结构的变化，并且还研究了对基坑坑底隆起、基坑周围地表沉降和基坑支护结构的位移产生影响的因素，主要因素包括支撑的预应力、支护结构的嵌固深度以及基坑开挖的深度与宽度。通过采用平面应变的有限单元分析方法，Finno 和 Harahap 分析了在基坑开挖过程中基坑坑底处的隆起量以及基坑支护结构的变形。Chiou. D. C. 和 Ou. C. Y 认为基坑的开挖过程是一个空间问题，基坑每侧中间与端部的变化有区别，对于 Finno 和 Harahap 采用的二维平面应变的处理方法认为过于保守，他们通过建立三维有限元模型，重点分析了在开挖过程中基坑拐角处支护结构受力和位移的变化以及坑底隆起量。K. M. Lee 和 R. K. Rowe 提出了一种三维的有限单元方法，此方法能够模拟对地面沉陷造成影响的基坑周围及地表的应力状态、施工步骤和工序以及后续的地层位移的具体作用，并且得出了在基坑三维模型中进行开挖可以采用的弹塑性本构模型，还给出了对于非线性问题的解决方式。

#### 2. 国内研究现状

在我国，改革开放以来，城市建设得到快速发展，高层建筑雨后春笋般不断涌现，基坑开挖的深度也越来越大，基坑工程就是在这个时候开始成为了广大国内研究人员的重点关注对象。到了 20 世纪 90 年代，许多城市开始了旧城改造工程，如何在对繁华拥挤的市区内的深基坑进行开挖支护的同时减小其对周边环境的影响、保证周边环境的安全成为了一项新的亟待解决的问题，这也推动了基坑工程的发展。我国对基坑工程课题研究比较早的是夏明耀（1984），通过采用模型试验，他分析了地面超载 $q$、土体的性质（$c$，$\varphi$）以及支护结构的嵌固深度 $D$ 对基坑坑底隆起量的影响，并利用数理统计的方式总结出了对坑底隆起量的经验计算公式。徐方京和侯学渊（1990）通过对比计算基坑的几种常用方法包括超固结法、分层总和法等，分析了基坑开挖面以下土体的回弹性状。高文华（2003）等以 Mindlin厚板理论为参考，该理论将横向剪切变形考虑了进去，建立了深基坑三维空间有限元模型，模型不仅能够模拟基坑分步开挖的过程、支护结构的变化、结构和土体之间的摩擦以及地基的流变，还可以根据支护结构的位移自动地调整土体压力，通过引用一个实例证明所建的模型可以考虑基坑开挖以及地基流变所引起的基坑支护结构的空间和时间效应。龚晓南和俞建林利用空间有限元的方法对基坑开挖过程中围护结构的变形、基坑坑底隆起量以及基坑周围地表沉降的空间变化规律进行了研究，还分析了设置的支撑的高度和刚度、支撑水平距离以及支护结构的刚度等对三种变形的作用，结果表明缩小支撑的水平距离、增大围护结构和所设支撑的刚度都可以减少支护结构的水平侧向位移，其中，增大围护结构的刚度所取得的效果最好。

对于工程中的任何一个课题，其要想发展，就需要将理论和实践紧密地联系在一起并且相互促进。基坑工程的发展历程，就是一种新的支护方式的产生，带出一种新的分析方法，之后遵循实践、认识、再实践、再认识的规律，从而慢慢变成熟的过程。早时候基坑开挖广泛采用放坡的方式，但当基坑的开挖深度逐渐加大时，由于放坡需要较大的施工空间，因此会受到周围环境条件的限制，之后便出现了支护开挖。到目前为止，基坑支护类型已经发展了数十种，在最初放坡开挖的基础上，逐渐出现了悬臂支护方式、内支撑支护方式以及组合型支护方式等。各种支护方式有各自的特点：放坡开挖虽然工作占用空间比较大，但其土方开挖量也大，因此对于周边环境条件比较宽敞的基坑，利用放坡开挖是一种经济有效的方法；悬臂支护结构是利用钢筋混凝土桩或者钢板桩来对基坑进行支护的一种形式，它也可以通过加固改良基坑周围土体而形成；为了对较深基坑进行有效支护，并且改善悬臂支护结构的受力和变形性能，内撑式支护结构和拉锚式支护结构得到了发展；为了发挥各类支护结构的优势以实现支护性能最优化，又出现了组合式支护结构形式。

3. 基坑的双排桩支护结构的研究现状

近年来国内外研究人员对双排桩的工作性能做了一系列的深入研究并取得了丰硕的成果，为双排桩理论体系的完善和实践应用做出了突出的贡献。下面就双排桩的理论研究、试验研究和数值模拟三个方面分别加以论述。

（1）理论研究

理论研究把双排桩结构看作是承担土压力荷载的一个平面刚架，在确定桩体前后排桩上土压力的分布情况和桩体嵌固端之后，可用结构力学的方法计算出双排桩结构的受力与变形。因此，确定作用在桩身土压力的分布形式是对双排桩支护结构进行计算设计的前提内容。

现有的土压力分布模型种类很多，常用的土压力计算模型有三种：

① 基于经典土压力理论建立的土压力计算模型。如黄强给出的"桩间土刚塑体法"、何颐华给出的"体积比例系数法"、熊巨华提出的"等效弯矩刚度法"以及张弥使用的"修正系数法"等。

② 基于文克尔假定的计算模型。如刘钊采用的一种线弹性地基反力法即"弹性地基梁法"，这种方法的复杂性适中。相比于极限平衡法，依据文克尔假定的计算方法将支护结构和土体之间的相互作用考虑在内，这样可以更好地反映出双排桩的支护特点，因此在理论上更加合理。

③ 基于土拱理论的计算模型。如戴智敏将被支挡土体假想滑裂面作为分界面，分界面以上采用土拱理论、以下用土抗力法，根据土拱理论针对前后排桩桩间土体对双排桩的作用进行分析。

双排桩支护结构的受力机理因后排桩的存在而比单排桩更加复杂，而前后排桩的间距对土压力在双排桩结构上的分布计算有着重要的影响。目前与双排桩桩排距有关的主要结论是：当桩排距小于 4 倍的桩径时，利用等效弯矩刚度法来进行计算；当排距处于 4~5 倍桩径范围内时，按照框架结构进行计算；当排距大于 8 倍桩径时，将双排桩结构按照锚拉结构进行计算。

除此之外，万智、戴北冰和刘庆茶等针对各种土压力计算模型也做了相关的改进和研究。

《建筑基坑支护技术规程》(JGJ 120—2012)建议用"m"法来设计计算双排桩。"m"法是一种线弹性地基反力法，其将土体和桩体之间的相互作用考虑在内，并用压缩刚度等效的土弹簧来模拟桩体受到土体给予的变形约束，这种方法相对于极限平衡法理论上更加合理，目前在工程设计中的应用也变得非常广泛。

为了预估基坑开挖过程中的地层变形，首要任务要选择一个与实际工况相适应的本构模型，来反映基坑土体的应力-应变-强度特性。土体发生变形时，其模量与应力水平有很大关系，这是土体的一个突出特性。在开挖过程中，土体的正应力呈现减小的趋势，因而其卸载模量要比加载模量大。近年来，研究人员开始对这一问题加以重视，他们试图将可以表现土体卸载特性的本构模型引入到土体开挖的力学分析当中，比如 tij 模型、小应变硬化土模型(HSS 模型)以及硬化土体模型(HS 模型)。

（2）试验研究

徐良德等对双排的单桩和排架抗滑桩做了对比模型试验。由试验结果可知，排架抗滑桩因为其桩间的刚性连梁而拥有更好的稳定性，其受力也更加均匀，所需的桩身截面尺寸和桩体嵌固深度也相对较小。

大倔晃一等从用双排板桩结构所做的模型试验得出，板桩的宽高比越大、刚度越大、嵌固深度越大以及前后板桩间有充填砂，桩体结构的侧向位移就越大。

何颐华对双排桩支护结构进行了系统的模型试验以及工程实测的研究。由试验结果可知，当双排桩取与悬臂单排桩相同的桩数时，其侧向位移明显更小，同时还显示出了刚体位移的特点，但是一味增大桩排距并不能有效地控制桩体的侧向位移。双排桩的受力与单排桩受力有显著的区别：桩身开挖侧受拉而另一侧受压；前后排桩的桩身应力有着相似的分布，但是前排桩的最大应力更大；桩顶的受力并不为零，其大小与桩体和连梁的连接方式有很大关系。从模型试验和工程实测中都能够看出，当土体开挖到一定程度并且还没有破坏时，双排桩和土体会脱开，即两者的位移变得不协调，导致向地面下延伸的裂缝的出现，同时土压力开始向下转移，土体上方的压力将会减至主动土压力的 1/3 甚至更少。随着土体开挖深度的加大，前后排间的土压力会变小。

聂庆科依据某高层深基坑工程的实测资料，深入研究了双排桩支护结构的变形和受力情况，并且分析了双排桩桩体与土体之间的相互作用、基坑的空间效应、连梁的刚度对土压力分布的影响等。由分析结果可知，开挖过程中双排桩支护结构的受力情况比较复杂，若通过采用传统的计算土压力的方法来对支护结构上的土压力分布进行预估，会有比较大的偏差。

张富军对双排桩支护结构通过模型试验的方式进行了深入研究，测量了土体开挖过程中双排桩的变形和受力。由试验结果得出，对于双排桩支护结构，不同的支护方案所产生的效果差别很大，特别是当改变基坑的开挖深度以及桩体排距时。在考虑如何减小桩顶的侧向位移时，可以将多个支护方案进行比选，选择最适合的优化方案。

林鹏等以汕头市软土地区的基坑工程为实际的调查研究对象，分析了双排桩支护结构体系的自身特点和工程应用现状，同时还通过 Plaxis 软件模拟计算分析了双排桩结构的变形和受力情况。由研究结果可知，将具有一定刚度的双排桩结构支护与施工方案相结合可以有效地减小基坑的变形。前后排桩间的连梁的刚度以及双排桩桩体排距对双排桩的支护性能影响很大，在实际工程中要慎重选取。

刘唱晓通过对深圳市一软土基坑中的双排桩结构进行开挖过程的监测，经过分析可知，双排桩结构的稳定性、安全性和经济性良好，基坑坑顶的水平侧向位移和竖直沉降都处于规定的允许范围。

郑陈旻以福建省罗源县罗源湾开发区的一个基坑工程为研究对象，经过分析可知，在软土基坑工程中使用双排桩结构进行支护具有良好的经济效益。

（3）数值分析

陆培毅采用 ABAQUS 有限元软件，选用剑桥修正模型进行土体本构关系模拟，建立了双排桩结构支护下的基坑有限元模型，以基坑开挖的宽度和桩体间距作为主要研究因素，分析了尺寸效应对双排桩结构的支护性能的影响情况。分析结果表明：基坑开挖的宽度对双排桩结构的变形和受力影响很大，桩体间距的合理取值范围为 $2D$~$2.5D$，其中 $D$ 代表桩径。

崔宏环采用 ABAQUS 有限元软件，选用 Mohr-Coulomb 强度准则对某一深基坑工程的开挖进行了模拟计算分析。研究结果表明：相比于无连梁的双排单桩，有连梁的双排桩前后排桩的位移更为协调、侧向变形更小，因此适当地增加连梁的刚度，能够明显地减小双排桩的侧向位移；在一定范围内，增加桩体的刚度对减小支护结果侧向位移效果显著，但当超过这个范围时，桩体侧移减小程度将不明显；桩排距对双排桩的支护性能影响也很大。

林利敏根据平面应变有限元方法，利用 Plaxis 软件对由双排桩结构支护的软黏土地基基坑建立了有限元模型，并针对前后排桩桩体排距、桩体和土体的截面特性等对双排桩的变形与受力的影响做了深入研究。由研究结果可知：当排距过小时，双排桩的支护效果和悬臂的单排桩相类似；当排距过于大时，前排桩会受到后排桩的拉锚作用；唯有当双排桩的排距取为 $4D$ 左右时，才能使双排桩结构发挥最佳的支护效果。

史海莹采用 ABAQUS 软件建立了双排桩结构支护下的基坑有限元模型，研究了当地基土的模量随着深度增大时双排桩不同桩间距下的桩身土压力分布以及侧向位移变化情况，同时还分析了冠梁的高度、桩体的嵌固深度、桩排距、被动区土体以及桩间土体的模量对双排桩桩顶侧向位移的影响。分析结果表明：在影响双排桩桩顶侧向位移的因素中，被动区土体的性质对其影响最大，而冠梁的高度以及桩体嵌固深度的影响较小。

张秀成以武汉某深基坑工程为背景，采用 ABAQUS 有限元软件，选用摩尔-库伦强度准则对双排桩支护的深基坑进行三维数值模拟分析。分析结果表明：在基坑的开挖过程中，双排桩结构中的冠梁起着保持前后排桩变形协调一致的作用，并且能够有效地约束双排桩桩顶的侧向位移；桩间土体在开挖过程中会受到挤压，与前后排桩协同起作用；双排桩会出现挠曲变形，并随着基坑开挖的进行越加明显，同时反弯点不断下移，直至开挖深度附近。

杨德健采用 ANSYS 软件对双排桩支护结构建立了平面应变模型，并重点分析了双排桩桩排距对桩体的侧向位移以及受力的影响。分析结果表明：桩排距的改变对双排桩支护结构的变形和受力影响很大，根据实际基坑工程的特点选取合理的桩排距可以取得良好的支护效果。

## 三、基坑边坡计算模型的建立及其模拟计算

以某国际项目为研究对象，建立双排桩结构支护下的基坑边坡计算模型，并采用 FLAC3D 有限差分软件对基坑边坡模型进行开挖数值模拟计算，根据计算结果分析开挖过程中基坑土体的变化以及双排桩支护结构的变形和受力特性。

### （一）工程概况

1. 基本概况

该项目位于武隆乌江三桥南桥头桥墩 36m 段的西侧。对 3#楼按照设计地坪标高整平后，在基坑（平面尺寸约为 60m×320m，开挖深度约为 10m）的东侧需要对一段坡体进行切坡卸载，从而形成一段长约 120m 的基坑边坡 AB，如图 1-17 所示。图 1-18 显示了 AB 段基坑边坡的周围环境条件：基坑东侧 10m 处修筑有一条宽为 15m 的公路，公路下方埋设有各种电力、燃气、排水等市政管道，公路东侧为坡角约 29°的土质坡体，坡高约为 14m。边坡主要对 3#二单元、3#商业楼和 4#商业楼产生影响。边坡的工程安全等级为一级。

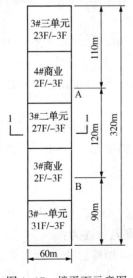

图 1-17　楼平面示意图

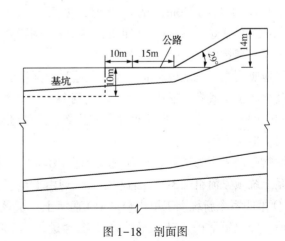

图 1-18　剖面图

2. 水文地质

项目所在地的气象水文、地质地貌和地层岩性条件分述如下：

（1）气象水文

勘察区的气候温和、雨量充沛、四季分明，属于亚热带湿润季风气候，其气候特点为夏热、秋长、冬暖。多年平均气温 17.72℃，极端最高气温 41.9℃（2006 年 8 月 15 日），极端最低气温 -1.8℃（1975 年 12 月 15 日）；多年无霜期 314.9 天，年雾日平均 304.0 天；多年年平均降雨量 1163.3mm，主要集中于每年 4~10 月，多呈大雨或暴雨，占全年总降雨量的 76% 左右。区内多年平均最大日降雨量 93.9mm，最大日降雨量 266.6mm（2007 年 7 月 17 日），多年年平均降雨量为 1357.7mm。年平均降雨日为 168 天。

拟建场地位于乌江左岸，勘察期间乌江水位约 172.50m，据调查乌江该处常年洪水位 180.10m，拟建场地最低设计高程为 206.50m，二十年一遇洪水位 204.42m，五十年一遇洪水位 207.60m，乌江丰水位对拟建场地岩土体影响大，勘察区内无其他地表水体。

场地相对高差大，地形条件有利于水体的自然排泄，碎石土未胶结，透水性相对较好，但碎石土中黏性土为相对不透水层，受降雨及其他地表水补给形成场地中的上层滞水，土层中的孔隙水量较小。基岩主要为砂岩，砂岩裂隙发育属透水层，接受上部降雨下渗而形成基岩裂隙水，为场地潜水。总的来说，场地内地下水以上层滞水为主，有少量裂隙水，地下水埋深较大。

场地中的地下水主要接受大气降雨的补给，水量受季节影响，上层滞水、裂隙水在重力作用向地势低洼的北东侧乌江汇聚，水力坡度较大，故对地下水排泄有利。总的来说，受地形及地质构造影响，地下水补给条件较差，排水条件好，赋水性差。

（2）地质地貌

场地位于青杠向斜东翼，为一单斜构造，产状为 350°∠26°，层面较平直，局部呈微曲状，泥质充填，层面结合程度很差，属软弱结构面。未见次级褶皱或断层，地质构造比较简单。

岩体中有两组裂隙：第一组：145°∠68°，裂隙宽 1~3mm，裂面较平直，延伸 2.0~4.0m，间距 0.4~1.50m，结合很差，见黄色铁锰质充填，属软弱结构面；第二组：62°∠75°，裂隙宽 1~2mm，延伸 0.5~3.0m，间距 0.2~1.2m，结合很差，见黄色铁锰质充填，属软弱结构面。

经地质调查，场地内及周边无断层通过，无滑坡、崩塌、泥石流不良地质作用。

勘察区位于武隆县三桥南桥头，属河谷谷坡地貌，呈陡斜坡地形，位于乌江右岸，距乌江 60~80m，拟建场地地貌总体属构造剥蚀丘陵地貌。

（3）地层岩性

勘察区内表层为第四系全新统素填土（Q4ml）、崩坡积土（Qcol）碎石土，下伏基岩为三叠系上统须家河组（T3xj）泥岩和砂岩，现由上至下、从新到老分述为：

① 第四系全新统人工填土（Q4ml）素填土：杂色，主要由粉质黏土和砂岩碎块石等无序堆填，碎块石呈棱角状，平均硬质物含量约为 20%，松散，稍湿，属于人工回填，无污染。

② 第四系全新统崩坡积土（Q4col）碎石土：黄褐色，主要由强中风化砂岩碎块石、粉质黏土等组成，局部段砂岩块石含量较多，一般粒径 2~60cm，局部稍大，总体碎块石含量约 30%，稍密，稍湿，由崩坡积形成。

③ 三叠系须家河组（T3xj）砂岩：浅黄色、灰白色，主要由长石、石英等矿物组成，中粒结构，中厚层状构造。强风化带岩心破碎，构造不清晰，呈碎块状，岩质软，厚度在 2.20~5.80m 之间。中风化带岩心较完整，多呈柱状，局部呈碎块状；

④ 三叠系须家河组（T3xj）泥岩：灰黑色，主要由黏土矿物组成，含砂泥质结构，薄层状构造，岩心较破碎，多呈碎块状，岩质软，遇水松散，可视作软弱夹层，钻探揭露厚度 1.42m。

3. 基坑边坡支护结构体系选择

在为基坑边坡选择支护结构体系时，考虑到其东侧紧邻市政公路，且公路下方埋设的电力、燃气、排水等市政管道的相关资料不方便调取，因此不适合采用最经济的放坡开挖以及常用的桩锚支护方式；如果采用地下连续墙，其成本非常高，施工周期也比较长；若用内支撑结构，会给基坑的施工增加难度；对于悬臂式支护结构，其侧向刚度相对较小，能够支护的深度较小，对于本基坑边坡，不仅要对基坑进行支护，还要保证边坡的稳定性，因此悬臂结构的支护性能相对较弱，双排桩支护结构作为一种新兴的基坑支护结构，其前后排桩与桩顶的连梁共同形成了一个空间组合结构，整体刚度较大，相对于悬臂式支护结构其支护效果更佳，另外，双排桩能够支护更大深度、不设置支撑、施工更方便。因此综合考虑基坑支护的安全性、经济性以及施工的难易程度，采用双排桩支护结构对基坑边坡进行支护。

对双排桩支护结构进行设计时，将其平面布置方式选为矩形格构式，前后排桩采用钻孔灌注桩，桩长为 20m，桩径为 800mm，桩间距为 2.0m，前后排桩排距为 2.0m，连梁和冠梁截面尺寸均为 800mm×800mm，桩体和连梁、冠梁均采用强度等级为 C30 的混凝土。同时，为了控制基坑地下水，采用深层搅拌桩作为隔水帷幕，管井降水法降低地下水位，使得施工过程不受地下水干扰，同时又避免大面积降水对周围建筑的影响。

4. 支护结构变形限值

《建筑基坑支护技术规程》（JGJ 120—2012）中提到，支护结构的水平位移是反映支护结构工作状态的直观数据，对监控基坑与基坑周边环境安全能起到相当重要的作用，是进行基坑工程信息化施工的主要监测内容。由于基坑破坏形式和土的性质的多样性，难以建立稳定极限状态与位移的定量关系，支护结构的水平位移控制值根据地区经验确定。国内一些地方基坑支护技术标准根据当地经验提出了支护结构水平位移的量化要求，如北京市地方标准《建筑基坑支护技术规程》（DB11/489—2016）中规定，"当无明确要求时，最大水平变形限值：一级基坑为 0.002h，二级基坑为 0.004h，三级基坑为 0.006h。"深圳市标准《深圳地区建筑深基坑支护技术规范》对支护结构水平位移控制值如表 1-2 所示。

表 1-2 支护结构最大水平位移允许值

| 安全等级 | 排桩、地下连续墙<br>加内支撑支护 | 排桩、地下连续墙加锚杆支护，<br>双排桩，复合土钉墙 | 坡率法，土钉墙或复合土钉墙，<br>水泥土挡墙，悬臂式排桩，钢板桩等 |
|---|---|---|---|
| 一级 | $0.002h$ 与 30mm 的较小值 | $0.003h$ 与 40mm 的较小值 | |
| 二级 | $0.004h$ 与 50mm 的较小值 | $0.006h$ 与 60mm 的较小值 | $0.001h$ 与 80mm 的较小值 |
| 三级 | | $0.001h$ 与 80mm 的较小值 | $0.002h$ 与 100mm 的较小值 |

注：表中 $h$ 为基坑深度（mm）。

标准中所提到的安全等级为支护结构安全等级，确定支护结构安全等级时遵循的原则是：基坑周边存在受影响的重要既有住宅、公共建筑、道路或地下管线等时，或因场地的地质条件复杂、缺少同类地质条件下相近基坑深度的经验时，支护结构破坏、基坑失稳或过大变形对人的生命、经济、社会或环境影响很大，安全等级应定为一级。当支护结构破坏、基坑过大变形不会危及人的生命、经济损失轻微、对社会或环境的影响不大时，安全等级可定为三级。位于两者之间的情况为二级。对于本文研究的基坑边坡工程，基坑东侧紧邻市政公路并埋设有各种重要管线，其支护结构的安全等级为一级，因此双排桩的桩身最大水平位移不应大于 30mm，以保证桩体不发生过大位移而失去安全性。

2. 计算模型的建立及模拟计算

对于岩土工程中的各种数值模拟软件，ANSYS 有限元软件具有强大的实体模型建立与网格划分功能，而 FLAC3D 有限差分软件的数值模拟计算能力相对更强，为了充分发挥各软件的优势，本文采用 ANSYS 软件对基坑边坡进行实体建模和网格划分，对于主要的模拟计算分析部分，则选用 FLAC3D 软件来实现。

（1）FLAC3D 软件

FLAC 是快速拉格朗日差分分析的简写，其源于流体动力学，最早是被 Willkins 在固体力学领域中采用。FLAC3D 程序是由美国 ITASCA 咨询集团公司推出的，该程序对岩土力学的数值模拟计算发挥了重要的作用。FLAC3D 程序是 FLAC 二维计算程序在三维空间中的扩展，用该程序可以对三维岩体、土体或者其他材料的力学特性，特别是对达到屈服极限状态时的塑性流变特性进行模拟。FLAC3D 的应用非常广泛，包括隧道工程、矿山工程、地下洞室、施工设计、支护设计及评价、边坡稳定性评价、拱坝稳定分析、河谷演化进程再现等。

1）FLAC3D 软件的特点

FLAC3D 的应用范围很广，它包含 12 种材料本构模型，分别为空单元模型、三种弹性模型以及八种塑性模型，其中弹性模型包括各向同性模型、横向各向同性模型和正交各向异性弹性模型，塑性模型包括摩尔-库伦塑性模型、德鲁克-普拉格塑性模型、双线性应变硬/软化遍布节理模型、应变硬化/软化模型、遍布节理塑性模型、修正剑桥模型、双屈服塑性模型和霍克-布朗塑性模型，如表 1-3 所示。FLAC3D 程序包含 5 种计算模式，分别为温度模式、渗流模式、静力模式、动力模式和蠕变模式。FLAC3D 还能够对多种结构形式进行模拟：用八节点的六面体单元来模拟通常的岩土体以及其他实体；用分界面来模拟断层、节理或者虚拟的物理边界；用四种结构单元即梁单元、桩单元、壳单元和锚单元来模拟工程中的人工结构,例如锚索、衬砌、支护、摩擦桩、板桩、土工织物以及岩栓等。另外,FLAC3D 程序还包含内嵌 FISH 语言,方便用户根据自己的需求定义新的变量或函数。

表 1-3

| 组名 | 本构模型 | 材料类型 | 应用范围 |
|------|----------|----------|----------|
| 空组 | 空模型 | 空 | 洞穴、开挖以及回填模拟 |
| 弹性模型组 | 各向同性弹性模型 | 均质各向同性连续介质材料,具有线性应力应变行为的材料 | 低于强度极限的人工材料(如钢材)力学行为的研究、安全系数的计算等 |
| | 正交各项异性弹性模型 | 具有三个相互垂直的弹性对称面的材料 | 低于强度极限的柱状玄武岩的力学行为研究 |
| | 横观各项同性弹性模型 | 具有各向异性力学行为的薄板层装材料(如板岩) | 低于强度极限的层状材料力学行为研究 |
| | Drucker-Prager 塑性模型 | 极限分析、低摩擦角软黏土 | 用于和隐式有限元软件比较的一般模型 |
| | Mohr-Coulomb 塑性模型 | 松散或胶结的粒状材料:土休、岩石、混凝土 | 岩土力学通用模型(如边坡稳定、地下开挖等) |
| 塑性模型组 | 应变强化/软化 Mohr-Coulomb 塑性模型 | 具有非线性强化和软化行为的层状材料 | 材料破坏后力学行为(失稳过程、矿柱屈服等)的研究 |
| | 遍布节理塑性模型 | 具有强度各向异性的薄层状材料(如板岩) | 薄层状岩层的开挖模拟 |
| | 双线性应变强化/软化 Mohr-Coulomb 塑性模型 | 具有非线性强化和软化行为的层压材料 | 层状材料破坏后的力学行为研究 |
| | 双屈服塑性模型 | 压应力引起体积永久缩减的低胶结粒状散体材料 | 注浆或水力填充模拟 |
| | 修正 Cam-clay 模型 | 变形和抗剪强度是体变函数的材料 | 位于黏土中的岩土工程研究 |
| | Hoek-Brown 型性模型 | 各向同性的岩质材料 | 位于岩土中的岩土工程研究 |

与有限元方法相比较,FLAC3D 的优点如下:

① FLAC3D 通过混合离散的方式对材料的塑性或屈服流动特性进行模拟,相比于有限元中常用的降阶积分法,该方法更合理;

② FLAC3D 基于拉格朗日算法,非常适合扭曲以及大变形的模拟,其计算和后处理能力比其他软件更强;

③ FLAC3D 能够采用动态的运动方程进行大变形、失稳和振动等动态问题的模拟和求解;

④ FLAC3D 求解时采用的是显式法。对于显式法,不论是线性本构关系还是非线性本构关系,其都能够非常方便地通过已知应变增量将应力增量以及平衡力求解出来,没有算法上的不同。显式法还可以对系统的演化过程进行跟踪。在求解过程中,显式法还没有存储刚度矩阵的必要,占用的内存比较小,有利于节省计算时间。

### 2）FLAC3D 的基本计算原理

FLAC3D 程序的基本计算原理为：首先将连续介质离散成为节点单元，将连续介质的作用力均分布于各节点上；对变量利用有限差分法，通过无穷逼近来近似；采用动态松弛法来求解质点的运动方程。程序采用最大不平衡力来对收敛过程进行计算，如果随着计算时步的增加，单元的最大不平衡渐渐逼近直到达到极小值，就说明计算是稳定进行的，问题有解，否则就是不稳定的，问题无解。

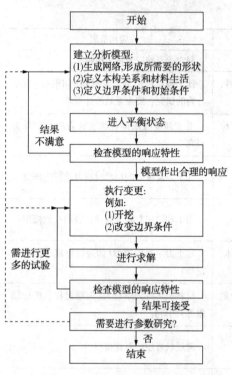

图 1-19　FLAC3D 的一般求解流程图

### 3）FLAC3D 的求解流程

网格划分、本构关系及材料特性、边界和初始条件，是利用 FLAC3D 程序进行数值模拟分析时需要确定的三个基本工作。首先采用网格来定义分析模型的几何形状，再通过本构关系以及相对应的材料特性来表征模型在外力作用下的力学响应，之后针对模型的初始状态采用边界条件和初始条件进行定义。将各种条件定义完成后，就能够通过求解得到模型的初始状态，之后，执行开挖命令或者变更其他模拟条件进行求解就可以得到模型所作出的变更后响应。图 1-19 给出了 FLAC3D 的一般求解流程。

### （2）计算模型建立及参数定义

### 1）计算模型建立及网格划分

对于实际工程中的基坑，本文的研究重点在于对由于切坡卸荷所形成的基坑边坡 AB 段进行双排桩支护时支护结构的工作性能分析，因此在建立计算模型时，不再考虑将完整的基坑建立出来，而是只针对基坑边坡这一段。文献提到，基坑开挖过程中坑壁最大水平侧向位移发生在该侧中间区段，而两端的侧向位移相对较小，为提高计算效率，取 AB 段（长度为 120m）基坑边坡的中间 30m 作为研究对象，另外根据对称性，对基坑宽度 60m 取一半进行计算，即所开挖的基坑平面尺寸为长×宽＝30m×30m，基坑开挖深度约为 10m。由于基坑开挖的影响宽度一般为开挖深度的 3~4 倍，影响深度一般为开挖深度的 2~4 倍，因此设计基坑边坡计算模型如图 1-20 所示。

采用 ANSYS 软件进行模型的建立和网格划分，之后将模型导入 FLAC3D 有限差分软件中，如图 1-21 所示，其中计算模型区域为 $0 \leqslant x \leqslant 90m$、$0 \leqslant y \leqslant 30m$、$0 \leqslant z \leqslant 64m$，模型通过网格划分共形成了 57820 个单元和 62435 个节点。坐标原点设在基坑边坡模型的左后下角，$X$ 轴沿模型的宽度方向，$Y$ 轴沿模型的长度方向，$Z$ 轴沿竖直方向。边界条件为：模型前后两边界取平面法向约束，左边界取法向和 $Y$ 向约束，右边界取固定约束，下边界取固定约束，上部地表取为自由边界。

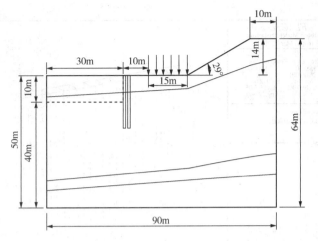

图 1-20 计算模型示意图

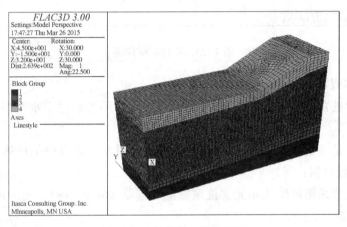

图 1-21 计算模型网格划分

接下来在计算模型中建立双排桩支护结构。本文将双排桩桩体用桩结构单元来表示，桩体的冠梁以及前后排桩之间的连梁用梁结构单元表示。计算模型中双排桩支护结构布置如图 1-22 所示，支护结构图如图 1-23 所示。

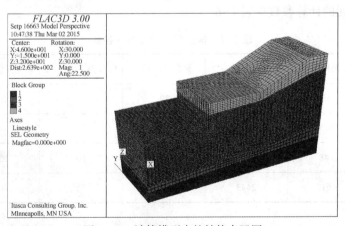

图 1-22 计算模型支护结构布置图

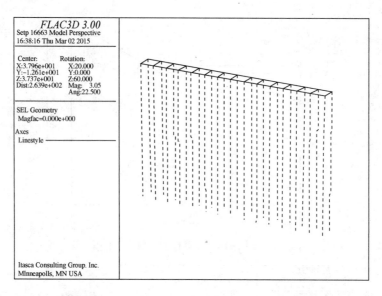

图 1-23　双排桩结构图

2）模型基本假定

① 忽略围护桩背后止水帷幕对土体的加固效应，暂不考虑地下水对基坑开挖稳定性造成的影响；

② 基坑土体是满足摩尔-库伦强度准则的弹塑性材料，双排桩的桩体以及桩顶的连梁和冠梁均是线弹性材料；

③ 双排桩桩体采用桩结构单元、桩顶冠梁和连梁采用梁结构单元，其连接均为刚接，可以传递力和弯矩。

3）基坑土体及桩、梁单元的计算参数

依据地质勘察报告将基坑边坡计算模型分为四层：第一层为厚度约 5~10m 的素填土，第二层为厚度约 30.5~36m 的碎石土，第三层为厚度约 4~8m 的强风化带基岩，第四层为厚度约 6~12m 的场地中等风化带基岩。各土层物理力学参数见表 1-4，桩单元的计算参数见表 1-5，梁单元的计算参数见表 1-6。

表 1-4　各土层的物理力学参数

| 土层名称 | 土层厚度/m | 密度 $\rho$/(kg/m³) | 黏聚力 $c$/kPa | 内摩擦力 $\phi$/(°) | 弹性模量 $E$/MPa | 泊松比 $\nu$ |
|---|---|---|---|---|---|---|
| 素填土 | 510 | 1850 | 13 | 16 | 200 | 0.38 |
| 碎石土 | 30.536 | 2050 | 14 | 18 | 400 | 0.32 |
| 强风化带砂岩 | 48 | 2250 | 400 | 30 | 1500 | 0.26 |
| 中等风化带砂岩 | 612 | 2443 | 500 | 35 | 1800 | 0.24 |

表 1-5 桩单元计算参数

| 桩径/mm | 桩长/m | 极惯性矩 $J/m^4$ | 弹性模量 $E/GPa$ | 重度 $\gamma/(kN/m^3)$ | 泊松比 $\nu$ |
|---|---|---|---|---|---|
| 800 | 20 | 0.0402 | 30 | 25 | 0.27 |
| cs_nk | cs_nfric | cs_ncoh | cs_sk | cs_sfric | cs_scoh |
| 4.9 | 20 | 100 | 4.9 | 20 | 100 |

表 1-6 梁单元计算参数

| 结构类型 | 宽/mm | 高/mm | 面积/$m^2$ | 弹性模量 $E/GPa$ | 惯性矩 $I_y/m^4$ | 惯性矩 $I_z/m^4$ | 重度 $\gamma/(kN/m^3)$ |
|---|---|---|---|---|---|---|---|
| 连(冠)梁 | 800 | 800 | 0.64 | 30 | 0.0341 | 0.0341 | 25 |

其中：cs_nk—法向耦合弹簧单位长度上刚度；

　　　cs_nfric—法向耦合弹簧的摩擦角；

　　　cs_ncoh—法向耦合弹簧单位长度上内聚力；

　　　cs_sk—剪切耦合弹簧单位长度上刚度；

　　　cs_sfric—剪切耦合弹簧的摩擦角；

　　　cs_scoh—剪切耦合弹簧单位长度上内聚力。

3. 基坑开挖模拟

基坑开挖数值模拟过程的具体步骤如下：

① 为获得初始地应力平衡状态，令土体在自重应力的作用下进行沉积固结；

② 建立双排桩支护结构单元，设置结构单元的计算参数；

③ 将土体的自重位移归零，使用 modelnull 命令对基坑内土体进行开挖。根据实际基坑工程，确定每一步开挖的具体深度如下：

第一步：从地面标高开挖至 -3m；第二步：开挖至 -6m；

第三步：开挖至 -8m；

第四步：开挖至 -10m，即基坑坑底。

各步开挖后的计算模型如图 1-24 ~ 图 1-27 所示。

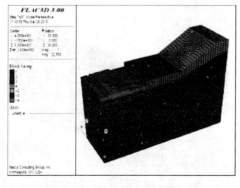

图 1-24 第 1 步开挖后模型图

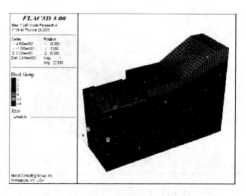

图 1-25 第 2 步开挖后模型图

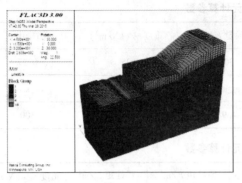 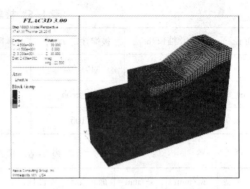

图 1-26　第 3 步开挖后模型图　　　　图 1-27　第 4 步开挖后模型图

**4. 基坑边坡位移计算云图**

通过对模型进行自重应力作用下的沉积固结过程模拟，得到图 1-28 的初始地应力平衡状态的基坑边坡模型。

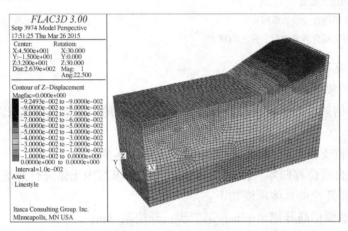

图 1-28　初始地应力平衡状态的基坑边坡模型

各开挖步完成后基坑土体 $X$ 方向的水平位移云图如图 1-29~图 1-32 所示。

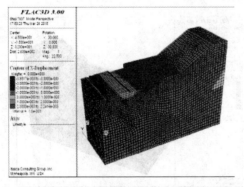 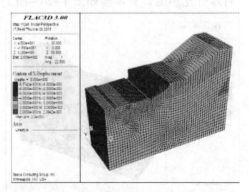

图 1-29　第 1 步开挖后 $X$ 方向水平位移云图　　　图 1-30　第 2 步开挖后 $X$ 方向水平位移云图

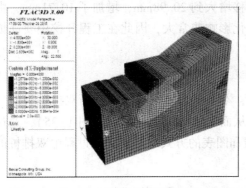

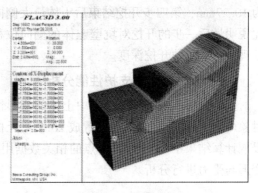

图 1-31　第 3 步开挖后 $X$ 方向水平位移云图　　　　图 1-32　第 4 步开挖后 $X$ 方向水平位移云图

现以模型中间断面坑壁土体为代表分析基坑各步开挖对坑壁土体水平侧向位移的影响情况。提取计算结果相关数据得到分步开挖过程中基坑坑壁中间断面处土体的侧向位移曲线图，如图 1-33 所示，其中侧向位移以倾向基坑内侧为负方向。

从图 1-33 可以看出，土体侧向最大位移出现位置均不在地面，而是沿开挖深度下移，分布在开挖深度 1m 左右处。提取图中各开挖步完成后基坑坑壁土体侧向位移最大值及增量如表 1-7 所示。

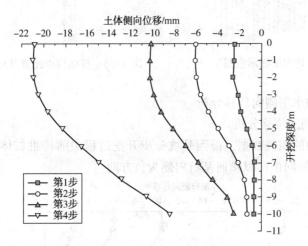

图 1-33　分步开挖坑壁土体水平侧向位移图

表 1-7　各开挖步完成后土体水平侧向位移最大值及增量

| 开挖步 | 土体侧向位移最大值/mm | 最大值增量/mm |
|---|---|---|
| 第 1 步 | 2.56 | 2.56 |
| 第 2 步 | 6.06 | 3.50 |
| 第 3 步 | 10.27 | 4.21 |
| 第 4 步 | 20.98 | 10.71 |

由表 1-7 可知，随着开挖的进行，坑壁土体的水平侧向位移值是逐渐增大的，同时侧向位移增量也逐步变大，尤以最后一步开挖最为明显。第四步开挖前，土体最大侧向位移

为 10.27mm，第四步开挖结束后土体最大侧向位移增大到 20.98mm，增加了 10.71mm，由此说明最后一步的开挖对坑壁土体的侧向位移变化影响非常大，因此在工程开挖中要谨慎处理最后一步的开挖深度。

### （二）双排桩结构支护性能分析

上节分析了基坑开挖过程中土体的变形情况，本节将选取坑壁中间断面双排桩为研究对象（图 1-34），将桩单元设置成 20 个单元构件从而形成 21 个结构节点（图 1-35），通过提取计算结果中 21 个结构节点的相关数据用图线和图表的方式对基坑开挖过程中双排桩的变形与受力进行分析。

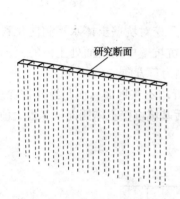

图 1-34　研究断面示意图

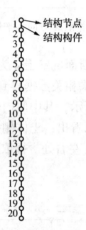

图 1-35　桩结构单元节点及构件示意图

（1）双排桩结构水平侧向位移分析

① 前排桩水平侧向位移分析

提取计算结果中的相关数据，得到基坑分步开挖过程中前排桩桩体水平侧向位移图如图 1-36 所示，其中侧向位移以倾向基坑内侧为负方向。

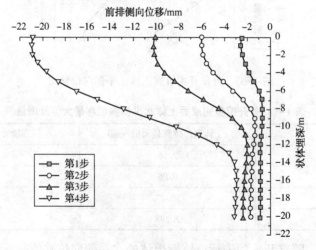

图 1-36　分步开挖过程中前排桩桩体侧向位移图

由图 1-36 可知，不同开挖步的前排桩水平侧向位移的变化趋势是基本一致的。桩身最大侧向位移均出现在桩顶下方位置，并非处于桩顶，这是由于后排桩以及桩间连梁对前排桩的拉锚作用致使前排桩的上部产生弯剪变形。随着开挖的进行，前排桩最大水平侧向位移的位置逐步下移，不过幅度比较小，依然处于桩身上部位置。从图中提取各开挖步前排桩水平侧向位移最大值及增量如表 1-8 所示。

表 1-8 各开挖步前排桩水平侧向位移最大值及增量

| 开挖步 | 前排桩水平侧向位移最大值/mm | 最大值增量/mm |
|---|---|---|
| 第 1 步 | 2.50 | 2.50 |
| 第 2 步 | 6.00 | 3.50 |
| 第 3 步 | 10.20 | 4.20 |
| 第 4 步 | 20.93 | 10.73 |

由表 1-8 可知，随着基坑开挖的进行，前排桩的水平侧向位移逐渐增大。前两步开挖的深度为 3m，相比于后两步开挖的深度 2m 要大，但开挖前两步所引起的桩体侧向变形增量并不比后两步开挖引起的增量大，尤其开挖第四步所引起的桩体最大侧向变形增量为 10.73mm，远远大于前面几步。这表明基坑开挖的初期对双排桩侧向变形影响较小，当开挖到接近基坑坑底处时对支护结构侧向变形的影响较大，因此在施工过程中，要谨慎处理临近基坑坑底处的土方开挖，确定合适的开挖深度。

（2）后排桩水平侧向位移分析

基坑开挖过程中中间断面双排桩后排桩水平侧向位移的变化曲线图如图 1-37 所示。从图中提取各开挖步前排桩水平侧向位移最大值及增量如表 1-9 所示。

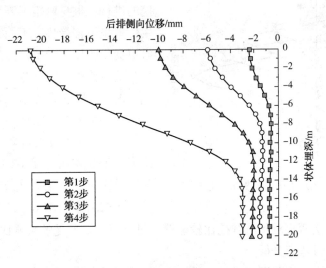

图 1-37 分步开挖过程中后排桩桩体侧向位移图

**表 1-9    各开挖步后排桩水平侧向位移最大值及增量**

| 开挖步 | 后排桩水平侧向位移最大值/mm | 最大值增量/mm |
|---|---|---|
| 第 1 步 | 2.46 | 2.46 |
| 第 2 步 | 5.95 | 2.49 |
| 第 3 步 | 10.09 | 4.14 |
| 第 4 步 | 20.82 | 10.73 |

对比分析基坑开挖过程中前后排桩桩体侧向位移图 1.36 和图 1-37 可以发现：相同开挖步引起的前排桩桩体侧向位移与后排桩桩体的侧向位移几乎相同，这说明基坑开挖过程中双排桩支护结构具有很好的整体性能，前后排桩的共同作用得到了充分的发挥。随着开挖的进行，后排桩的桩身水平侧向位移逐渐增大，最后一步开挖引起的桩身侧移明显大于前三步开挖，这与前排桩的侧向位移规律是相同的。而两者的不同之处在于，前排桩的最大水平侧向位移出现在桩顶以下位置，而后排桩则发生在桩顶，这是由于前排桩和桩顶连梁对后排桩起到了拉弯作用。

2. 双排桩结构受力分析

（1）前排桩桩身弯矩分析

由模拟计算结果得到基坑开挖过程中中间断面双排桩支护结构前排桩桩身弯矩图如图 1-38 所示。

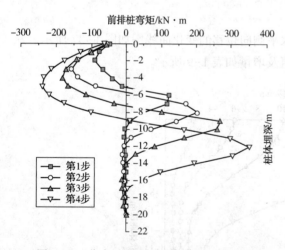

图 1-38    分步开挖过程中前排桩桩身弯矩图

由上图可知：基坑分步开挖过程中前排桩桩体弯矩图呈现"S"形，负弯矩出现在桩身上部，而正弯矩出现在桩身下部。随着开挖的进行，桩身弯矩不断增大，最大弯矩产生位置呈下移趋势。不同开挖步前排桩桩体弯矩变化明显，对于桩体最大正弯矩，第二步开挖后比第一步开挖后增大了 82.20kN·m，第三步开挖后比第二步增大了 64.70kN·m，最后一步开挖结束又增大了 81.60kN·m；对于桩体最大负弯矩，第二步开挖后比第一步开挖增大了 63.05kN·m，第三步开挖后比第二步增大了 25.90kN·m，最后一步开挖结束又增大了 55.90kN·m，由此可知前排桩桩体所受弯矩对基坑开挖比较敏感，桩体正弯矩所受的影响比负弯矩的大。

（2）后排桩桩身弯矩分析

基坑开挖过程中中间断面双排桩后排桩弯矩变化曲线图如图 1-39 所示。

由图 1-39 可知，与前排桩桩身"S"型弯矩图不同，不同开挖步后排桩桩身最大负弯矩均出现在桩顶，而桩身最大正弯矩出现位置则随着开挖的进行而下移，最大正负弯矩值也都逐渐变大。对于桩体最大正弯矩，第二步开挖后比第一步开挖增大了 60.82kN·m，第三步开挖后比第二步增大了 20.40kN·m，最后一步开挖又增大了 127.50kN·m；对于桩体最大负弯矩，第二步开挖后比第一步开挖增大了 71.60kN·m，第三步开挖后比第二步增大了 21.10kN·m，最后一步开挖又增大了 48.10kN·m。由此可知，开挖第四步不仅对双排桩侧向位移影响很大，同时对双排桩后排桩的弯矩影响也显著。对比双排桩前后排桩桩身弯矩图可知，在基坑开挖过程中，同一开挖步后排桩桩身所受的弯矩均小于前排桩桩身弯矩，因此本基坑双排桩结构的前排桩较后排桩承担更大的主动土压力。

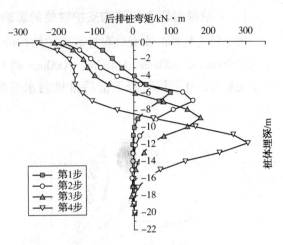

图 1-39　分步开挖过程中后排桩桩身弯矩图

综上分析可知：随着基坑开挖的进行，前后排桩的水平侧向位移以及桩身弯矩均呈现逐步变大的趋势。前排桩的最大水平侧向位移出现在桩顶以下位置，而后排桩的则发生在桩顶。相同开挖步引起的前排桩桩体侧向位移与后排桩桩体的侧向位移几乎相同，这说明分步开挖过程中双排桩支护结构具有很好的整体性能，能够充分发挥前后排桩的共同作用。最后一步开挖造成的前后排桩水平侧向位移要大于前三步，说明当土方开挖到接近基坑坑底处时，支护结构水平侧向变形受到的影响较大，因此在施工过程中，要谨慎处理临近基坑坑底处的土方开挖，确定合适的开挖深度。前后排桩水平侧向变形相差不大，但是其所受弯矩却有明显的不同。同一开挖步中，前排桩桩身弯矩大于后排桩弯矩，这表明前排桩承担的主动土压力更大，后排桩起到拉锚和支挡作用。

### 四、双排桩结构支护性能影响因素分析

双排桩支护结构体系是一种空间组合体系，其受力比较复杂，支护性能受到多种因素的影响。本章分析了双排桩的桩径、桩排距、桩间距、桩长、连梁截面尺寸这五个因素对双排桩支护性能的影响。拟定各影响因素参数选取方案如表 1-10 所示。

表 1-10　双排桩结构影响参数选取表

| 影响因素 | 参数取值 |
| --- | --- |
| 桩径 $d$/mm | 400，600，800，1000，1200 |
| 桩长/m | 16，18，20，22，24 |
| 桩排距/m | $d$，$2d$，$4d$，$6d$，$8d$，$10d$，$12d$ |
| 桩间距/m | $2d$，$3d$，$4d$，$5d$，$6d$ |
| 连梁截面尺寸/mm×mm | 800×400，800×600，800×800，800×1000，800×1200 |

35

### （一）桩径对双排桩结构支护性能的影响

为了研究桩径的改变对双排桩支护结构的影响，现保持双排桩其他参数不变，仅对桩径选取 400mm、600mm、800mm、1000mm 和 1200mm 五个数值进行计算。提取计算结果中的相关数据，作不同桩径下前后排桩的水平侧向位移和桩身弯矩图如图 1-40~图 1-43所示。

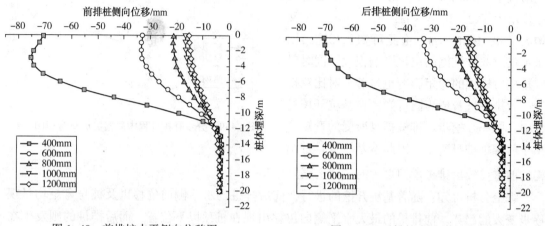

图 1-40　前排桩水平侧向位移图　　　　　图 1-41　后排桩水平侧向位移图

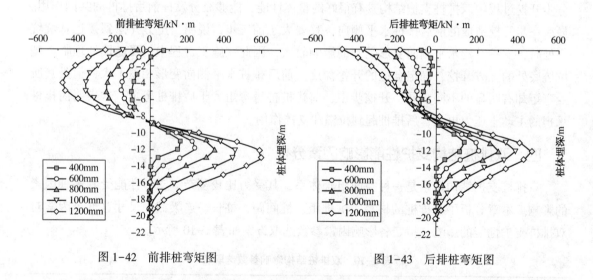

图 1-42　前排桩弯矩图　　　　　　　　图 1-43　后排桩弯矩图

由桩径改变时前后排桩的位移变化图 1-40~图 1-41 可知，对于前排桩，桩径为400mm 时，桩身最大侧向位移为 75.19mm，超过标准中支护结构最大水平变形限值，不安全，因此不选用 400mm 桩径。当桩径为 600mm 时，前排桩桩身最大位移为 33.28mm，相比于 400mm 桩径时减小了 41.91mm；当桩径由 600mm 增加到 800mm 时，前排桩最大侧向位移减小了 12.35mm；当桩径增加到 1000mm 时，前排桩最大侧向位移又减小了 4.36mm；当桩径继续增加为 1200mm 时，前排桩最大侧向位移减小了 1.35mm。由此可知，当前排桩的桩径较小时，可以明显地改变桩体侧向位移，但是当桩径增加到一定值后，位移的变化幅度就很小。另外，桩身最大侧向位移出现的位置随着桩径的增大而上移，当桩径增大到1000mm时，前排桩的最大侧向位移发生位置上升到了桩顶。对于后排桩，其桩身最大位移出现位置始终位于桩顶，同前排桩一样，当桩径较小时，桩身侧向位移减小幅度比较大，当增大到一定值后效果就不明显了。

由桩径改变时前后排桩的弯矩变化图1-42~图1-43可知，前后排桩的最大正负弯矩值与桩径是同向变化的，随着桩径的增大桩体的最大正负弯矩也逐渐增大。对于前排桩，其最大正负弯矩的增量随着桩径的增大而增大，而后排桩的最大正负弯矩随着桩径的增加增大得比较均匀。

综上可知，当桩径较小时，适当增大桩径可以提高桩身的刚度，桩体水平侧向位移减小得比较可观，但当增加到一定程度时，水平侧向位移减小的趋势变缓，同时桩身的内力仍不断增加，加大了工程成本，因此当采用改变桩径来改变桩身刚度的方法时要谨慎对待。

综合考虑双排桩的侧向变形和受力，对于本工程，600mm~1000mm桩径是相对合适的取值范围。

### （二）桩排距对双排桩结构支护性能的影响

在双排桩支护结构的设计中对桩排距的确定非常重要，这涉及土压力的分布规律和传递特性、前后排桩的变形及内力特性、桩与土的相互作用等相关问题。目前，在确定双排桩的桩距时主要依靠工程经验，采用这种方式一旦支护结构的刚度不足，则可能造成基坑土体坍塌等事故，另外，如果一味地追求结构的安全性，则可能使得设计过于保守从而引起比较大的浪费。

为了研究桩排距的改变对双排桩支护结构的影响，现对原模型改变桩体的排距，将桩排距取为 $d$、$2d$、$3d$、$4d$、$6d$、$8d$、$10d$ 和 $12d$（$d$ 为原模型的桩径，$d=800mm$）进行模拟计算。提取计算结果相关数据，得到桩排距改变时双排桩前后排桩的水平侧向位移图和弯矩变化图如图1-44~图1-47所示。

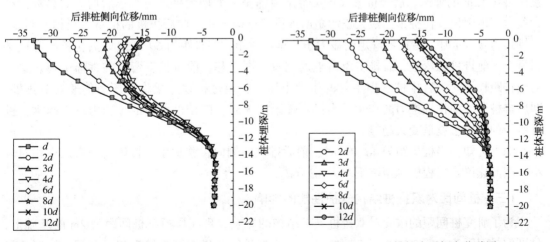

图1-44　前排桩水平侧向位移图　　　　图1-45　后排桩水平侧向位移图

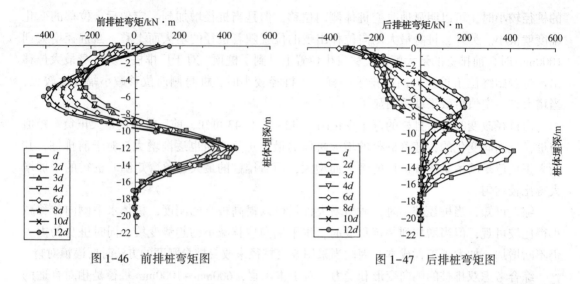

图 1-46　前排桩弯矩图　　　　　　图 1-47　后排桩弯矩图

　　从桩排距改变时前后排桩的侧向位移变化图图 4-44 和图 4-45 可以看出，当排距由 $d$ 增大到 $4d$ 时，前排桩侧向最大位移呈减小趋势，而且减小比较明显，当排距由 $6d$ 继续增大到 $12d$ 时，前排桩侧向最大位移又呈现出了增大的趋势，不过增大幅度没有之前明显。当排距为 $d$ 和 $2d$ 时，前后排桩间距很小，整个双排桩接近悬臂状态，因此前排桩的最大位移出现在桩顶，当排距继续增大时，后排桩开始发挥其作用，前排桩桩身最大位移出现位置逐步下移。对于后排桩，其桩体最大侧向位移出现位置始终位于桩顶，其桩体最大侧向位移随着桩排距的增大呈减小趋势，当桩排距由 $d$ 增大到 $4d$ 时，位移减小非常明显，这和前排桩的变化趋势是一致的，说明在这个区间内前后排桩实现了有效的协同工作，空间效应最为显著，当排距由 $6d$ 增大到 $12d$ 时，后排桩水平位移减小幅度减缓。

　　从桩排距变化时前后排桩的弯矩变化图图 4-46 和图 4-47 可知，前排桩的最大正负弯矩随着桩排距的增大先变小后增大，最大负弯矩出现位置逐渐下移，而最大正弯矩出现位置保持在 12m 的埋深。后排桩最大正负弯矩值随排距的增大呈现先减小后增大的趋势，最大负弯矩出现位置在桩顶，最大正弯矩出现位置逐渐上移。前后排桩的桩身弯矩相差明显，当排距为 $d \sim 4d$ 时，后排桩弯矩明显大于前排桩弯矩，当排距为 $6d \sim 12d$ 时后排桩的弯矩又明显小于前排桩的弯矩，后排桩反弯点的位置逐渐上移，前排桩反弯点在逐渐下移。这表明当排距较小时，后排桩承担主要的主动土压力，通过桩顶连梁将土压力传递到前排桩，即后排桩给予前排桩推力的作用；当排距逐渐增大时，前排桩承担的土压力越来越大，桩身所受的弯矩也就呈变大趋势。

　　综上可知，当桩排距为 $4d \sim 6d$ 时，前后排桩的侧向位移适中，桩体所受弯矩也相对较小，因此建议本工程桩排距范围取为 $4d \sim 6d$。

**（三）桩间距对双排桩结构支护性能的影响**

　　为了研究桩间距的改变对双排桩支护结构的影响，现在原模型桩间距为 2m 的基础上，分别取桩间距为 $2d$、$3d$、$4d$、$5d$ 和 $6d$ 进行模拟计算。提取计算结果相关数据，绘制桩间距改变时双排桩前后排桩的水平侧向位移图和弯矩变化图如图 1-48 ~ 图 1-51 所示。

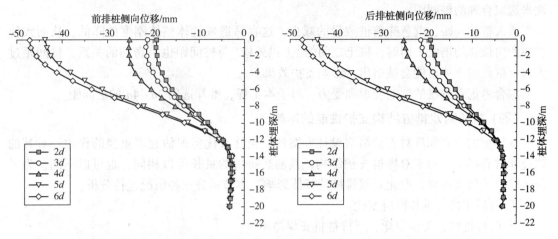

图 1-48　前排桩水平侧向位移图　　　　图 1-49　后排桩水平侧向位移图

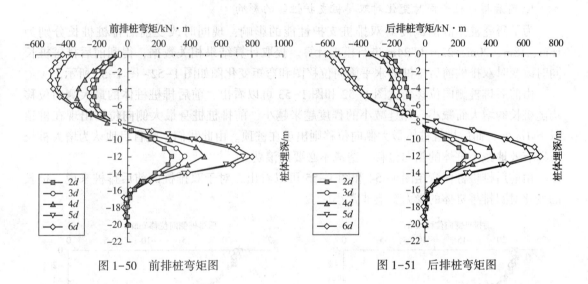

图 1-50　前排桩弯矩图　　　　　　　图 1-51　后排桩弯矩图

由前后排桩桩身位移变化图 1-48 和图 1-49 可知，当桩间距由 2d 增大到 5d 时，前后排桩桩体最大侧向位移呈变大趋势，而且增加的幅度越来越大，当桩间距继续增大时，桩体最大侧向位移虽然仍在增大，不过幅度变小。桩间距为 2d 到 4d 时，前排桩桩体最大侧向位移出现位置在桩顶以下 1m 处，当桩间距增大到 5d 之后，前排桩桩体最大侧向位移出现位置上移到桩顶。对于后排桩，其桩身最大侧向位移位置始终保持在桩顶。当桩间距增大到 5d 时，前后排桩桩顶位移为 43.80mm，大于支护结构的最大变形限值，因此桩间距不能大于 5d。

由前后排桩桩身弯矩图 1-50 和图 1-51 可以看出，随着桩间距的增大，前排桩最大正负弯矩均呈变大趋势，前排桩最大负弯矩出现位置逐步上移，而前排桩最大正弯矩出现位置保持在桩顶以下 12m 处。后排桩的最大正负弯矩同前排桩一样，随着桩间距增大而增大，其最大负弯矩出现在桩顶，最大正弯矩位置同样维持在桩顶以下 12m 处。随着桩体所受弯矩的增大，支护结构的配筋也同样增加，在实际工程中，要综合考虑结构的安全性和经济性来选取合理的桩间距。

增大桩的间距，就意味着桩数量的减少，这容易造成桩体整体刚度的降低，从而致使桩体侧向位移的增大。同时，桩土之间的"土拱效应"与桩间距也有密切的关系，桩间距过大时，桩间的土体可能会被挤出，影响支护效果。

综合考虑双排桩的侧向变形和受力，对于本工程，推荐选用 $2d \sim 4d$ 的桩间距。

## （四）桩长对双排桩结构支护性能的影响

双排桩的嵌固深度对支护结构设计方案的安全性及优劣评估起着重要的作用，对其的研究非常有必要。对于双排桩支护结构，其前后排桩的桩长可以相同，也可以不同，为了深入研究前后排桩桩长变化对双排桩的具体影响，本节将分三种情况进行分析：

① 前后排桩的桩长同时变化；

② 前排桩桩长发生变化，后排桩桩长保持不变；

③ 后排桩桩长发生变化，前排桩桩长保持不变。

1. 前后排桩桩长同时变化对双排桩支护性能的影响

为了研究桩体嵌固深度对双排桩支护性能的影响，现同时改变前后排桩桩长分别为16m、18m、20m、22m 和 24m 进行模拟计算。提取计算结果相关数据，得到前后排桩桩长同时改变时双排桩前后排桩的水平侧向位移图和弯矩变化图如图 1-52～图 1-55 所示。

由前后排桩侧向位移变化图 1-52 和图 1-53 可以看出，前后排桩桩体的最大侧向位移均随桩长的增大而减小，并且减小的程度越来越小，前排桩桩身最大侧向位移出现在桩顶以下 1m 处，而后排桩桩体最大侧向位移则出现在桩顶。由此我们不能盲目地认为增大桩长可以有效地减小桩体的侧向位移，造成不必要的浪费。

由前后排桩桩体弯矩图 1-54 和图 1-55 可以看出，对于双排桩的前后排桩来说，桩长的变化对双排桩桩体的受力影响非常小。

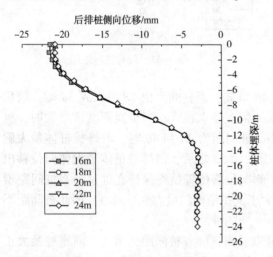

图 1-52　前排桩水平侧向位移图

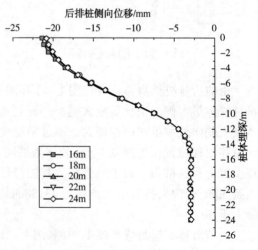

图 1-53　后排桩水平侧向位移图

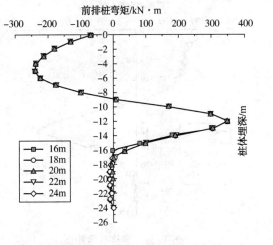

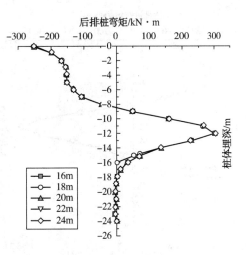

图 1-54 前排桩弯矩图      图 1-55 后排桩弯矩图

由以上分析可知，适当增大桩长可以一定程度地减小双排桩的水平侧向位移，但当桩长达到并超过一定值时，对桩体侧向位移的减小作用就不明显了，因此对于桩长的选择要慎重处理。

2. 前排桩桩长变化对双排桩支护性能的影响

为了研究前排桩桩长的改变对双排桩支护性能的影响，在原模型的基础上，后排桩桩长保持 20m 不变，前排桩长度分别取 16m、18m、20m、22m 和 24m 进行模拟计算。提取计算结果相关数据，得到前排桩桩长改变时双排桩前后排桩的水平侧向位移图和弯矩变化图如图 1-56~图 1-59 所示。

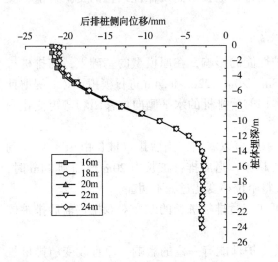

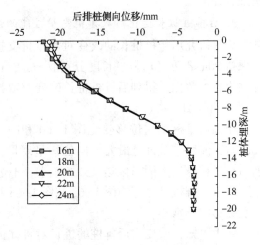

图 1-56 前排桩水平侧向位移图     图 1-57 后排桩水平侧向位移图

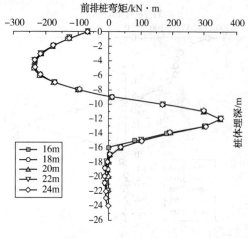

图 1-58　前排桩弯矩图　　　　　图 1-59　后排桩弯矩图

由前后排桩侧向位移变化图 1-56~图 1-57 可以看出，当前排桩桩长由 16m 增加到 22m 时，前后排桩桩体的最大侧向位移呈减小趋势，并且减小的程度也越来越小，当桩长继续增加到 24m 时，桩体最大侧向位移开始变大。前排桩桩身最大侧向位移出现在桩顶以下 1m 处，而后排桩桩体最大侧向位移始终处于桩顶位置。

由前后排桩桩体弯矩图 1-58 和图 1-59 可以看出，前排桩桩长的改变对双排桩前后排桩体的受力影响非常小。

由上可知，对于双排桩支护结构来说，增大前排桩的桩长即前排桩体嵌固深度对于结构的支护性能起到了增强作用，但是这种有利作用会随着桩长的增加愈发不明显，当达到一定值后还会起到反作用，因此要选择合适的前排桩桩长从而既保证结构的支护性能，又实现其经济性。

3. 后排桩桩长变化对双排桩支护性能的影响

为了研究后排桩桩长的改变对双排桩支护性能的影响，在原模型的基础上，前排桩桩长保持 20m 不变，后排桩长度分别取 16m、18m、20m、22m 和 24m 进行模拟计算。提取计算结果相关数据，得到后排桩桩长改变时双排桩前后排桩的水平侧向位移图和弯矩变化图如图 1-60~图 1-63 所示。

由前后排桩侧向位移变化图 1-60 和图 1-61 可以看出，当后排桩桩长由 16m 增加到 20m 时，前后排桩桩身最大侧向位移呈现增大趋势，当后排桩桩长由 20m 增加到 24m 时，前后排桩桩身最大侧向位移又开始减小，不过整个位移变化过程不明显。

由前后排桩桩身弯矩图 1-62 和图 1-63 可知，后排桩桩长的改变对双排桩前后排桩体的受力影响非常小。

综上可知，改变前后排桩的桩长对桩体的支护性能有一定的影响，而且改变前排桩桩长相比于后排桩的桩长变化引起的双排桩整体性能变化更大，同时，单独改变前排桩桩长比同时改变前后排桩桩长桩体的受力大，而且为了便于施工，本工程将前后排桩桩长取为相同，综合考虑双排桩的侧向变形和受力，前后排桩桩长推荐范围为 16m~20m。

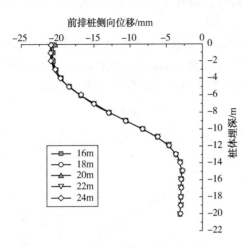

图 1-60  前排桩水平侧向位移图

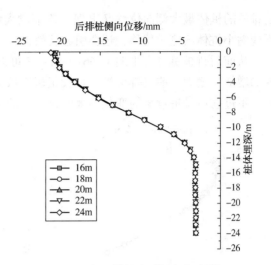

图 1-61  后排桩水平侧向位移图

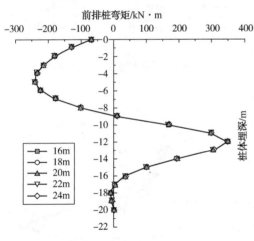

图 1-62  前排桩弯矩图

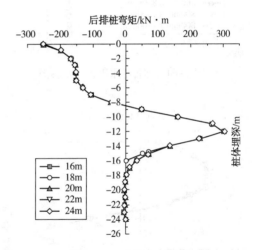

图 1-63  后排桩弯矩图

### （五）连梁截面尺寸对双排桩结构支护性能的影响

连梁在双排桩支护结构中的作用是至关重要的，正是它的存在，使得前后排桩形成了一个空间刚架状的整体，从而提高了双排桩支护结构的抗侧移能力。连梁截面的大小决定着双排桩的抗弯能力。为了研究连梁截面尺寸的改变对双排桩支护结构的影响，现保持连梁的宽度 800mm 不变，高度依次取为 400mm、600mm、800mm、1000mm 和 1200mm 进行模拟计算。提取计算结果相关数据，得到桩间距改变时双排桩前后排桩的水平侧向位移图和弯矩变化图如图 1-64~图 1-67 所示。

从前后排桩桩身侧向位移变化图 1-64~图 1-65 可以看出，当连梁高度由 400mm 增加到 800mm 时，前后排桩的桩体最大侧向位移呈现减小趋势，前排桩桩体最大侧向位移出现位置由 400mm 时的桩顶逐步下移到桩顶以下 1m 处，当连梁高度由 800mm 继续增高时，前后排桩的桩体最大侧向位移又出现了逐渐增大的趋势，因此当连梁截面超过一定值后不仅不能缩小桩体的侧向位移，还会引起反效果。

从前后排桩桩身弯矩图 1-66~图 1-67 可以看出，前后排桩桩身最大负弯矩均随连梁高度的增加而增大，前后排桩桩身最大正弯矩从 400mm 高到 600mm 高逐渐减小，之后逐渐增大，不过前后排桩弯矩的变化不太明显。因此，桩身弯矩对连梁高度的变化不太敏感。

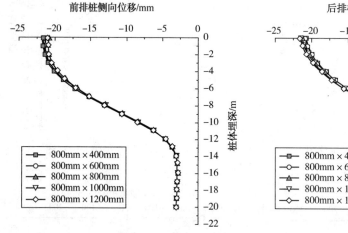

图 1-64　前排桩水平侧向位移图

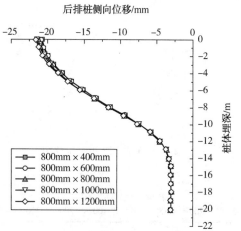

图 1-65　后排桩水平侧向位移图

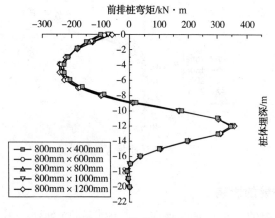

图 1-66　前排桩弯矩图

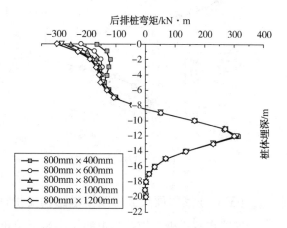

图 1-67　后排桩弯矩图

综上可知，改变连梁的高度对减小桩体的侧向位移并不是一直有效的，而过小的连梁截面会引起刚度的减弱，不能够保证桩与连梁形成一个稳定的整体结构进而使前后排桩实现良好的共同工作。可见，连梁在设计时既要满足一定的刚度，又要避免不必要的过大截面造成的材料浪费。

综合考虑双排桩的侧向变形和受力，对于本工程，推荐连梁截面高度取值范围为 400~800mm。

## 五、基于正交试验的双排桩支护性能影响参数优化

影响双排桩结构对基坑边坡的支护性能的因素很多，包括双排桩的桩径、桩间距、桩排距、桩长、连梁的刚度、基坑开挖的深度和宽度以及双排桩的布桩方式等，可见双排桩结构对基坑边坡的支护作用是一个多因素搭配的问题，仅仅对双排桩的支护性能进行单因素分析是不够的，而且将各因素由分析得出的最佳取值综合到一起不一定能实现双排桩支护结构整体的性能最佳，同时也不能具体对比双排桩对各因素的敏感性。假如对上述因素的每个参数取值都进行完全的组合，那么需要的试验次数将会非常多，这种方法称为全面试验法。全面试验法的优点是能够对所研究的情况进行最为全面的反映，但是由于其试验次数非常多，一般受到客观因素的影响比如人力、物力或时间等，这种方法较难以实现。正交试验方法则可以弥补以上不足，其既能够保证各个影响因素之间的均衡搭配，还有效地减少了需要试验的次数。因此我们可以根据双排桩影响因素的个数以及各因素的水平数，采用正交试验的方法对双排桩的支护性能进行研究。

双排桩的影响因素很多，各因素的水平也很多，本章将依据对双排桩的桩径、桩间距、桩排距、桩长、连梁的截面尺寸这五个因素的分析结果，针对每个因素选取适当具有代表性的水平值，采取正交试验的方法进一步分析各因素对双排桩支护结构的影响。

### (一) 正交试验基本理论

正交试验是从所研究因素的全部水平组合中挑选出来具有代表性的水平组合，通过对这些组合进行试验，并对试验结果分析总结，了解研究对象的全面试验情况，选出最优的水平组合。正交试验采用正交表来对需要试验的水平组合进行设计和安排。通过采用正交试验设计方法，我们能够清晰地知晓一共需要做几次试验以及每次试验所针对的因素和水平，从而使整个试验有序进行，并且科学高效地解决所研究的问题。

1. 正交试验法

(1) 正交试验法基本介绍

对于如何科学地安排正交试验，应该做到以下两点：①尽可能减少安排试验的次数；②在进行较少试验的前提下，对结果数据进行充分的利用与分析，得出能够指导实践的相关结论。因此，正交试验是一种对多因素试验进行科学的设计与分析的方法。

正交试验有三个基本概念，即指标、因素和水平。指标就是试验所要研究的对象；因素就是可能对试验指标产生影响的因素；水平就是每个因素所取的具体条件。

为了更加直白地表述正交试验方法，以下举例说明。现取三个因素 $A$、$B$、$C$，每个因素取三个水平为 1、2、3，来进行一个三因素三水平的正交试验。如果我们要对各因素进行全面试验，则需要取所有因素的所有水平组合，即 $A_1B_1C_1$、$A_1B_1C_2$、$A_1B_1C_3$、$A_1B_2C_1$、$A_3B_3C_3$，共需要做 $3^3 = 27$ 次试验，如图 1-68 中所显示的立方体的 27 个节点。

全面试验方法虽然能够清楚地分析各个因素与所研究指标之间的关系，但是需要的试验次数非常多，尤其是当研究的因素很多、各因素取的水平也多时，所需的试验量会相当大。例如一个六因素五水平的试验，如果要对其进行全面试验，我们共需要做 $5^6 = 15625$ 次试验，这是相当难以实现的。如果我们做正交试验的话，就会大大减少试验次数，只需做 25 次试验，同样可以反映出所研究指标的整体情况。

正交试验方法的优点就是既能够减少试验的次数，还能够均匀地分布试验点。比如一个二因素二水平的试验，我们采用正交试验设计，只需进行9次试验。如图1-69所示，对于立方体，其每个面上都分布有3个点，并且每个面中每一行和每一列上都只有一个点，加起来总共9个点。

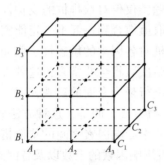

图1-68　全面试验法分析模型

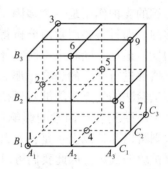

图1-69　正交试验法分析模型

（2）正交试验法的发展

正交试验方法是采用正交表来对试验进行设计并对结果数据加以分析的一种方法。著名的统计学家 R. A. Fisher 在其所著的《试验设计》（1935）一书中最先提到了正交试验法的基本原理，当时，这种方法被生物、医学、农业领域的试验广泛运用。在第二次世界大战之后，日本开始普遍采用该方法，据日本的专家估测，正交试验设计方法推动了日本约10%的经济发展，可见该方法的经济效益相当显著。

我国对正交试验设计的运用最早出现在农业领域，用于农业田间试验，是由农业科学家从国外引入的。20世纪50年代后期，该方法被著名的统计学家许宝禄引入数学领域，并取得了显著成果。

近年来，随着科技的不断进步，特别是计算机的普遍运用，正交试验设计方法在理论上越发成熟，其应用范围和领域也扩大化，已经从最初的生物、医学和农业生产领域发展到了社会科学、管理科学以及产品设计等方面，取得了长足的发展。

（3）正交表

进行正交试验的前提是设计正交表，因此必须先了解正交表。假如现在进行一个三因素两水平的试验，因素为 $A$、$B$、$C$，则共有8个水平组合。现在采用正交试验的方法进行试验，我们需要从8个水平组合中挑选具有代表性的组合，解决这一问题的途径就是参考正交表。对于二水平来说，其对应的最简单的正交表是 $L_4(2^3)$，如表1-11所示。

表 1-11　$L_4(2^3)$ 正交表

| 处理号 | 列号 | | |
|---|---|---|---|
| | 1 | 2 | 3 |
| 1 | 1 | 1 | 1 |
| 2 | 1 | 2 | 2 |
| 3 | 2 | 1 | 2 |
| 4 | 2 | 2 | 1 |

将 $A$、$B$、$C$ 三个因素安放在表中的三列，则一共要做 4 次正交试验，试验的水平组合情况依次是 $A_1B_1C_1$、$A_1B_2C_2$、$A_2B_1C_2$、$A_2B_2C_1$。因此，记号"$L_4(2^3)$"代表的意义为：L 是正交表的代号；括号中的 2 代表每个因素有 2 个水平；括号中的 3 表示正交表总共有 3 列；L 右下角的 4 代表总共需要做 4 次试验。除了一般正交表，还有一种混合型正交表，例如 $L_8$ $(4\times2^4)$，该正交表共需要做 8 次试验，其第一列放置的因素为四水平的，其余 4 列放置的因素为二水平的。

正交表具有两大特点：

① 在正交表的每一列中，不同数字所出现的次数是相等的。例如在正交表 $L_4(2^3)$ 中，每列均有数字 1 和 2，并且这两个数字在每列中所出现的次数是相等的，均为 2 次；

② 正交表中任何两列中，如果把同一行的两个数字看成是一对有序对，对于不同的有序对其出现的次数也是相等的。例如在正交表 $L_4(2^3)$ 中，任意两列的不同的有序对为（1，1）、（2，1）、（1，2）、（2，2），每对有序对均出现一次。

这两个特点可以简单描述为"均匀分散，整齐可比"，这是正交表所特有的两大优势。

在选择合适的正交表时，需要确定试验的指标、因素、水平和要考察的交互作用来作为依据。在能够满足因素列以及交互作用列的情况下，尽可能减少试验的次数是选取正交表时所遵循的基本原则。对于一般的正交表，表中的水平数和因素的水平数是相等的，为了估计试验的误差，包括交互作用在内的因素的个数不应大于表的列数，而且正交表的总自由度要大于各因素（包括交互作用）的自由度的总合。在选取试验方案时，放置交互作用的列以及误差列对其没有影响，只需要确定出试验的因素和水平即可。

（4）正交试验步骤

① 根据试验目的确定出正交试验的指标；

② 确定对指标产生影响的因素以及各因素的水平；

③ 由各因素的水平数目确定合适的正交表，设计表头；

④ 建立正交表，制定试验方案；

⑤ 根据试验方案进行正交试验，得出试验结果；

⑥ 分析试验结果，由各因素对试验结果影响的大小确定主次因素；

⑦ 对试验进行检验，做更深入的分析。

2. 正交试验结果分析

通常情况下，用两种方法来分析正交试验的结果，即极差分析法（直观分析法）和方差分析法。

（1）极差分析法

将因素的水平号用下标 $i$ 表示，将因素用下标 $j$ 表示。因此，对于因素 $j$ 的极差 $R_j$ 的计算公式为：

$$R_j = \max_i\{K_{ij}\} - \min_i\{K_{ij}\}$$

一般情况下，各个因素的极差是不同的，也就是说各个因素对所研究的指标的影响程度大小是不同的。极差越大，表示该因素改变水平时对试验结果所造成的影响就越大，极差最大的因素就是各因素中最主要的因素。对于正交表的空白列，可以看作试验的误差项，当误差项的极差比所有研究的因素的极差都要大的时候，就说明忽视了某些对结果影响重大的因素，或者各个因素间可能发生有显著的交互作用。

简单、直观、计算较少、方便推广是极差分析法的优势所在，但是它不能确定试验误差的大小，这样就不能判定各因素不同水平使试验结果发生变化到底是误差所致还是真正由于所取水平的不同造成的，并且还不能反映出结果数据的波动特征。另外，该方法没有设定一个固定的标准来评判各个因素显著与否，因此就无法准确评估因素对试验结果造成影响的程度。对于极差分析法的缺点，另一个方差分析法可以弥补。

## 六、展望

### （一）主要结论

以某国家项目中的基坑边坡工程为背景，采用数值模拟的方法，通过单因素分析和正交试验分析研究了双排桩支护结构的工作性能及其影响因素。主要得到以下结论：

① 通过分析基坑开挖过程中双排桩的变形和受力可知，双排桩的前后排桩最大侧向位移相差很小，即双排桩的整体性比较好，同时前排桩相对于后排桩承担了更大的主动土压力。

② 当桩径较小时，增加桩径可以明显减小桩体侧向位移，但当增加到一定程度时桩体侧移减小的趋势就很小，这时继续增大桩径就增加了工程成本。对于本工程，$600 \sim 1000mm$ 桩径是相对合适的取值。

③ 随着桩排距的增大，前排桩侧向最大位移先减小后增大，后排桩侧向位移逐渐减小，同时减小程度也变小，前后排桩最大弯矩均随桩排距的增大先减小后增大，因此桩体排距过小或过大都不能使桩体的支护性能达到最佳。建议本工程的合理桩排距范围取为 $4d \sim 6d$。

④ 随着桩间距的增大，双排桩的侧向位移及弯矩均变大，而且当桩间距超过 $5d$ 时，桩体侧向位移和受力过于偏大，不安全，因此推荐桩体间距为 $2d \sim 4d$。

⑤ 对于双排桩的桩长，单独改变前排桩桩长相比于单独改变后排桩桩长引起的双排桩支护性能的变化更大。对于本工程前后排桩取相同桩长，推荐桩长取值范围为 $16 \sim 20m$；

⑥ 随着连梁截面高度的增加，桩体的侧向位移先变小后变大，不过变化程度均不大，前后排桩所受弯矩变化也不明显。推荐连梁截面高度取值范围为 $400 \sim 800mm$。

⑦ 基于双排桩最大水平侧移的正交试验结果表明，双排桩对各影响因素的敏感性为：桩径>桩间距>桩排距>桩长>连梁的截面尺寸，其中桩径和桩间距的作用显著。由试验结果分析得到了减小双排桩最大水平侧移的最佳水平组合，即桩径为 $1000mm$、桩间距为 $1.6m$、桩排距为 $4.0m$、桩长为 $18m$、连梁截面尺寸为 $800mm \times 400mm$。对比优化方案与原方案的计算结果，发现优化方案的桩体最大侧向位移比原方案有明显的减小，验证了优化方案的正确性。

### （二）展望

通过对双排桩支护性能及影响因素的研究，取得了一定的成果和有益结论，但仍存在许多不足，还有以下问题尚待研究与深化：

① 本文主要针对影响双排桩支护性能的五因素即双排桩的桩径、桩排距、桩长、桩间距和连梁截面尺寸进行了单因素分析和正交试验分析，然而双排桩的影响因素不仅仅是本文所研究的五个，对于影响双排桩支护性能的其他因素如基坑开挖的深度和宽度、双排桩的布桩方式、土体性质等未进行考虑，还有待深入分析。

② 在对双排桩的影响因素进行正交试验以分析各因素的影响程度时，假设各因素均相互独立，未考虑各因素之间的交互作用，这对双排桩支护性能的研究也有一定的影响，有待深入研究。

③ 通过数值模拟方式所得到的结果需要实测数据的验证。目前，针对双排桩支护结构变形和受力的监测数据比较缺乏，并且有一定的局限性。因此本文的数值模拟结果的适用性还有待提高，需要实际工程的监测资料的整理和积累，通过理论研究和工程实践的相互促进来使双排桩支护结构理论体系不断地丰富和完善。

# 第二章

# 土的物理力学特性

## 第一节　概　述

土是自然界中性质最为复杂多变的物质。土的物质成分起源于岩石的风化(物理风化和化学风化)。地壳表层的坚硬岩石,在长期的风化、剥蚀等外力作用下,破碎成大小不等的颗粒,这些颗粒在各种形式的外力作用下,被搬运到适当的环境里沉积下来,就形成了土。初期形成的土是松散的,颗粒之间没有任何联系。随着沉积物逐渐增厚,产生上覆土层压力,使得较早沉积的颗粒排列渐趋稳定,颗粒之间由于长期的接触产生了一些胶结,加之沉积区气候干湿循环、冷热交替的持续影响,最终形成了具有某种结构联结的地质体(工程地质学中称为土体),并通常以成层的形式(土层)广泛覆盖于前第四纪坚硬的岩层(岩体)之上。

天然形成的土通常由固体颗粒、液体水和气体三个部分(俗称三相)组成。固体颗粒是土的最主要物质成分,由许多大小不等、形态各异的矿物颗粒按照各种不同的排列方式组合在一起,构成土的骨架,亦称土粒。天然土体中土粒的粒径分布范围极广,不同土粒的矿物成分和化学成分也不一样,其差别主要由形成土的母岩成分及搬运过程中所遭受的地质引力所控制。

土是松散沉积物,土粒间存在孔隙,通常由液体的水溶液和气体充填。天然土体孔隙中的水并非纯水,其中溶解有多种类型和数量不等的离子或化合物(电解质)。若将土中水作为纯净的水看待,根据土粒对极性水分子吸引力的大小,则吸附在土粒表面的水有结合水和非结合水之分。对于非饱和土而言,孔隙中的气体通常为空气。

土的上述三个基本组成部分不是彼此孤立地、机械地混合在一起的,而是相互联系、相互作用,共同形成土的基本特性。特别是细小的土粒具有较大的表面能量,它们与土中水相互作用,由此产生一系列表面物理化学现象,直接影响着土体性质的形成和变化。

## 第二节　土的粒组划分

天然形成的土,其土粒大小悬殊、性质各异。土粒的大小通常以其平均直径 $d$ 来表示,简称粒径(亦称粒度),一般以 mm 为单位。界于一定粒径范围的土粒,其大小相近、性质相似，称为粒组。土中各粒组的相对百分含量，称为土的粒度成分。

自然界中的土粒直径变化幅度很大。工程上所采用的粒组划分首先应满足在一定的粒度范围内，土的工程性质相近这一原则，超过了这个粒径范围，土的性质就要发生质的变化。其次，粒组界限的确定，则视起主导作用的特性而定，还要考虑与目前粒度成分的测定技术相适应。我国目前广泛采用两种粒组划分方案，见表2-1。

表2-1　我国的粒组划分方案

| 粒组的粒径范围/mm | 粒组的名称 | | | | |
|---|---|---|---|---|---|
| | 方案一 | | 方案二 | | |
| $d>200$ | 漂石粒(块石粒) | | 巨粒 | 漂石粒(块石粒) | |
| $200 \geq d>60$ | 卵石粒(碎石粒) | | | 卵石粒(碎石粒) | |
| $60 \geq d>20$ | | | 粗粒 | 砾粒 | 粗砾粒 |
| $20 \geq d>2$ | 圆砾粒(角砾粒) | | | | 细砾粒 |
| $2 \geq d>0.5$ | 砂粒 | 粗 | | 砂粒 | 粗 |
| $0.5 \geq d>0.25$ | | 中 | | | 中 |
| $0.25 \geq d>0.075$ | | 细 | | | 细 |
| $0.075 \geq d>0.005$ | 粉粒 | | 细粒 | 粉粒 | |
| $d<0.005$ | 黏粒 | | | 黏粒 | |

方案一见国家标准《建筑地基基础设计规范》(GB 50007—2011)和《岩土工程勘察规范》(GB 50021—2001)(2009年版)。方案二见国家标准《土的工程分类标准)(GB/T 50145—2007)。可以看出，两种方案的划分基本一致，唯一不同的是方案二将方案一中卵石粒的粒径下限由20mm提高到60mm，以便与世界上多数国家的一般规定相一致。

表2-1中各粒组的一般特征如下：

漂石、卵石、砾粒组：多为岩石碎块。由这种粒组构成的土，孔隙大，透水性极强，毛细上升高度微小甚至没有；无论干燥或潮湿状态下均无粒间联结，既无可塑性，也无膨胀性。

砂粒组：多为原生矿物颗粒。由这种粒组构成的土，孔隙较大，透水性强，毛细上升高度很小；湿时粒间有弯液面力，能将颗粒联结在一起；干时及饱水时，粒间无联结，呈松散状态，既无可塑性，也无胀缩性。

粉粒组：为原生矿物和次生矿物的混合体。由该粒组构成的土，孔隙小而透水性弱，毛细上升高度很高；湿时略具黏性，失去水分时粒间联结力减弱，导致尘土飞扬。

黏粒组：主要由次生矿物组成。由该粒组构成的土，孔隙很小，透水性极弱，毛细上升高度较高；具可塑性和胀缩性；失水时联结力增强使土变硬。

# 第三节　土的三相比例指标

自然界的土体由固相(固体颗粒)、液相(土中水)和气相(土中气体)组成，通常称为三相分散体系。对于一般连续性材料，如混凝土，只要知道密度$\rho$，就能直接说明这种材料的

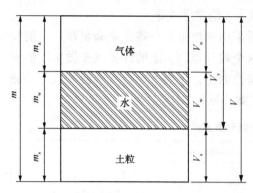

图 2-1　土的三相草图

$V$—土的总体积；$V_V$—土中孔隙体积；

$V_w$—土中水的体积；$V_a$—土中气体的体积；

$V_s$—土中固体土粒的体积；$m$—土的总质量；

$m_w$—土中水的质量；$m_a$—土中气体的质量；$m_a \approx 0$；

$m_s$—土中固体土颗粒的质量

密实程度，即单位体积内固体的质量。对于三相体的土，由于气体的体积可以不相同，同样一个密度 $\rho$，单位体积内可以是固体颗粒的质量多一些，水的质量少一些；也可以是固体颗粒的质量少一些而水的质量多一些。因此，要全面说明土的三相量的比例关系，就需要有若干个指标。

## 一、土的三相草图

为了获得清晰的定量概念，并便于计算，在土力学中通常用三相草图来表示土的三相组成，如图 2-1 所示。在三相草图的右侧，表示三相组成的体积；在三相草图的左侧，则表示三相组成的质量。

在图 2-1 中的这些未知量中，独立的量有 5 个，即 $V_s$、$V_w$、$V_a$、$m_w$、$m_s$。1cm³ 水的质量通常等于 1g，在数值上 $V_w = m_w$。此外，当研究这些量的相对比例关系时，总是取某一定数量的土体来分析，例如取 $V = 1\text{cm}^3$，或 $m = 1\text{g}$，或 $V_s = 1\text{cm}^3$ 等，因此又可以消去一个未知量。这样，对于这一定数量的三相土体，只要知道其中三个独立的量，其他各个量就可从图中直接换算得到。所以，三相草图是土力学中用以计算三相量比例关系的一种简单而又很实用的工具。

## 二、确定三相量比例关系的基本试验指标

为了确定三相草图诸量中的三个量，就必须通过实验室的试验测定。通常做三个基本物理性质试验：土的密度试验、土粒相对密度试验、土的含水量试验。

### (一) 土的密度和重度

土的密度定义为单位体积土的质量，用 $\rho$ 表示，以 kg/m³ 或 g/cm³ 计，即

$$\rho = \frac{m}{V} \tag{2-1}$$

式中　$m$——土的质量；

　　　$V$——土的体积。

天然状态下土的密度变化范围较大。一般黏性土和粉土 $\rho = 1.8 \sim 2.0\text{g/cm}^3$；砂土 $p = 1.6 \sim 2.0\text{g/cm}^3$；腐殖土 $\rho = 1.5 \sim 1.7\text{g/cm}^3$。

土的密度一般用环刀法测定，用一个圆环刀(刀刃向下)放在削平的原状土样面上，徐徐削去环刀外围的土，边削边压，使保持天然状态的土样压满环刀内，称得环刀内土样的质量，求得它与环刀容积的比值即为其密度。

土的重度定义为单位体积土的重量，是重力的函数，用 $\gamma$ 表示，以 kN/m³ 计，即

$$\gamma = \frac{G}{V} = \frac{mg}{V} = \rho g \tag{2-2}$$

式中　$G$——土的重量；

　　　$g$——重力加速度，$g=9.8\mathrm{m/s^2}$，工程上为了计算方便，有时取 $g=10\mathrm{m/s^2}$。

### （二）土粒相对密度

土粒密度（单位体积土粒的质量）与4℃时纯水密度之比，称为土粒相对密度（过去习惯上叫比重），用 $d_s$ 表示，为无量纲量，即

$$d_s=\frac{m_s}{V}\frac{1}{\rho_w}=\frac{\rho_s}{\rho_w} \tag{2-3}$$

式中　$\rho_w$——4℃时纯水的密度，$\rho_w=1\mathrm{g/cm^3}$；

　　　$\rho_s$——土颗粒密度，即单位体积土颗粒的质量，在实际应用时，在数值上取土粒相对密度 $d_s$ 等于土颗粒密度 $\rho_s$。

土粒相对密度可在实验室内用比重瓶法测定。由于土粒相对密度变化不大，通常可按经验数值选用，一般参考值见表2-2。

表2-2　土粒相对密度参考值

| 土的名称 | 土粒相对密度 | 土的名称 | | 土粒相对密度 |
|---|---|---|---|---|
| 砂土 | 2.652.69 | 黏性土 | 粉质黏土 | 2.722.73 |
| 粉土 | 2.702.71 | | 黏土 | 2.742.76 |

### （三）土的含水量

土的含水量定义为土中水的质量与土粒质量之比，用 $\omega$ 表示，以百分数计，即

$$\omega=\frac{m_w}{m_s}\times100\%=\frac{m-m_s}{m_s}\times100\% \tag{2-4}$$

含水量 $\omega$ 是标志土的湿度的一个重要物理指标。天然土层的含水量变化范围很大，它与土的种类、埋藏条件及其所处的自然地理环境等有关。一般说来，对同一类土，当其含水量增大时，则其强度就降低。

土的含水量一般用"烘干法"测定。先称小块原状土样的湿土质量 $m$，然后置于烘箱内维持 $100\sim105℃$ 烘至恒重，再称干土质量 $m_s$，湿、干土质量之差 $m-m_s$ 与干土质量 $m_s$ 的比值，就是土的含水量。

## 三、确定三相量比例关系的其他常用指标

在测定土的密度 $\rho$、土粒相对密度 $d_s$ 和土的含水量 $\omega$ 这三个基本指标后，就可以根据三相草图计算出三相组成各自在体积上与质量上的含量。工程上，为了便于表示三相含量的某些特征，定义如下几种指标。

### （一）表示土中孔隙含量的指标

工程上常用孔隙比 $e$ 或孔隙率 $n$ 表示土中孔隙的含量。孔隙比 $e$ 定义为土中孔隙体积与土粒体积之比，即

$$e=\frac{V_v}{V_s} \tag{2-5}$$

孔隙比用小数表示，它是一个重要的物理性能指标，可用来评价天然土层的密实程度。一般地，$e<0.6$ 的土是密实的低压缩性土，$e>1.0$ 的土是疏松的高压缩性土。孔隙率 $n$ 定义为土中孔隙体积与土总体积之比，以百分数计，即

$$n = \frac{V_v}{V} \times 100\% \qquad (2-6)$$

孔隙比和孔隙率都是用来表示孔隙体积含量的概念。容易证明两者之间具有以下关系：

$$n = \frac{e}{1+e} \times 100\% \qquad (2-7)$$

$$e = \frac{n}{1-n} \qquad (2-8)$$

### （二）表示土中含水程度的指标

含水量 $\omega$ 当然是表示土中含水程度的一个重要指标。此外，工程上往往需要知道孔隙中充满水的程度，这可用饱和度 $S_r$ 表示。土的饱和度 $S_r$ 定义为土中被水充满的孔隙体积与孔隙总体积之比，即

$$S_r = \frac{V_w}{V_v} \times 100\% \qquad (2-9)$$

砂土根据饱和土 $S_r$ 的指标值分为稍湿、很湿和饱和三种湿度状态，其划分标准见表2-3。显然，干土的饱和度 $S_r = 0$，而完全饱和土的饱和度 $S_r = 100\%$。

表2-3　砂土湿度状态的划分

| 砂土湿度状态 | 饱和度 $S_t$/% | 砂土湿度状态 | 饱和度 $S_t$/% |
|---|---|---|---|
| 稍湿 | $S_t \leq 50$ | 饱和 | $S_t > 80$ |
| 很湿 | $50 < S_t \leq 80$ | | |

### （三）表示土的密度和重度的几种指标

除了天然密度 $\rho$（有时也叫湿密度）外，工程计算中还常用如下两种土的密度：饱和密度 $\rho_{sat}$ 和干密度 $\rho_d$。土的饱和密度定义为土中孔隙被水充满时土的密度，表示为

$$\rho_{sat} = \frac{m_s + \rho_w V_v}{V} \qquad (2-10)$$

土的干密度定义为单位土体积中土粒的质量，表示为

$$\rho_d = \frac{m_s}{V} \qquad (2-11)$$

在计算土中自重应力时，须采用土的重力密度，简称重度。与上述几种土的密度相应的有土的天然重度 $\gamma$、饱和重度 $\gamma_{sat}$、干重度 $\gamma_d$。在数值上，它们等于相应的密度乘以重力加速度 $g$。另外，对于地下水位以下的土体，由于受到水的浮力作用，将扣除水浮力后单位体积土所受的重力称为土的有效重度，以 $\gamma'$ 表示，当认为水下土是饱和时，它在数值上等于饱和重度 $\gamma_{sat}$ 与水的重度 $\gamma_w$ 之差，即

$$\gamma' = \frac{m_s - \rho_w V_s}{V} g = \gamma_{sat} = \gamma_w \qquad (2-12)$$

显然，几种密度和重度在数值上有如下关系：$\rho_{sat} \geq \rho \geq \rho_d$；$\gamma_{sat} \geq \gamma \geq \gamma_d \geq \gamma'$。

# 第四节　无黏性土的密实度

砂土、碎石土统称无黏性土。无黏性土的密度对其工程性质有重要的影响。土粒排列越紧密，它们在外荷载作用下，变形越小，强度越大，工程性质越好。反映这类土工程性质的主要指标是密实度。砂土的密实状态可以分别用孔隙比 $e$、相对密实度 $D_r$ 和标准贯入锤击数 $N$ 进行评价。

采用天然孔隙比 $e$ 的大小来判别砂土的密实度，是一种较简捷的方法。但不足之处是它不能反映砂土的级配和颗粒形状的影响。实践表明，有时较疏松的级配良好的砂土孔隙比，比较密实的颗粒均匀的砂土孔隙比还要小。

工程上为了更好地表明砂土所处的密实状态，采用将现场土的孔隙比 $e$ 与该种土所能达到最密实时的孔隙比 $e_{min}$ 和最松散时的孔隙比 $e_{max}$ 相比较的办法，来表示孔隙比 $e$ 时土的密实度。这种度量密实度的指标称为相对密实度 $D_r$，定义为

$$D_r = \frac{e_{max} - e}{e_{max} - e_{min}} \tag{2-13}$$

土的最大孔隙比 $e_{max}$ 的测定方法是将松散的风干土样，通过长颈漏斗轻轻地倒入容器，求得土的最小干密度再经换算确定；土的最小孔隙比 $e_{min}$ 的测定方法是将松散的风干土样分批装入金属容器内，按规定的方法进行振动或锤击夯实，直至密实度不再提高，求得最大干密度再经换算确定。

当砂土的天然孔隙比 $e$ 接近最小孔隙比 $e_{min}$ 时，则其相对密实度 $D_r$ 较大，砂土处于较密实状态。当 $e$ 接近最大孔隙比 $e_{max}$ 时，则其相对密实度 $D_r$ 较小，砂土处于较疏松状态。用相对密实度 $D_r$ 判定砂土的密实度标准，见表2-4。

**表2-4　按相对密实度划分砂土的密实度**

| 砂土密实状态 | 相对密实度 $D_r$ | 砂土密实状态 | 相对密实度 $D_r$ |
|---|---|---|---|
| 松散 | $0 \leqslant D_r \leqslant 1/3$ | 密实 | $2/3 < D_r \leqslant 1$ |
| 中密 | $1/3 < D_r \leqslant 2/3$ | | |

应指出，要在实验室测得各种土理论上的 $e_{max}$ 和 $e_{min}$ 是十分困难的。在静水中缓慢沉积形成的土，其孔隙比有时可能比实验室能测得的 $e_{max}$ 还大；同样，在漫长地质年代中堆积形成的土，其孔隙比有时可能比实验室能测得的 $e_{min}$ 还小。此外，在地下深处，特别是地下水位以下的粗粒土的天然孔隙比 $e$ 很难准确测定。相对密实度 $D_r$ 这一指标虽然理论上讲能更合理地用以确定土的密实状态，但由于上述原因，通常用于填方土的质量控制中，对于天然土尚难以应用。

由于砂土的 $e$、$e_{max}$ 和 $e_{min}$ 都难以确定，天然砂土的密实度可在现场进行标准贯入试验，根据标准贯入试验锤击数 $N$ 值的大小，按表2-5的标准间接判定。标准贯入试验方法可参见《岩土工程勘察规范》（GB 50021—2001）（2009年版）。

**表 2-5　按标准贯入试验锤击数划分天然砂土的密实度**

| 砂土密实状态 | $N$ | 砂土密实状态 | $N$ |
|---|---|---|---|
| 松散 | $N \leqslant 10$ | 中密 | $15 < N \leqslant 30$ |
| 稍密 | $10 < N \leqslant 15$ | 密实 | $N > 30$ |

注：$N$ 是指标准贯入试验锤击数。

碎石土可根据野外鉴别可挖性、可钻性和骨架颗粒含量与排列方式，划分为密实、中密、稍密三种密实状态。碎石土密实度野外鉴别方法见表 2-6。

**表 2-6　碎石土密实度野外鉴别方法**

| 密实状态 | 骨架颗粒含量与排列 | 可挖性 | 可钻性 |
|---|---|---|---|
| 密实 | 骨架颗粒含量大于总重的 60%～70%，呈交叉排列，连续接触 | 锹、镐挖掘困难，用撬棍方能松动；井壁一般较稳定 | 钻进极困难；冲击钻探时，钻杆、吊锤跳动剧烈，孔壁较稳定 |
| 中密 | 骨架颗粒含量等于总重的 60%～70%，呈交叉排列，大部分接触 | 锹、镐可挖掘；井壁有掉块现象，从井壁取出大颗粒后，能保持颗粒凹面形状 | 钻进较困难；冲击钻探时，钻杆、吊锤跳动不剧烈；孔壁有坍塌现象 |
| 稍密 | 骨架颗粒含量小于总重的 60%，排列混乱，大部分不接触 | 锹可以挖掘；井壁易坍塌，从井壁取出大颗粒后，砂土立即坍落 | 钻进较容易；冲击钻探时，钻杆稍有跳动；孔壁易坍塌 |

# 第五节　黏性土的物理特征

## 一、黏性土的稠度

黏性土最主要的物理状态特征是它的稠度。所谓稠度，是指黏性土在某一含水量下对外力引起的变形或破坏的抵抗能力。黏性土在含水量发生变化时，它的稠度也随之而变，通常用坚硬、硬塑、可塑、软塑和流塑等术语来描述。

刚沉积的黏性土具有液体泥浆那样的稠度。随着黏性土中水分的蒸发或上覆沉积层厚度的增加，它的含水量将逐渐减小，体积收缩，从而丧失其流动能力，进入可塑状态。这时土在外力作用下可改变其形状，而不显著改变其体积，并在外力卸除后仍能保持其已获得的形状，黏性土的这种性质称为可塑性。若含水量继续减小，黏性土将丧失其可塑性，在外力作用下易于破裂，这时它已进入半固体状态。最后，即使黏性土进一步减小含水量，它的体积已不再收缩，这时，由于空气进入土体，土的颜色变淡，黏性土就进入了固体状态。上述过程示于图 2-2，图中上部的两相图分别对应于下部含水量与体积变化曲线上 $A$、$B$ 和 $C$ 点的位置。

于是，黏性土从一种状态转变为另一种状态，可用某一界限含水量来区分。这种界限含水量称为稠度界限或 Atterberg 界限。工程上常用的稠度界限有液限 $\omega_L$、塑限 $\omega_P$ 和缩限 $\omega_S$。

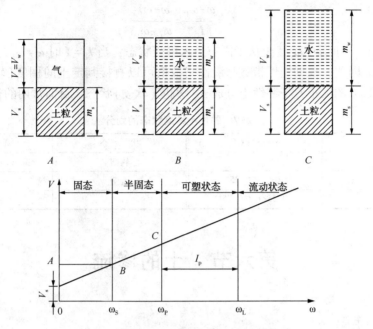

图 2-2　黏性土物理状态与含水量的关系

液限又称液性界限、流限，它是流动状态与可塑状态的界限含水量，也就是可塑状态的上限含水量。塑限又称塑性界限，它是可塑状态与半固体状态的界限含水量，也就是可塑状态的下限含水量。缩限是半固体状态与固体状态的界限含水量，也就是黏性土随着含水量的减小体积开始不变时的含水量。黏性土的界限含水量和土粒组成、矿物成分、土粒表面吸附阳离子性质等有关，可以说界限含水量的大小反映了这些因素的综合影响，因而对黏性土的分类和工程性质的评价有着重要意义。

必须指出，黏性土从一种状态变为另一种状态是逐渐过渡的，本无明确的界限。目前只是以根据某些通用的试验方法所测定的含水量来代表这些界限含水量。

## 二、黏性土的塑性指数和液性指数

塑性指数是指液限 $\omega_L$，与塑限 $\omega_P$ 的差值（省去%），用符号 $I_P$ 表示，即

$$I_P = \omega_L - \omega_P \tag{2-14}$$

$I_P$ 表示土处于可塑状态的含水量变化的范围，是衡量土的可塑性大小的重要指标。

塑性指数 $I_P$ 的大小与土中结合水的可能含量有关，也即与土的颗粒组成、土粒的矿物成分及土中水的离子成分和浓度等因素有关。土粒越细，其比表面积和可能的结合水含量愈高，因而 $I_P$ 也越大。当土中高价阳离子的浓度增加时，土粒表面吸附的反离子层的厚度变薄，土容易产生凝聚，结合水含量减少，$I_P$ 也减小；反之，随着反离子层中的低价阳离子的增加，$I_P$ 变大。工程上常用掺高价阳离子的方法提高土的水稳定性。

液性指数是指黏性土的天然含水量 $\omega$ 和塑限 $\omega_P$ 的差值与塑性指数 $I_P$ 的比值，表征土的天然含水量与界限含水量之间的相对关系，用符号 $I_L$ 表示，即

$$I_L = \frac{\omega - \omega_P}{I_P} = \frac{\omega - \omega_P}{\omega_L - \omega_P} \tag{2-15}$$

显然,当 $I_L = 0$ 时 $\omega = \omega_p$,土从半固态进入可塑状态;当 $I_L = 1$ 时 $\omega = \omega_L$,土从可塑状态进入流动状态。因此,根据塑性指数与液性指数值可以直接判定土的稠度(软硬)状态。工程上按液性指数 $I_L$ 的大小,把黏性土分成五种稠度(软硬)状态,目前常用的标准见表2-7。

表 2-7　黏性土稠度状态的划分

| 状 态 | 液性指数 $I_L$ | 状 态 | 液性指数 $I_L$ |
|---|---|---|---|
| 坚硬 | $I_L \leq 0$ | 软塑 | $0.75 < I_L \leq 1.0$ |
| 硬塑 | $0 < I_L \leq 0.25$ | 流塑 | $I_L > 1.0$ |
| 可塑 | $0.25 < I_L \leq 0.75$ | | |

# 第六节　土的渗流

## 一、达西定律

地下水在土体孔隙中渗透时,由于渗透阻力的作用,沿程必然伴随着能量的损失。为了揭示水在土体中的渗透规律,法国工程师达西(H. Darcy)经过大量的试验研究,于1856年总结得出渗透能量损失与渗流速度之间的相互关系即为达西定律。

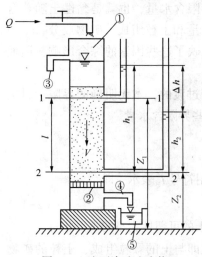

图 2-3　达西渗透试验装置

达西试验的装置如图2-3所示。装置中的①是横截面面积为 $A$ 的直立圆筒,其上端开口,在圆筒侧壁装有两支相距为 $l$ 的测压管。筒底以上一定距离处装一滤板②,滤板上填放颗粒均匀的砂土。水由上端注入圆筒,多余的水从溢水管③溢出,使筒内的水位维持一个恒定值。渗透过砂层的水从短水管④流入量杯⑤中,并以此来计算渗流量 $q$。设 $\Delta t$ 时间内流入量杯的水体积为 $\Delta V$,则渗流量 $q = \Delta v / \Delta t$ 如同时读取断面1—1和断面2—2就得更管水头值 $h_1$、$h_2$,$\Delta h$ 为两断面之间的水头损失。$Z_1$、$Z_2$ 分别为断面1—1、断面2—2 的位置水头。

达西分析了大量试验资料,发现土中渗透的渗流量 $q$ 与圆筒断面面积 $A$ 及水头损失 $\Delta h$ 成正比,与断面间距 $l$ 成反比,即

$$q = kA\frac{\Delta h}{l} = kAi \tag{2-16}$$

$$或\ v = \frac{q}{A} = ki \tag{2-17}$$

式中　$i$ = 水力梯度,也称水力坡降,$i = \Delta h / l$;

　　　$k$——渗透系数,其值等于水力梯度为1时水的渗透速度,cm/s。

## 二、渗透力

水在土中流动的过程中将受到土阻力的作用，使水头逐渐损失。同时，水的渗透将对土骨架产生拖曳力，导致土体中的应力与变形发生变化。这种渗透水流作用对土骨架产生的拖曳力称为渗透力。

在许多水工建筑物、土坝及基坑工程中，渗透力的大小是影响工程安全的重要因素之一。实际工程中，也有过不少发生渗透变形（流土或管涌）的事例，严重的使工程施工中断，甚至危及邻近建筑物与设施的安全。因此，在进行工程设计与施工时，对渗透力可能给地基土稳定性带来的不良后果应该十分重视。

一般情况下，渗透力的大小与计算点的位置有关。根据对渗流流网中网格单元的孔隙水压力和土粒间作用力的分析，可以得出渗流时单位体积内土粒受到的单位渗透力 $j$ 为

$$j = \frac{J}{V} = \frac{h}{l}\gamma_w = i\gamma_w \tag{2-18}$$

# 第七节　土的压缩性

## 一、土的压缩组成和实质

建筑物荷载作用或者其他原因引起土中应力增加，会使地基土体产生变形，变形的大小与土体的压缩性有直接的关系。土在压力的作用下，体积缩小的特性为土体的压缩性。

土的压缩变形主要是由于外荷载增加，使地基土中附加应力增加，导致地基土中产生附加的有效应力，有效应力导致土颗粒之间相互错动而发生压缩变形，孔隙水压力不引起压缩变形，但孔隙水压力转化为有效应力后会产生压缩变形。

土的压缩量的组成：①土中固体颗粒的压缩和土中水的压缩；②土中孔隙水和孔隙气体的排出。

土体压缩的实质：土体在外荷载作用下被压缩，土粒产生相对移动并重新排列，与此同时土体孔隙中部分水和气体被排出，从而引起孔隙体积减小。

## 二、压缩性指标

为了研究土的压缩特性，在实验室通常进行压缩（固结）试验测定土的压缩性指标，如图 2-4 所示。

压缩试验原理：由于土体侧向受到环刀的限制，因此不能在侧向发生任何变形，只能在竖直方向上产生压缩变形。利用不同压力作用下压缩稳定时的孔隙比之间的关系绘制相应曲线，通过曲线确定土体的压缩特性。

根据土体在各级压力 $p$ 作用下，达到压缩稳定的孔隙比 $e$，绘制出的 $e-p$ 曲线为压缩曲线，如图 2-5 所示。

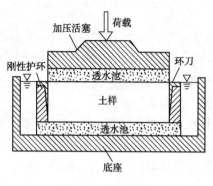

图 2-4　压缩试验

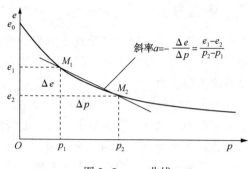

图 2-5　$e$-$p$ 曲线

压缩曲线反映土体受压后的压缩特性。压缩曲线愈陡，土体的压缩性愈高；压缩曲线愈平缓，土体的压缩性愈低。

利用单位压力增量所引起的孔隙比的改变，即压缩曲线的割线斜率来表征土体压缩性高低，压缩曲线的斜率即为压缩系数。压缩系数表示单位压力增量作用下土的孔隙比的减小量，因此压缩系数越大，土的压缩性就越大，但土的压缩系数不是常数，而是随割线位置的变化而不同。

## 三、地基最终沉降量计算

### (一) 分层总和法

1. 基本假定

① 地基是均质、各向同性的半无限线性变形体，可按弹性理论计算土中应力。

② 在压力作用下，地基土不产生侧向变形，可采用侧限条件下的压缩性指标。

如图 2-6 所示，土体受到压力增量 $\Delta p$ 作用，相应的孔隙比由 $e_1$ 降低为 $e_2$，产生的沉降量为

$$s = \frac{e_1 - e_2}{1 + e_1} H_1 = \frac{a}{1 - e_1} \Delta p H_1 = \frac{\Delta p}{E_s} H_1 \tag{2-20}$$

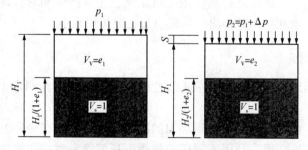

图 2-6　单一压缩土层的沉降计算

根据式 (2-20)，可得单向压缩分层总和法计算的沉降量为

$$s = \sum_{i=1}^{n} s_i = \sum_{i=1}^{n} \frac{e_{1i} - e_{2i}}{1 + e_{1i}} H_{1i} = \sum_{i=1}^{n} \frac{a_i}{1 + e_{1i}} \Delta p_i H_{1i} = \sum_{i=1}^{n} \frac{\Delta p_i}{E_{si}} H_{1i} \tag{2-21}$$

2. 分层总和法计算步骤

① 根据建筑物基础形状，确定基底压力的大小和分布。

② 对地基土进行分层。

③ 确定地基土中自重应力和附加应力的大小与分布。

④ 根据自重应力和附加应力大小及分布，确定地基沉降计算深度。

⑤ 根据每层土的平均自重应力和平均附加应力，确定每层土的压缩沉降量。

⑥ 通过叠加每层土的压缩量，得到地基的总沉降量。

### （二）《规范》法

在分层总和法的基础上，采用平均附加应力系数，并引入地基沉降计算经验系数 $\partial$，得到《规范》法计算方法。

均质地基土，在侧限条件下，压缩模量 $E_s$ 不随深度而变，从基底至深度 $z$ 的压缩量为

$$s' = \bar{\alpha} p_0 \frac{z}{E_s} \tag{2-22}$$

将地基土分层后，第 $i$ 层的压缩量 $\Delta s'_i$ 为

$$\Delta s'_i = s'_i - s'_{i-1} = \frac{p_0}{E_{si}}(\bar{\alpha}_i z_i - \bar{\alpha}_{i-1} z_{i-1}) \tag{2-23}$$

根据分层总和法的相应原理，同时引入经验系数，得到《规范》法计算地基沉降量公式

$$s = \psi s' = \psi \sum_{i=1}^{n} \frac{p_0}{E_{si}}(\bar{\alpha}_i z_i - \bar{\alpha}_{i-1} z_{i-1}) \tag{2-24}$$

## 四、地基沉降与时间的关系

### （一）应力历史对沉降的影响

1. 土的回弹与再压缩特性

如图 2-7 所示，土的卸荷回弹曲线不与原压缩曲线重合，说明土不是完全弹性体，其中有一部分为不能恢复的塑性变形。

土的再压缩曲线比原压缩曲线斜率要小得多，说明土经过压缩后，卸荷再压缩时，其压缩性明显降低。

黏性土沉降由三部分组成：瞬时沉降 $S_d$、固结沉降 $S_C$、次固结沉降 $S_S$ 即

$$s = s_D + s_C + s_S \tag{2-25}$$

2. 土的应力历史对土压缩性的影响

土的应力历史是指土体在历史上曾经受到过的应力状态，土体在历史上受到过的应力状态不同，它所表现出的压缩特性也存在差别，因此土的应力历史对压缩性影响显著。根据土体目前现有固结压力 $p_0$ 与历史上曾受到的最大固结压力 $p_C$（先期固结压力）相比较，把黏性

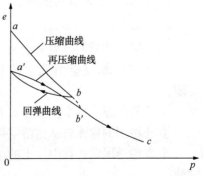

图 2-7 土的回弹再压缩曲线

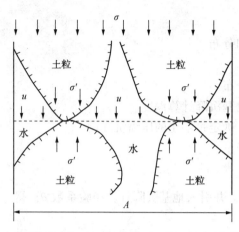

图 2-8　土的渗透固结过程

土分成三种基本类型：

① 现有固结压力 $p_o$ =先期固结压力 $p_c$ 为正常固结土；

② 现有固结压力 $p_o$ ＜先期固结压力 $p_c$ 为超固结土；

③ 现有固结压力 $p_o$ ＞先期固结压力 $p_c$ 为欠固结土。

### （二）土的渗透固结

如图 2-8 所示，在某一压力作用下，饱和土的渗透固结过程就是土体中各点孔隙水压力不断消散、附加有效应力相应增加的过程，即孔隙水压力逐渐向有效应力转化的过程。在转化过程中，任一时刻土体中的总应力均等于有效应力与孔隙水压力之和，并随着渗透固结的完成，孔隙水压力逐渐消散，有效应力逐渐增长，土体的体积也逐渐减小，强度随之提高。

$$\sigma = \sigma' + u \tag{2-26}$$

式中　$\sigma$——土的总应力；

$\sigma'$——土的有效应力；

$\mu$——孔隙水压力。

## 五、地基沉降与时间的关系

### （一）饱和土的单向渗透固结模型

如图 2-9 所示，利用饱和土的单向渗透固结模型可以模拟饱和土体中孔隙水压力向有效应力逐渐转化的有效应力原理。

① 弹簧模拟土体中的土颗粒，弹簧受到的力模拟土体中的有效应力；

② 容器中水模拟土体中孔隙水，水压力模拟土体中的孔隙水压力；

③ 活塞上孔隙的大小模拟土体中渗透性的大小。

### （二）饱和土的单向固结理论

1. 基本假定

① 土层是均质的、完全饱和的。

② 土的压缩完全由孔隙体积减小引起，土体和水不可压缩。

③ 土的压缩和排水仅在竖直方向发生。

④ 土中水的渗流服从达西定律。

⑤ 在渗透固结过程中，土的渗透系数 k 和压缩系数 a 视为常数。

⑥ 外荷一次性施加。

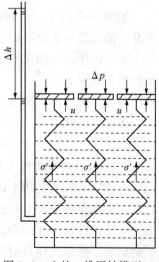

图 2-9　土的一维固结模型

2. 固结理论方程及其求解

如图 2-10 所示，根据水流连续性原理、达西定律和有效
应力原理，建立固结微分方程，即

$$\frac{\partial u}{\partial z} = C_v \frac{\partial^2 u}{\partial t^2} \tag{2-27}$$

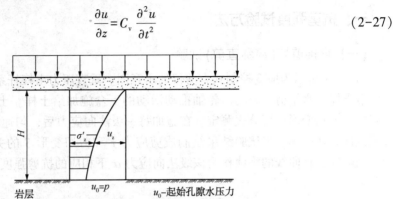

图 2-10　土的固结沉降模型

利用相应初始条件和边界条件，可以得到上述模型微分方程的解：

$$u_{z,\,t} = \frac{4}{\pi} p \sum_{m=1}^{\infty} \sin \frac{m\pi^2}{2H} \exp\left(\frac{-\pi^2 m^2 T_v}{4}\right) \tag{2-28}$$

3. 地基固结度

在某一固结应力作用下，经过某一时间 $t$ 后，土体发生固结或孔隙水压力消散的程度可
以用地基固结过程中任一时刻 $t$ 的固结沉降量 $S_{ct}$ 与其最终固结沉降量 $S_c$ 之比来表示，即

$$u_z = 1 - \frac{\int_0^H u_{z,\,t}\,\mathrm{d}z}{\int_0^H \sigma_z\,\mathrm{d}z} \tag{2-29}$$

利用孔隙水压力分布解答，经过上述积分计算得到上述条件下土的固结度，即

$$U_t = 1 - \frac{8}{\pi_2} \sum_{m=1}^{\infty} \frac{1}{m_2} \exp\left(\frac{-\pi_2 m_2 T_v}{4}\right) \tag{2-30}$$

利用固结度与土中固结应力的分布和排水条件，以及相应的固结度与时间因素的关系
曲线，解决两类问题：

① 已知土层的最终沉降量 $S_c$，求解某一固结历时 t 时刻的沉降量 $S_{ct}$；

② 已知土层的最终沉降量 $S_c$，求解达到某一沉降量 $S_{ct}$ 所经历的时间 t。

# 第八节　土的抗剪强度指标

土体的破坏通常都是剪切破坏，土的抗剪强度是土体抵抗剪切破坏的极限能力。土的
抗剪强度是土的一个重要力学性质，正确地测定土的抗剪强度在工程上具有重要意义。

土参数，特别是抗剪强度参数 $C$ 和 $\varphi$ 的取值，对基坑支护设计影响甚大。可以肯定地

说，$C$ 和 $\varphi$ 取值是否合理，在很大程度上决定了设计的成败。

抗剪强度参数受土本身性质、试验方法及数据处理方法的影响。不同试验方法及不同数据处理方法得到的参数有较大的差异。

## 一、抗剪强度试验方法

### (一)直接剪切(简称直剪)试验

图 2-11 所示为应变控制式直剪仪的示意图。垂直压力由杠杆系统通过加压活塞和透水石传给土样，水平剪应力则由轮轴推动活动的下盒施加给土样。土体的抗剪强度可由量力环测定，剪切变形由百分表测定。在施加每一级法向应力后，匀速增加剪切面上的剪应力，直至试件剪切破坏。将试验结果绘制成剪应力 $\tau$ 和剪切变形 $S$ 的关系曲线，如图 2-12 所示。一般地，将曲线的峰值作为该级法向应力 $\sigma$ 下相应的抗剪强度 $\tau_f$。

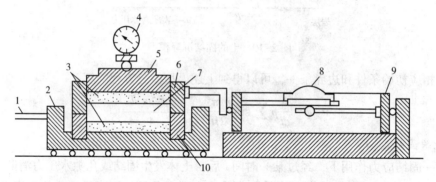

图 2-11  应变控制式直剪仪
1—轮轴；2—底座；3—透水石；4—直变形量表；5—活塞；6—上盒；
7—土样；8—水平位移量表；9—量力环；10—下盒

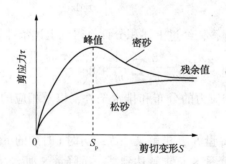

图 2-12  剪应力 $\tau$ 和剪切变形 $S$ 关系曲线

变换几种法向应力 $\sigma$ 的大小，测出相应的抗剪强度 $\tau_f$。在 $\sigma\text{-}\tau$ 坐标上，绘制 $\sigma\text{-}\tau_f$ 曲线，即为土的抗剪强度曲线，也就是莫尔-库仑破坏包线，如图 2-13 所示。

直剪试验是测定土的抗剪强度指标常用的一种试验方法。它具有仪器设备简单、操作方便等优点。但是，它的缺点是土样上的剪应力沿剪切面分布不均匀，不容易控制排水条件，在试验过程中，剪切面发生变化等。

直剪试验适用于二、三级建筑的可塑状态黏性土与饱和度不大于 0.5 的粉土。

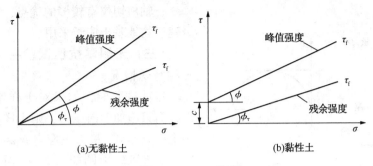

(a)无黏性土　　　　　　　(b)黏性土

图2-13　$\delta-\tau_f$ 曲线

## （二）三轴剪切试验

三轴剪切试验仪由受压室、周围压力控制系统、轴向加压系统、孔隙水压力系统以及试样体积变化量测系统等组成，如图2-14所示。

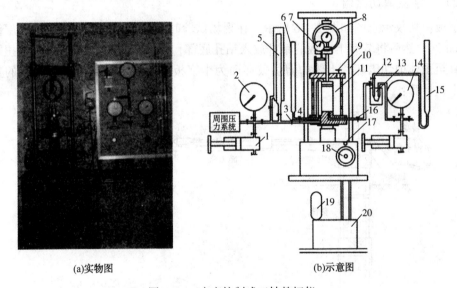

(a)实物图　　　　　　　　　　(b)示意图

图2-14　应变控制式三轴乾切仪

1—调压筒；2—周围压力表；3—周围压力阀；4—排水阀；5—体变管；6—排水管；7—变形量表；
8—量力环；9—排气孔；10—轴向加压设备-压力室；12—量管阀；13—零位指示器；14—孔隙压力表；
15—量管；16—孔除压力阀；17—离合器；18—手轮；19—马达；20—变速箱

试验时，将圆柱体土样用乳胶膜包裹，固定在压力室内的底座上。先向压力室内注入液体(一般为水)，使试样受到周围压力 $\sigma_3$，并使 $\sigma_3$ 在试验过程中保持不变。然后在压力室上端的活塞杆上施加垂直压力直至土样受剪破坏。设土样破坏时由活塞杆加在土样上的垂直压力为 $\Delta\sigma_1$，则土样上的最大主应力为 $\sigma_{1f}=\sigma_3+\Delta\sigma_1$，而最小主应力为 $\sigma_{3f}$。由 $\sigma_{1f}$ 和 $\sigma_{3f}$ 可绘制出一个莫尔圆。用同一种土制成3~4个土样，按上述方法进行试验，对每个土样施加不同的周围压力 $\sigma_3$，可分别求得剪切破坏时对应的最大主应力 $\sigma_1$，将这些结果绘成一组莫尔圆。根据土的极限平衡条件可知，通过这些莫尔圆的切点的直线就是土的抗剪强度线，由此可得抗剪强度指标 $C$、$\varphi$ 的值。

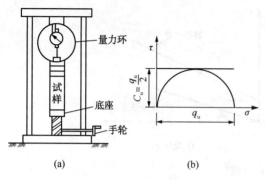

图2-15 无侧限试验极限应力圆

三轴剪切仪有较多的优点，特别是对于一级建筑物地基土应予采用。

### （三）无侧限抗压试验——三轴试验的一种特殊情况

三轴试验时，如果对土样不施加周围压力，而只施加轴向压力，则土样剪切破坏的最小主应力 $\sigma_{3f}=0$，最大主应力 $\sigma_{1f}=q_u$，此时绘出的莫尔极限应力圆如图2-15所示，$q_u$称为土的无侧限抗压强度。

对于饱和软黏土，可以认为 $\varphi=0$，此时其抗剪强度线与 $\sigma$ 轴平行，且有 $C_u=q_u/2$。所以，可用无侧限抗压试验测定饱和软黏土的强度，该试验多在无侧限抗压仪上进行。

### （四）十字板剪切试验

十字板剪切仪示意图如图2-16所示。在现场试验时，先钻孔至需要试验的土层深度以上750mm处，然后将装有十字板的钻杆放入钻孔底部，并插入土中750mm，施加扭矩使钻杆旋转直至土体剪切破坏。土体的剪切破坏面为十字板旋转所形成的圆柱面。土的抗剪强度可按下式计算：

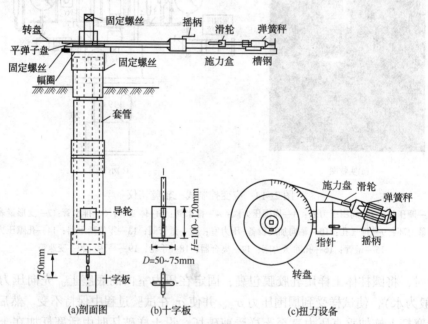

图2-16 十字板剪切仪示意图

$$\tau_f=k_c(p_c-f_c) \tag{2-31}$$

$$k_c=\frac{2R}{\pi D_2h\left(1+\dfrac{D}{3h}\right)} \tag{2-32}$$

式中　$K_c$——十字板常数；

$\qquad p_c$——土发生剪切破坏时的总作用力，由弹簧秤读数求得，N；

$\qquad f_e$——轴杆及设备的机械阻力，在空载时由弹簧秤事先测得，N；

$\quad h$、$D$——十字板的高度和直径，mm；

$\qquad R$——转盘的半径，mm。

十字板剪切试验的优点是不需钻取原状土样，对土的结构扰动较小。它适用于软塑状态的黏性土。

## 二、土的抗剪强度的影响因素

库仑抗剪强度公式 $\tau_f = c + \sigma\tan\varphi$ 表明，土体的抗剪强度主要是由两部分所组成的，即摩擦强度 $\sigma\tan\varphi$ 和黏聚强度 $c$。通常认为，对于无黏性土（粗粒土），由于土体颗粒较粗，颗粒的比表面积较小，其抗剪强度主要来源于粒间的摩擦阻力，土颗粒间没有黏聚强度，即 $c=0$。

### （一）摩擦强度

摩擦强度 $\sigma\tan\varphi$ 取决于剪切面上的法向正应力 $\sigma$ 和土的内摩擦角 $\varphi$。粗粒土的内摩擦角涉及颗粒之间的相对移动，其物理过程包括如下两个组成部分：

① 滑动摩擦力，即颗粒之间产生相互滑动时要克服由于颗粒表面粗糙不平而引起的滑动摩擦。

② 咬合摩擦力，即由于颗粒之间相互镶嵌、咬合、连锁作用及脱离咬合状态而移动所产生的咬合摩擦。

滑动摩擦力是由于颗粒接触面粗糙不平所引起的，其大小与颗粒的形状、矿物组成、土的级配等因素有关。咬合摩擦力是指相邻颗粒对于相对移动的约束作用。图2-17(a)表示相互咬合着的颗粒排列。当土体内沿着某一剪切面而产生剪切破坏时，相互咬合着的颗粒必须从原来的位置被抬起[见图2-17(b)中颗粒A]，跨越相邻颗粒（颗粒B），或者在尖角处将颗粒（颗粒C）剪断然后才能移动。总之，先要破坏原来的咬合状态，一般表现为土体积的胀大，即所谓"剪胀"现象，才能达到剪切破坏。剪胀需要消耗部分能量，这部分能量需要由剪切力做功来补偿，即表现为内摩擦角的增大。土愈密，磨圆度愈小，咬合作用力愈强，则内摩擦角愈大。此外，在剪切过程中，土体中的颗粒重新排列，也要消耗掉或释放出一定的能量，这对于土的内摩擦角也有影响。

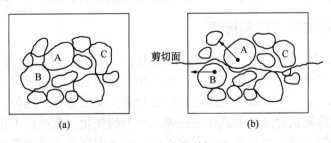

图2-17　土内的剪切面

综合以上分析，可以认为影响粗粒土内摩擦角的主要因素是：①密度；②粒径级配；③颗粒形状；④矿物成分等。

对于黏性土(细粒土)，由于土的颗粒细微，颗粒的比表面积较小，颗粒表面存在着吸附水膜，土颗粒间可以在接触点处直接接触，也可以通过吸附水膜而间接接触，所以它的摩擦强度要比粗粒土复杂。除了由于土颗粒相互移动和咬合作用所引起的摩擦强度外，接触点处的颗粒表面，由于物理化学作用而产生吸引力，对土的摩擦强度也有影响。

### （二）黏聚强度

黏性土(细粒土)的黏聚力 $C$ 取决于土颗粒间的各种物理化学作用力，包括库仑力(静电力)、范德华力、胶结作用等。对黏聚力的微观研究是一个很复杂的问题，存在着各种不同的见解。苏联学者把黏聚力 $C$ 分成两部分，即原始黏聚力和固化黏聚力。原始黏聚力来源于土颗粒间的静电吸引力和范德华力。土颗粒间的距离愈近，单位面积上土颗粒的接触点愈多，则原始黏聚力愈大。因此，对同一种土而言，其密度愈大，原始黏聚力就愈大。当土颗粒间相互离开一定距离以后，原始黏聚力才完全丧失。固化黏聚力取决于颗粒之间胶结物质的胶结作用。例如，土中存在的游离氯化物、铁盐、碳酸盐和有机质等。固化黏聚力除了与胶结物质的强度有关外，还随着时间的推移而逐渐加强。密度相同的重塑土的抗剪强度与原状土的抗剪强度有较大的区别。而且，沉积年代愈老的土，其抗剪强度愈高。在这里，固化黏聚力所起的作用是很重要的原因。另外，地下水位以上的土，由于毛细水的张力作用，在土骨架间引起毛细压力。毛细压力也有联结土颗粒的作用。土颗粒愈细，毛细压力愈大。在黏性土中，毛细压力可以达到一个大气压力以上。

无黏性土(粗粒土)的粒间分子力与重力相比可以忽略不计。所以，一般观点认为，无黏性土不具有黏聚强度。但有时由于胶结物质的存在，粗粒土间也具有一定的黏聚强度。此外，非饱和的砂土，由于粒间受毛细压力的作用，含水量适当时也具有明显的黏聚作用，可以捏成团。但由于这是暂时性的，在工程中不能作为黏聚强度。

### （三）残余强度

残余强度有其应用的实际意义。天然滑坡的滑动面或断层面，土体由于多次滑动而经历相当大的变形。在分析其稳定性时，应该采用其残余强度。在某些裂隙黏土中，经常发生渐进性的破坏，即部分土体因应力集中先达到应力的峰值强度，而后，其应力减小，从而引起四周土体应力的增加，它们也相继达到应力峰值强度，这样的破坏区将逐步扩展。在这种情况下，破坏的土体变形很大，应该采用残余强度进行分析。

## 三、抗剪强度试验方法的选取

抗剪强度的试验方法有多种，在实验室内常用的有直剪试验及三轴剪切试验。

直剪试验具有简单易行、操作方便等优点，在工程实践中得到了广泛应用。但它也具有缺点，主要有两点：其一是试件内的应力状态复杂，应变分布不均匀；其二是不能控制试件的排水，不能量测试验过程中试件内孔隙水压力的变化，在进行不排水剪切时，试件仍有可能排水，特别是对饱和黏性土，由于它的抗剪强度显著受排水条件的影响，故试验结果不够理想。

# 第三章

# 基坑稳定性分析

## 第一节 概 述

基坑工程的设计计算一般包括三方面的内容，即稳定性验算、支护结构强度设计和基坑变形计算。稳定性验算是指分析基坑周围土体或土体与围护体系一起保持稳定性的能力；支护结构强度设计是指分析计算支护结构的内力使其满足构件强度设计的要求；变形计算的目的是控制基坑开挖对周边环境的影响，保证周边相邻建筑物、构筑物和地下管线等的安全。

基坑边坡的坡度太陡，围护结构的插入深度太浅，或支撑力不够，都有可能导致基坑失稳而破坏。基坑的失稳破坏可能缓慢发展，也有可能突然发生。有的有明显的触发原因，如振动、暴雨、超载或其他人为因素，有的却没有明显的触发原因，这主要是土的强度逐渐降低引起安全度不足造成的。基坑破坏模式，根据时间可分为长期稳定和短期稳定，根据基坑的形式又可分为有支护基坑破坏和无支护基坑破坏，其中有支护基坑围护形式又可分为刚性围护、无支撑柔性围护和带支撑柔性围护。各种基坑围护形式因为作用机制不同，因而具有不同的破坏模式。

基坑可能的破坏模式在一定程度上揭示了基坑的失稳形态和破坏机制，是基坑稳定性分析的基础。《建筑地基基础设计规范》(GB 50006—2011)将基坑的失稳形态归纳为两类：

① 因基坑土体强度不足、地下水渗流作用而造成基坑失稳，包括基坑内外侧土体整体滑动失稳，基坑底土隆起，地层因承压水作用，管涌、渗漏等。

② 因支护结构(包括桩、墙、支撑系统等)的强度、刚度或稳定性不足引起支护系统破坏而造成基坑倒塌、破坏。

### 一、基坑的第一类失稳形态

根据围护形式不同，基坑的第一类失稳形态主要表现为如下一些模式。

#### (一) 放坡开挖基坑

由于设计不合理，坡度太陡，或雨水、管道渗漏等造成边坡渗水导致土体抗剪强度降低，引起基坑边坡土体整体滑坡，如图3-1所示。

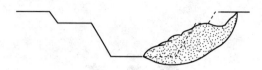

图 3-1　放坡开挖基坑破坏模式

### （二）刚性挡土墙基坑

刚性挡土墙是水泥土搅拌桩、旋喷桩等加固土组成的宽度较大的一种重力式基坑围护结构，其破坏形式有如下几种：

① 由于墙体的入土深度不足，或由于墙底存在软弱土层，土体抗剪强度不够等原因，导致墙体随附近土体整体滑移破坏，如图 3-2(a)所示。

② 由于基坑外挤土施工如坑外施工挤土桩，或者坑外超载作用如基坑边堆载、重型施工机械行走等引起墙后土体压力增加，导致墙体向坑内倾覆，如图 3-2(b)所示。

③ 当坑内土体强度较低或坑外超载时，导致墙底变形过大或整体刚性移动，如图 3-2(c)所示。

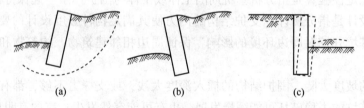

图 3-2　刚性挡土墙基坑第一类破坏形式

### （三）内支撑基坑

内支撑基坑是指通过在坑内架设混凝土支撑或者钢支撑来减小柔性围护墙变形的围护形式，其主要破坏形式如下：

① 坑底土体压缩模量低，坑外超载等，致使围护墙踢脚产生很大的变形，如图 3-3(a)所示。

② 在含水地层（特别是砂层、粉砂层或者其他透水性较好的地层），由于围护结构的止水设施失效，致使大量的水携带砂粒涌入基坑，严重的水土流失会造成支护结构的失稳，还可能先在墙后形成空穴而后突然发生地面塌陷，如图 3-3(b)所示。

③ 由于基坑底部土体的抗剪强度较低，致使坑底土体随围墙踢脚向坑内移动，产生隆起破坏，如图 3-3(c)所示。

④ 在承压含水层上覆隔水层中开挖基坑时，由于设计不合理或者坑底超挖，承压含水层的水头冲破基坑底部土层，发生坑底突涌破坏，如图 3-3(d)所示。

⑤ 在砂层或者粉砂地层中开挖基坑时，降水设计不合理或者降水井点失效后，导致水位上升，会产生管涌，严重时会导致基坑失稳，如图 3-3(e)所示。

⑥ 在超大基坑，特别是长条形基坑（如地铁站、明挖法施工隧道等）内分区放坡挖土，由于降雨或其他原因导致滑坡，冲毁基坑内先期施工的支撑及立柱，导致基坑破坏，如图 3-3(f)所示。

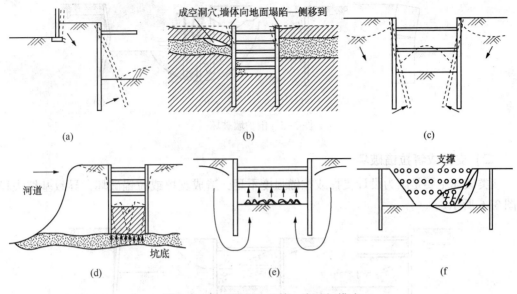

图 3-3　内支撑基坑的第一类破坏模式

### （四）拉锚基坑

（1）由于围护墙插入深度不够，或基坑底部超挖，导致基坑踢脚破坏，如图 3-4(a) 所示。

（2）由于设计锚杆太短，锚杆和围护墙均在滑裂面以内，与土体一起呈整体滑移，致使基坑整体滑移破坏，如图 3-4(b) 所示。

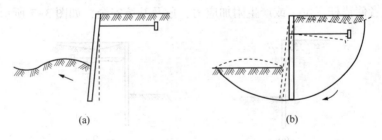

图 3-4　拉锚板桩基坑的第一类破坏模式

## 二、基坑第二类失稳形态

基坑第二类失稳形态根据破坏类型主要表现为以下几种。

### （一）围护墙破坏

此类破坏模式主要是由于设计或施工不当造成围护墙强度不足引起的围护墙剪切破坏或折断，导致基坑整体破坏，例如挡土墙剪切破坏，柔性围护墙墙后土压力较大，而围护墙插入较好土层或者少加支撑导致墙体应力过大，使围护墙折断，基坑向坑内塌陷，如图 3-5 所示。

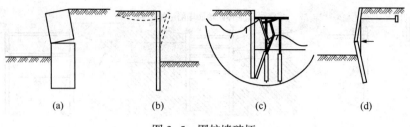

图 3-5　围护墙破坏

### （二）支撑或者拉锚破坏

该类破坏主要是因为设计支撑或拉锚强度不足，造成支撑或拉锚破坏，导致基坑失稳，如图 3-6 所示。

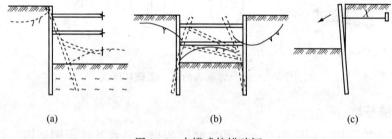

图 3-6　支撑或拉锚破坏

### （三）墙后土体变形过大引起的破坏

该类破坏主要是因为围护墙刚度较小，造成墙后土体产生过大变形，危及基坑周边既有构筑物，或者使锚杆变位，或产生附加应力，危及基坑安全，如图 3-7 所示。

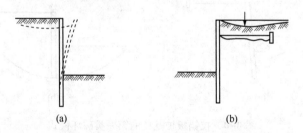

图 3-7　墙后土体变形过大引起的破坏

# 第二节　整体稳定性验算

基坑稳定性的计算理论与边坡相似，边坡稳定性分析是边坡工程研究的核心问题，一直是岩土工程研究的一个热点问题。边坡稳定性分析方法经过近百年的发展，其原有的研究不断完善，同时新的理论和方法不断引入，特别是近代计算机技术和数值分析方法的飞速发展给其带来了质的提高，边坡稳定性研究进入了前所未有的阶段。

任何一个研究体系都是由简单到复杂，由宏观到微观，由整体到局部。对于边坡稳定性研究，在其基础理论的前提下，边坡稳定性分析方法从二维扩展到三维，更符合工程的实际情况；由于一些新理论和新方法的出现，如可靠度理论和对边坡工程中不确定性的认识，边坡稳定性分析方法由确定性分析向不确定性分析发展。同时，由于边坡工程的复杂性，边坡稳定性评价不能依赖于单一方法，边坡的稳定性评价也由单一方法向综合评价分析发展。

## 一、边坡稳定性分析

本节主要介绍常用的三种边坡稳定性分析的常用理论：瑞典条分法、Bishop 法和 Janbu 法，而其他理论可参阅相关专业书籍。

### (一) 瑞典条分法

瑞典条分法是由 W. Fellenious 等于 1927 年提出的，也称为费伦纽斯法。它主要是针对平面问题，假定滑动面为圆弧面。根据实际观察，对于比较均质的土质边坡，其滑裂面近似为圆弧面，因此瑞典条分法可以较好地解决这类问题。但该法不考虑各土条之间的作用力，将安全系数定义为每一土条在滑动面上抗滑力矩之和与滑动力矩之和的比值，一般求出的安全系数偏低 $10\% \sim 20\%$。其基本原理如下：

如图 3-8 所示边坡，取单位长度土坡按平面问题计算，设可能的滑动面是一圆弧 $AD$，其圆心为 $O$，半径为 $R$。将滑动土体 $ABCD$ 分成许多竖向土条，土条宽度一般可取 $b=0.1R$，作用在土条 $i$ 上的作用力有：①土条的自重 $W_i$，其大小、作用点位置及方向均已知；②滑动面 $ef$ 上的法向反力 $N_i$ 及切向反力 $T_i$，假定 $N_i$、$T_i$ 作用在滑动面的中点，它们的大小均未知；③土条两侧的法向力 $E_i$、$E_{i+1}$ 及竖向剪切力 $X_i$、$X_{i+1}$，其中 $E_i$ 和 $X_i$ 可由前一个土条的平衡条件求得，而 $E_{i+1}$ 和 $X_{i+1}$ 的大小未知，$E_i$ 的作用点也未知。

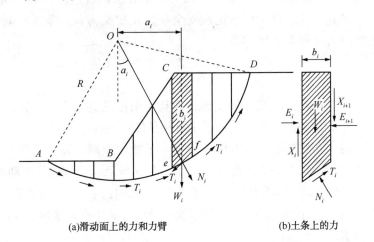

(a)滑动面上的力和力臂　　(b)土条上的力

图 3-8　瑞典条分法计算简图

由上述分析可知，土条 $i$ 的作用力中有 5 个未知数，但只能建立 3 个平衡条件方程，故为静不定问题。为了求得 $N_i$、$T_i$ 的值，必须对土条两侧作用力的大小和位置做出适当假定。瑞典条分法是不考虑土条两侧的作用力，也即假设 $E_i$ 和 $X_i$ 的合力等于 $E_{i+1}$ 和 $X_{i+1}$ 的合力，同时它们的作用线重合，因此土条两侧的作用力相互抵消。这时，土条 $i$ 仅有作用力 $W_i$、$N_i$ 及 $T_i$，根据平衡条件可得

$$N_i = W_i \cos\alpha_i \tag{3-1}$$

$$T_i = W_i \sin\alpha_i \tag{3-2}$$

滑动面 $ef$ 上土的抗剪强度为

$$T_i = \sigma_i \tan\varphi_i + c_i = \frac{1}{l_i}(N_i \tan\varphi_i + c_i) = \frac{1}{l_i}(W_i \tan\varphi_i + c_i) \tag{3-3}$$

式中　$\alpha_i$——土条 $i$ 滑动面的法线（亦即圆弧半径）与竖直线的夹角；

　　　$L_i$——土条 $i$ 滑动面 $ef$ 的弧长；

　$C_i$、$\varphi_i$——滑动面上土的黏聚力及内摩擦角。

土条 $i$ 上的作用力对圆心 $O$ 产生的滑动力矩 $M_s$ 为

$$M_s = T_i R = W_i R \sin\alpha_i \tag{3-4}$$

整个土坡相应于滑动面 $AD$ 的稳定性安全系数 $K$ 为

$$K = \frac{M_R}{M_S} = \frac{\displaystyle\sum_{i=1}^{n}(W_i \cos\alpha_i \tan\varphi_i + c_i l_i)}{\displaystyle\sum_{i=1}^{n} W_i \sin\alpha_i} \tag{3-5}$$

式中　$M_R$——土条 $i$ 上的作用力对圆心 $O$ 产生的稳定力矩。

## （二）Bishop 法

瑞典条分法作为条分法中的最简单形式在工程中得到了广泛运用，但实践表明，该方法计算出的安全系数偏低。实际上，若不考虑土条间的作用力，则无法满足土条的稳定性。随着边坡分析理论与实践的发展，许多学者致力于条分法的改进。A. W. Bishop 于 1955 年提出了安全系数的普遍定义，将土坡稳定性安全系数 $K$ 定义为各分条滑动面抗剪强度之和 $T_f$ 与实际产生的剪应力之和 $T$ 之比，即

$$K = \frac{T_f}{T} \tag{3-6}$$

这不仅使安全系数的物理意义更加明确，而且使用范围更为广泛，为以后非圆弧滑动分析及土条分界面上条间力的各种假定提供了有利条件。

Bishop 法假定各土条底部滑动面上的抗滑安全系数均相同，即等于整个滑动面的平均安全系数，取单位长度边坡按平面问题计算，如图 3-9 所示。设可能的滑动圆弧为 $AC$，圆心为 $O$，半径为 $R$。将滑动土体分成若干土条，取其中的任何一条（第 $Z$ 条）分析其受力情况，土条圆弧弧长为 $L_i$。土条上的作用力如瑞典条分法，其中孔隙水压力 $u_i l_i$。

对 $i$ 土条竖向取力的平衡得

$$W_i + \Delta X_i - T_{fi} \sin\alpha_i - (N_i' + u_i l_i)\cos\alpha_i = 0 \tag{3-7}$$

式中　$T_{fi}$——土条 $i$ 底面的抗剪力；

　　　$N_i'$——土条 $i$ 底面的有效法向反力；

　　　$\Delta X_i$——作用在土条两侧的切向力差。

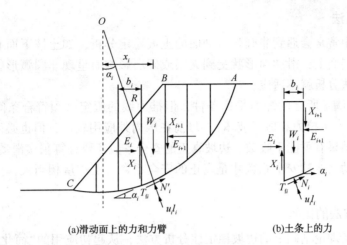

(a)滑动面上的力和力臂          (b)土条上的力

图3-9  Bishop法计算简图

当土体尚未破坏时，土条滑动面上的抗剪强度只发挥了一部分，若以有效应力表示，由 Mohr-Coulomb 准则，得土条滑动面上的抗剪力为

$$T_{fi} = \frac{T_{fi}l_i}{F_s} = \frac{c'_i l_i}{F_s} + N'_i \frac{\tan\varphi'_i}{F_s} \tag{3-8}$$

式中  $C'_i$——土条 $i$ 的有效黏聚力；

$\varphi'_i$——土条 $i$ 的有效内摩擦角。

代入式(3-7)，可解得 $N'_i$ 为

$$N'_i = \frac{1}{m_{\alpha i}} \left( W_i + \Delta X_i - u_i l_i - \frac{c'_i l_i}{F_s}\sin\alpha_i \right) \tag{3-9}$$

$$m_{\alpha i} = \cos\alpha_i \left( 1 + \frac{\tan\varphi'_i \tan\alpha_i}{F_s} \right) \tag{3-10}$$

然后就整个滑动土体对圆心求力矩平衡，此时相邻土条之间侧壁作用力的力矩将相互抵消，而各土条的 $N_i$ 及 $u_i L_i$ 的作用线均通过圆心，故有

$$\sum W_i x_i - \sum T_{fi} R = 0 \tag{3-11}$$

由以上各式可得

$$K = \frac{\sum \frac{1}{m_{\alpha i}} [ c'_i b_i + ( W_i - u_i l_i + \Delta X_i ) \tan\varphi' ]}{\sum W_i \sin\alpha_i} \tag{3-12}$$

此为 Bishop 条分法计算边坡稳定性安全系数的普遍公式，Bishop 证明，若忽略土条两侧的剪切力，所产生的误差仅为 1%，由此可得到安全系数的新形式

$$K = \frac{\sum \frac{1}{m_{\alpha i}} [ c'_i b_i + ( W_i - u_i l_i ) \tan\varphi' ]}{\sum W_i \sin\alpha_i} \tag{3-13}$$

### （三）Janbu 法

在实际工程中常常会遇到非圆弧滑动面的土坡稳定分析，如土坡下面有软弱夹层，或土坡位于倾斜岩层面上，滑动面形状受到夹层或硬层影响而呈现非圆弧形状。此时若采用前述圆弧滑动面法分析就不适应。

Janbu 法可以满足所有的静力平衡条件，但推力线的假定必须符合条间力的合理要求（即满足土条间不产生拉力和剪切破坏）。目前在国内外应用较广，但也必须注意，在某些情况下，其计算结果有可能不收敛。边坡真正的安全系数还要计算很多滑动面，进行比较，找出最危险的滑动面，其安全系数才是真正的安全系数。工作量相当大，一般要编成程序在计算机上计算。

### （四）三种方法的比较

基于极限平衡理论基础上的边坡稳定性分析方法，从起初应用的"简化方法"到后来发展起来的"通用方法"，历经数十年，经过众多专家学者的努力，理论已比较完善。各种分析方法根据条间力作用点和作用方向的不同假定，得到相应的安全系数表达式，其各自的特点如表 3-1 所示。

表 3-1　极限平衡理论边坡稳定性分析方法基本条件的比较

| 分析方法 | 满足平衡条件 | | 条间力的假定 | 滑面形状 |
| --- | --- | --- | --- | --- |
| | 力的平衡 | 力矩平衡 | | |
| 瑞典条分法 | 部分满足 | 部分满足 | 不考虑土条间的作用力 | 圆弧 |
| Bishop 法 | 部分满足 | 满足 | 条间力合力方向水平 | 圆弧 |
| Janbu 法 | 满足 | 满足 | 假定条间力作用于土条底以上 1/3 处 | 任意 |

大量的工程应用表明，即使对同一具体工程边坡来说，按不同方法和同一方法中函数的不同情况进行计算，比较分析发现：

① 一般土的内摩擦角 $\varphi$ 较大时传统瑞典条分法计算的安全系数，多偏于保守，平缓边坡高孔压时用有效应力法很不准确，Bishop 法在所有情况下都是精确的，其局限性表现在仅适用于圆弧滑裂面以及有时会遇到数值分析问题。如果使用 Bishop 简化法计算获得的安全系数反而比瑞典法小，那么可以认为 Bishop 法中存在数值分析问题。

② 满足全部平衡条件的方法（如 Janbu 法）在任何情况下都是精确的（除非数值分析问题）。各法计算的成果相互误差不超过 12%，相对于一般可认为是正确的答案的误差不会超过 6%，所有这些方法也都有数值分析问题。

## 二、围护结构稳定性分析

对于水泥土墙多层支点排桩及多层支点地下连续墙等围护结构，可按圆弧滑动简单条分法分析，计算简图如图 3-10 所示。

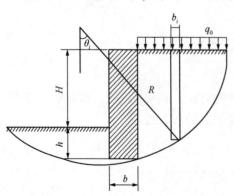

图 3-10　围护结构的整体稳定性分析简图

# 第三节　基坑抗隆起稳定性分析

基坑抗隆起稳定性验算是基坑支护设计中一项十分关键的内容，它不仅关系着基坑的稳定安全问题，也与基坑的变形密切相关。目前已出现的基坑抗隆起稳定性分析方法可归纳为三大类：极限平衡法、极限分析法以及常规位移有限元法。无论是极限分析法还是常规位移有限元法，主要针对的都是黏土基坑抗隆起稳定性分析问题。在我国基坑工程实践中，目前常用的是能同时考虑土体 $C$、$\varphi$ 值的抗隆起稳定性分析方法，即地基承载力模式和圆弧滑动模式。

## 一、黏土基坑不排水条件下的抗隆起稳定性分析

对于黏土基坑抗隆起稳定问题，由于基坑开挖时间较短且黏土渗透性较差，可采用总应力分析方法。对黏土基坑不排水条件下抗隆起稳定性分析的传统方法是 Terzaghi(1943)以及 Bjerrum 和 Eide(1956)所提出的基于承载力模式的极限平衡方法。这类方法一般是在指定的破坏面上进行验算，分析计算时还可能会做一些假定。目前，该类方法仍然在工程实践中应用。随着近代数值分析手段的进步，有限元方法也应用到了基坑抗隆起稳定性分析中。

### （一）黏土基坑抗隆起稳定性分析的极限平衡法

Terzaghi 抗隆起分析模式如图 3-11 所示。基坑开挖深度为 $H$，基坑宽度为 $B$，土体不排水强度记为 $S_u$，坚硬土层的埋置深度距基坑开挖地面的距离记为 $T$。

Bjerrum 和 Eide(1956)抗隆起分析模式如图 3-12 所示。

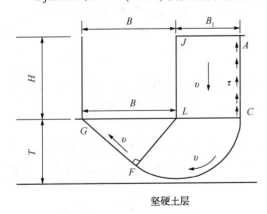

图 3-11　Terzaghi 抗隆起分析模式

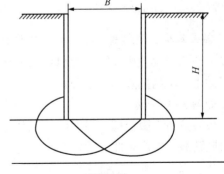

图 3-12　Bjerrum 和 Eide(1956)抗隆起分析模式

B—基坑开挖宽度；H—基坑开挖深度

### （二）黏土基坑抗隆起稳定性分析的极限分析上限方法

极限分析定理是解决工程稳定性分析问题的有严格塑性力学依据的理论，包括上限定理和下限定理。上限定理从构造运动许可的速度场出发，能够界定外荷载的上限；下限定

理从构造静力许可的应力场出发，能够界定外荷载的下限。运动许可的速度场要求：速度场满足几何相容条件，满足速度边界条件以及关联流动法则等；静力许可应力场要求在全局范围内满足平衡方程并且不违反屈服条件，满足应力边界条件等。理论上讲，极限分析下限方法能够给出极限荷载的下限，在工程适用中是偏于安全的，但是在全局范围内构造静力许可的应力场一般是比较复杂的，目前应用主要是借助于极限分析有限元技术应用。上限方法理论上讲只能给出不小于真实极限荷载的解，但运动许可的速度场构造相对简单，而且与实际可能的破坏模式密切相关，因此应用起来较方便。这也是上限方法应用较多的一个主要原因。本节中主要介绍黏土基坑抗隆起分析的上限方法。

1. 基于简单破坏的抗隆起上限分析

目前黏土基坑抗隆起稳定性分析上限分析采用的运动许可破坏模式有：图3-13所示的Terzaghi破坏模式以及图3-14所示的Prandtl破坏模式。对于Terzaghi破坏模式，同样可以应用上限方法得到Terzaghi基于极限平衡理论所给出的稳定性安全系数。

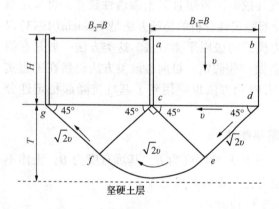

图3-13　基坑抗隆起上限分析中的
Prandtl破坏模式

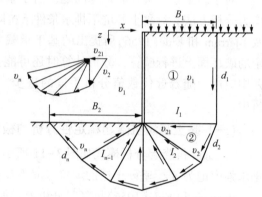

图3-14　黏土基坑中基坑抗隆起的多块
体运动许可破坏机构

2. 黏土基坑抗隆起稳定分析的多块体上限法

以上是基于两种比较简单的相容速度场得出的上限解，最近作者将多块体上限方法应用到了黏土基坑的抗隆起稳定分析中。黏土基坑抗隆起稳定分析的多块体破坏模式及相容速度场如图3-14所示。

由极限分析上限定理，根据任何一种运动许可的速度场推求的极限荷载都将不小于真实的极限荷载。对应于此处的抗隆起稳定分析问题，需要对图3-14所示的多块体破坏模式进行优化，以获得最小的抗隆起安全系数。

## 二、基坑底为软土时的抗隆起稳定分析

《建筑地基基础设计规范》（GB 50006—2011）给出了当基坑底为软土时，基坑底土体的抗隆起稳定性计算公式。

① 因基坑外的荷载及由于土方开挖造成的基坑内外的压差，使支护桩端以下土体向上涌土，具体见图3-15(a)。

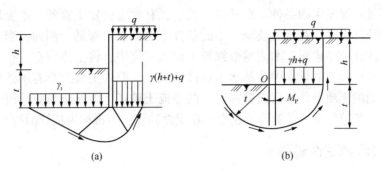

图 3-15  基坑底抗隆起验算简图

从图 3-15 中所假定的验算模式可以看出，地基承载力的抗隆起验算分析中应该认为支护墙体抗弯刚度较大，以致不发生明显的完全变形。由于该抗隆起分析模式假定以支护墙体地面为验算基准面，因此只能反映支护墙体地面土体强度对抗隆起稳定分析的影响。同时从以上分析还可以看出，该模式下是无法考虑地基承载力中基础宽度项对地基承载力的贡献的。通过计算分析表明，当土体内摩擦角较大时，由于地基承载力系数增长迅速，所求的安全系数过大。

各规范中抗隆起稳定性安全度控制指标如表 3-2 所示。

**表 3-2  基坑坑底抗隆起稳定性安全度控制指标**

| 建筑地基基础设计规范 | 建筑基坑工程设计规范 |
| --- | --- |
| 1.6 | 地基承载力模式取 1.4，圆弧滑动模式取 1.3 |

# 第四节  抗渗流稳定性分析

渗透破坏主要表现为管涌、流土(俗称流砂)和突涌。这三种渗透破坏的机制是不同的。管涌是指在渗透水流作用下，土中细粒在所形成的孔隙通道中被移动、流失，土的孔隙不断扩大，渗流量也随之加大，最终导致土体内形成贯通的渗流通道，土体发生破坏的现象。而流土则是指在向上的渗透水流作用下，表层局部范围的土体和土颗粒同时发生悬浮、移动的现象，只要满足以下条件

$$i = i_{cr} = \frac{\gamma'}{\gamma_w} \tag{3-14}$$

原则上，任何土均可发生流土。只不过有时砂土在流土的临界水力坡降达到以前已先发生管涌破坏。管涌是一个渐进破坏的过程，可以发生在任何方向渗流的逸出处，这时常见浑水流出，或水中带出细粒；也可以发生在土体内部。在一定级配的(特别是级配不连续的)砂土中常有发生，其水力坡降 $i = 0.1 \sim 0.4$，对于不均匀系数 $C_u < 10$ 的均匀砂土，更多的是发生流土。

从上面的讨论可以看出，管涌和流土是两个不同的概念，发生的土质条件和水力条件不同，破坏的现象也不相同。有些规范中规定验算的条件实际上是验算流土是否发生的水

力条件，而不是管涌发生的条件。在基坑工程中，有时也会发生管涌，主要取决于土质条件，只要级配条件满足，在水力坡降较小的条件下也会发生管涌。例如，当止水帷幕失效时，水从帷幕的孔隙中渗漏，水流携带细粒土流入基坑中，将土体淘空，在墙后地面形成下陷。在地下水位较高的软土中虽然水力坡降比较大，但软土很少具有不连续的级配，通常没有产生管涌的土质条件，所以容易发生的是流土破坏，因此应当验算流土破坏的稳定性。为此，有些规范将这一验算称为抗渗流稳定性验算，不再称为抗管涌稳定性验算。

## 一、抗渗流稳定性验算

抗渗流稳定性验算的图示如图 3-16(a)所示，要避免基坑发生流土破坏，需要在渗流出口处保证满足下式

$$\gamma' \geq i\gamma_w \tag{3-15}$$

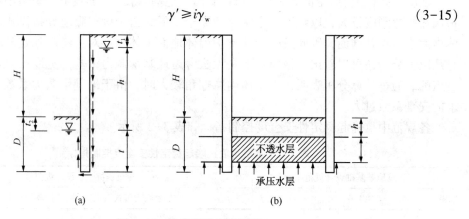

图 3-16　抗渗流稳定性验算

抗渗流稳定性安全系数 $K$ 的取值带有很大的地区经验性，如《深圳地区建筑深基坑支护技术规范》(SJG05—96)规定，对一、二、三级支护工程，分别取 3.00，2.75、2.50；上海市标准《基坑工程设计规程》(DGJ08-20—2007)规定，当墙底土为砂土、砂质粉土或有明显的砂土夹层时取 3.0，其他土层取 2.0。

## 二、承压水冲溃坑底(亦称为突涌)的验算

当基坑下存在不透水层且不透水层又位于承压水层之上时，应验算坑底是否会被承压水冲溃，若有可能冲溃，则须采用减压井降水，以保证安全。

计算图示如图 3-16(b)所示，计算原则为自基坑底部到承压水层上界面范围内(即 $h+t$)土体的自重压力应大于承压水的压力，安全系数不小于 1.20。

## 三、《建筑基坑工程技术规范》(YB9258—97)对于抗渗流稳定的验算分两种情况

① 当上部为不透水层，坑底下某深度处有承压水层时，按式(3-16)和图 3-17 验算渗流稳定性。

$$\gamma_{Rw} = \frac{\gamma_m(t+\Delta t)}{p_w} \tag{3-16}$$

② 当由式中验算不满足要求时，应采取降水等措施。

③ 坑底下某深度范围内，无承压水层时，可按式(3-17)和图 3-18 验算渗流稳定性。

$$\gamma_{\mathrm{Rw}} = \frac{\gamma_{\mathrm{m}} t}{\gamma_{\mathrm{w}}(0.5\Delta h + t)} \tag{3-17}$$

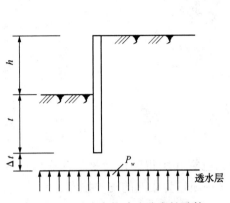

图 3-17 基坑底抗渗流稳定性验算
（有承压水层）

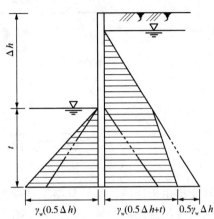

图 3-18 基坑底抗渗流稳定性验算
（无承压水层）

# 第四章

# 土钉支护

## 第一节　概　　述

　　土钉支护由于经济、可靠且施工快速简便，已在我国得到迅速推广和应用。在基坑开挖中，土钉支护现已成为桩、墙、撑、锚之后又一项较为成熟的支护技术。

### 一、土钉简介

　　所谓"土钉"（Soil Nails），就是置入于现场原位土体中以较密间距排列的细长杆件，如钢筋或钢管等，通常还外裹水泥砂浆或纯水泥浆（注浆钉）。土钉的特点是沿通长与周围土体接触，以群体起作用，与周围土体形成一个组合体，在土体发生变形的条件下，通过与土体接触界面上的黏结力或摩擦力，使土钉被动受拉，并主要通过受拉工作给土体以约束加固或使其稳定。土钉的设置方向与土体可能发生的主拉应变方向大体一致，通常接近水平并向下呈不大的倾角。土钉支护用于基坑或边坡土体开挖时的施工步骤必须遵循从上到下、分步修建，即边开挖、边支护的原则，具体为：①开挖有限的深度；②在这一深度的作业面上设置一排土钉井构筑喷混凝土面层；③继续向下开挖有限的深度，并重复上述步骤，直至所需的深度。对于注浆钉，一般是先钻孔，然后置入金属钉体并注浆。

### 二、土钉与锚杆的区别

　　土钉与锚杆（Ground Anchor）从表面上看有类似之处，但两者有着不同的工作机制（见图 4-1）。锚杆沿全长分为自由段和锚固段，在挡土结构中，锚杆作为桩、墙等挡土构件的支点，将作用于桩、墙上的侧向土压力通过自由段、锚固段传递到深部土体上。除锚固段外，锚杆在自由段长度上受到同样大小的拉力；但是土钉所受的拉力沿其整个长度都是变化的，一般是中间大、两头小，土钉支护中的喷混凝土面层不用于主要挡土部件，在土体自重作用下，它的主要作用只是稳定开挖面上的

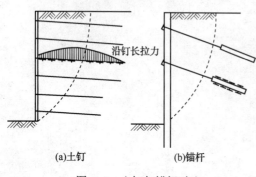

沿钉长拉力

(a)土钉　　　　　　　　(b)锚杆

图 4-1　土钉与锚杆对比

局部土体，防止其崩落和受到侵蚀。土钉支护是以土钉和它周围加固了的土体一起作为挡土结构，类似重力式挡土墙。另外，锚杆一般都在设置时预加拉应力，给土体以主动约束；而土钉一般是不加预应力的，土钉只有在土体发生变形后才能使其被动受力，土钉对土体的约束需要以土体的变形作为补偿，所以不能认为土钉那样的筋体具有主动约束机制。还有，锚杆的设置数量通常有限，而土钉则排列较密，在施工精度和质量要求上都没有锚杆那样严格，当然锚杆中也有不加预应力并沿通长注浆与土体黏结的特例，在特定的布置情况下，也就过渡到土钉了。

## 三、土钉支护体系

本文所指的"土钉支护"涵盖普通土钉支护和复合土钉支护。在防水、基坑变形要求较严的地段宜优先采用复合土钉支护技术。

土钉支护体系可按图4-2所示进行分类。

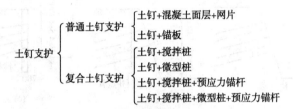

图4-2　土钉支护体系的分类

## 四、土钉支护体系的选型与适用条件

根据基坑开挖深度、土层、水位及周边环境要求，在经过认真调查研究后，可参考以下条件进行选型。

### （一）放坡+纯土钉支护

开挖深度不超过4.0m，地层的渗透系数较小，且周边环境对地表变形不敏感时，可放1:0.3坡度，直接施作土钉挡土墙，如图4-3(a)所示。

### （二）放坡+降水管井+纯土钉支护

开挖深度4.0~5.0m，地层为渗透性较小的粉质黏土，基坑外降水不会引起地层显著沉降时，可采用图4-3(b)所示的形式：坑外布置轻型井点管降水，土坡垂直或略带放坡(1:0.2~1:0.3)，再施作土钉挡土墙。

### （三）单排搅拌桩+土钉

开挖深度4.4~6.0m，坑底位于淤泥质粉泥质黏土地层。开挖后有发生管涌及坑底涌土的可能性，这时就首先施作水泥土搅拌桩组成的防渗帷幕。防渗帷幕可采用宽0.7m的单排搅拌桩[见图4-3(c)]，应按抗渗要求设计水泥土桩的插入深度，按基坑底部抗隆起要求设计水泥土搅拌桩的强度。

### （四）微型桩+土钉

开挖深度4.5~5.5m，坑底虽处于淤泥质黏土中，但产生管涌的可能性不大，这时可采用单排(或双排)竖向立管作为超前支护,这种立管虽然不能形成隔水帷幕,但有增加土体的自立性及防止坑底涌土的作用,如图4-3(d)所示。

### (五) 双排搅拌桩+型钢+土钉

开挖深度6.0~7.0m,坑底处于淤泥质粉土或淤泥质粉质黏土层,产生管涌及坑底隆起的可能性增大,必须施作二排水泥土搅拌桩(宽1.2m)作为防渗帷幕和超前支护。二排水泥土桩仍不能满足抗隆起的强度要求时,可在水泥土桩中插入型钢、钢筋或钢管,形成配筋的帷幕,如图4-3(e)所示。

### (六) 搅拌桩+土钉+预应力锚杆

当对土钉挡土墙位移和墙后土体沉降有严格要求时,可在土钉挡土墙中配合使用预应力土层锚杆,预应力锚杆一般施作在顶部的一、二排,预应力锚杆可采用自钻式锚杆,如图4-3(f)所示。

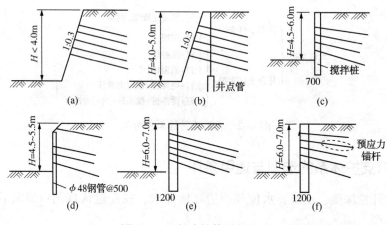

图4-3　土钉支护体系的选型

# 第二节　土钉支护的组成与基本原理

## 一、普通土钉支护的组成与基本原理

### (一) 组成

首先做一说明,为了表述上的简化,本书中的"土钉支护"概括了"土钉挡墙""土钉锚杆""土钉墙""锚喷支护""锚钉"等含义。

土钉支护就是利用打入土中的土钉和喷射混凝土面层作为基坑支护的护壁,从而保持基坑侧壁的稳定。因此,其基本组成除土体外,主要由土钉和面层两部分组成:

土钉——由钢筋、钢管或钢绞线构成。土钉植入土中后,一般要注浆将土钉锚固住。

混凝土面层——面层的作用是将打入土体中的土钉连成一个整体,抵抗土体和地下水的侧压力,并保护土体的表面不受雨水冲刷或作业破坏。面层中一般包括一定的钢筋网片、连接土钉的加强筋，在网片上喷射厚 80~100mm 的混凝土。

图 4-4 为土钉支护基本组成示意图。需要补充说明的是：①土体有一定坡度，表面土要夯实；②土坡上下有排水沟。

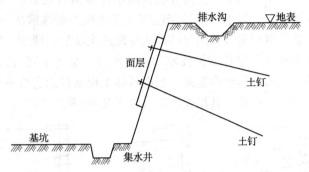

图 4-4　土钉支护基础组成示意图

土钉支护是分层施工的。通常做法是：土坡开挖、修整边坡—钻孔、置入土钉—注浆—绑扎面层钢筋网片—喷射混凝土面层—下层土方开挖。

### （二）基本原理

土钉支护的基本原理是通过对基坑壁土体强度的加强和提高，使产生侧压力的土体成为支护结构的一部分。随着基坑开挖深度的逐步增加，土体侧压力相应增加，而土钉植入后，这种水土侧压力传到面层再由土钉传到距离坑壁较远的土体中，借助土钉与土体的摩阻力将侧压力传递到稳定的土层中去，维持了边坡稳定。

另外，通过短而密的土钉植入和注浆渗入土体中，对土体进行了加固和约束，使一定范围内的土体成为复合型的加筋土体，这一范围被加固的土体构成了一种类似于重力坝式的受力状态，对抗倾覆、抗滑动有利。

量测表明，土钉的受力过程可以分为四个阶段。

第一阶段：土钉安设初期，注浆与土体之间的黏结尚未形成，这时土钉基本不受力。

第二阶段：注浆体将土钉黏结在地层中，随着开挖深度增加，土钉产生拉力，而靠近面层的土钉拉应力较大，远端拉应力较小。

第三阶段：开挖到足够深度（接近坑底），土钉大部分处于土体滑动面之内，这时土钉的拉力以靠近滑裂面处最大，两端较小。

第四阶段：基坑开挖到底后，由于土体的徐变，土钉的拉应力将继续增加，特别是中、下层土钉增加更多，要达到较长时间才趋于稳定。

## 二、复合土钉支护的组成及基本原理

上述的普通土钉支护对地层的依赖性很大，通常仅适用于地下水位较低的、自立性较好的地层。《基坑土钉支护技术规程 XCECS96：97）第 1.0.2 条规定，"土钉支护适用于下列土体：有一定胶结能力和密实程度的砂土、粉土和砾石土、素培土，坚硬或硬塑的黏性土，以及风化岩层等。"但是，对于我国东部沿海地区，主要是海相沉积的软地层，地下水位很高，地层为饱和的粉质黏土、淤泥质粉质黏土、粉土等，在这种软土基坑中，能否应用土钉支护技术成为现实的新课题，从而引出了复合土钉支护的新概念。

## （一）组成

所谓复合土钉支护，就是以水泥土搅拌桩作防水帷幕实行超前（开挖基坑前）支护来解决土体自立性、隔水性问题，以水平向压密注浆及二次压力灌浆解决土体加固与土钉抗拔力问题，减小基坑位移，以相对较长的桩体插入深度解决坑底抗隆起、管涌和抗渗流问题，从而形成一种以土钉为核心的综合支护技术。具体地说，是将土钉与水泥土搅拌桩、旋喷桩、各种微型桩及预应力锚杆等结合起来，根据具体工程条件组合成不同的支护结构体系，大大扩大了土钉支护的应用范围。其组成可以有以下几种（见图 4-5）：

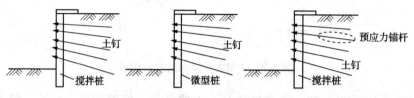

图 4-5 复合土钉组成示意图

① 土钉与水泥土搅拌桩相结合。
② 土钉与水平预应力锚杆相结合。
③ 土钉与微型竖向桩（垂直锚管）相结合。

## （二）基本原理

目前对复合土钉的受力机制认识还不清楚。为此，曾进行过室内模型试验、对实际工程进行应力和位移测试和分析，以及有限元模拟等研究工作。目前的认识是：复合土钉及其被稳定的土体构成了一个"人工构造的边坡"。按桩体、面层、土钉、注浆土体构成的一个整体进行稳定性分析较妥。

# 第三节　土钉支护体系的设计计算

在选型和构造处理的基础上，尚需认真进行理论计算和验算满足各项安全系数的要求。

## 一、土钉墙稳定性的定性分析

### （一）外部稳定性分析（体外破坏）

整个支护作为一个刚体发生下列失稳（见图 4-6）：
① 沿支护底面滑动。
② 绕支护面层底端（墙趾）倾覆，或支护底面产生较大的竖向压力，超过地基土的承载能力。
③ 连同周围和基底深部土体滑动。

这三种可能的破坏方式中，前两种与重力式挡土墙在主动土压力作用下失稳相同，作用在支护背面（整个加固了的土体背部）的是主动土压力（有地下水时还有水压），可以参照

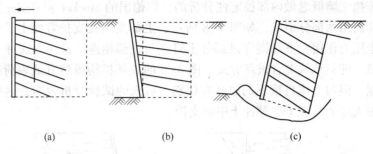

(a)　　　　　　　　(b)　　　　　　　　(c)

图 4-6　外部稳定性破坏

《建筑地基基础设计规范》(GB 50007—2011)中有关重力式挡土墙的规定进行验算，取墙体的底面宽度与底部土钉的长度相同，要求抗滑安全系数不小于 1.3，抗倾覆安全系数不小于 1.5，以及基底最大土压力小于地基土承载能力设计值的 1.2 倍。至于图 4-6(c)那样沿深部弧面滑动破坏只可能发生在基底为软弱土体的情况，在普通重力式挡土墙设计中也要考虑的，可以参照边坡稳定的方法进行验算。在外部稳定性分析上，土钉支护与加筋土挡土墙基本相同，后者也需作这种验算，我国已有加筋土挡土墙的设计规范：《公路加筋土工程设计规范》(JTJ 014—91)，因此在如何选定沿底面滑动时的基底摩擦系数等问题上可参照加筋土挡土墙中的算法和数据。不过一般重力式挡土墙是先构筑、后填土，而土钉支护是先有土、后开挖，土钉支护内是否真的会发生一般挡土墙那样的倾覆并引起基底土压力增加而发生破坏尚缺乏必要的论证。可是这种外部稳定性验算至少能为支护的总体尺寸如底部土钉的最小长度提供一种保证，所以还是值得采用的。

此外，当底部存在土层和岩层之间的薄弱界面时，还要防止沿界面滑动。

在软土或有地下水位的粉土、砂土中，可能发生基坑底部隆起或管涌，也必须进行验算。

## (二) 内部稳定性分析(体内破坏)

这时的土体破坏面全部或部分穿过加固了的土体内部，如图 4-7 所示。有时将部分穿过加固土体的情况称为混合破坏[见图 4-7(b)]。内部稳定性分析多采用边坡稳定的概念，与一般土坡稳定的极限平衡分析方法相同，只不过在破坏面上需要计入土钉的作用。这方面比较著名的分析方法有法国的 Schlosser 方法、美国的 Davis 方法和修改的 Davis 方法等。

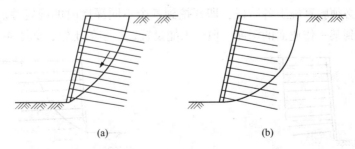

(a)　　　　　　　　　　(b)

图 4-7　内部稳定性破坏(光滑曲线破坏面)

但是也有按挡土墙概念做内部稳定性分析的，如德国的 Stocker 和 Gasler 方法，此时取可能发生的破坏面由两部分组成，如图 4-8 所示，上部发生在支护背面上，受背后破坏土体楔块的主动土压力作用，下部则穿过部分土钉并与趾部相连。这一方法并不认为破坏面会穿过全部土钉，即只承认混合破坏方式。图 4-8 的破坏机构虽然有地表荷载下的模型和大型试验为依据，但与土体自重下的破坏有区别，后来的试验分析说明，这种双折线的破坏面只适用于很大地表荷载下非黏性土中的支护。

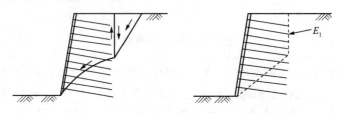

图 4-8　内部稳定性破坏(折线破坏面)

用极限平衡方法分析内部稳定性时，采用的土体破坏面形状常假定为圆弧线、抛物线、双折线或对数螺旋曲线中的一种。因为土钉支护是陡坡，所以根据边坡稳定理论可知，在均匀土质中的破坏面应通过坡面底端(趾部)，至于破坏面与地表相交的另一端位置就需要通过试算来决定。每一个可能的破坏面位置对应于一个稳定性安全系数，作为设计依据的临界破坏面具有最小的安全系数。极限平衡分析的目的就是要找出这个临界破坏面的位置并给出相应的安全系数。

破坏面上的抗剪能力由两部分组成：一部分是土体抗力，照例用莫尔-库仑准则确定，其抗剪强度为 $T=c+\sigma\tan\varphi$，其中，$\sigma$ 为破坏面上的正应力；另一部分是与破坏面相交的土钉所提供的抗力，一般假定土钉在破坏面上的拉力达到最大值并且等于土钉的抗拉或抗拔能力，所以这部分抗剪能力等于土钉最大拉力沿破坏面的切向分力。

与土体抗剪强度有关的正应力 $\sigma$ 除与自重、地表荷载等有关外，也与破坏面上土钉拉力的法向分力有关，后者使 $\sigma$ 增加，所以土钉对支护稳定性的作用还有增加土体抗剪强度的方面。如果有地下水和渗流，还要考虑水压在破坏面上的作用力及其对 $\sigma$ 和土体力学参数的影响，再加上支护土体往往由多种不同土层组成，因此这种稳定性分析相当复杂，通常采用条分法来完成，计算工作量很大，需要编制一个专用计算程序。

当支护内有薄弱土层时，还要验算沿薄弱层面滑动的可能性，如图 4-9 所示。

土钉支护还必须验算施工各阶段，即开挖到各个不同深度时的稳定性。需要考虑的不利情况是开挖已到某一作业面的深度，但尚未能设置这一步的土钉，如图 4-10 所示。

图 4-9　内部稳定性破坏(沿薄弱层面滑动)　　图 4-10　内部稳定性破坏(施工阶段稳定性)

## 二、内部稳定性安全系数

为了说明用极限平衡方法寻求临界破坏面及其相应的稳定性安全系数，我们选个最简单的理想情况，即直线破坏面，而且假定只有一根土钉穿过破坏面，如图4-11所示。取单位宽度的土体进行计算，在破坏面上，引起土体失稳滑动的作用剪力 $S$ 为

$$S = (W + Q)\sin\alpha \tag{4-1}$$

式中　$W$——失稳土体自重；

　　　$Q$——地表总荷载；

　　　$a$——破坏面位置的倾角。

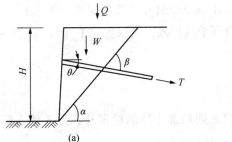

图4-11　内部稳定性分析

破坏面上抵抗滑动的抗剪能力由土体抗剪强度 $\tau = c + \sigma\tan\varphi$ 及土钉提供，总的抗力 $S_R$ 为

$$S_R = \left[ (W + Q)\cos\alpha + \frac{T_R}{S_R}\sin\beta \right]\tan\varphi + \frac{cH}{\sin\alpha} + \frac{T_R\cos\beta}{S_h} \tag{4-2}$$

式中　$T_R$——土钉的抗拉能力并且只考虑土钉受拉工作；

　　　$S_h$——土钉水平间距；

　　　$\theta$——土钉的倾角，$\beta = \alpha + \theta$

　　　$H$——挡土墙高。

破坏面上土钉的抗拉能力取以下三者的最小值：①土钉的强度（与截面大小和屈服强度有关）；②土钉从破坏面一侧稳定土体中拔出的能力（与伸入稳定土体中的长度 $L_i$、土钉外径 $D$ 以及界面黏结强度 $\tau_u$ 有关）；③土钉从破坏面另一侧失稳土体中拔出的能力（与伸入失稳土体中的长度、土钉外径 $D$、界面黏结强度 $\tau_u$，以及土钉端部与面层的联结强度有关）。

总安全系数 $K$ 的取值与设计采用的不同分析计算方法以及确定土体力学参数的保守程度有很大关系。我国现在设计支护时多采用总安全系数法，分析中取土体和材料的强度参数为标准强度（对土体参数又往往偏低取某种下限值）。这里需要指出的是，用普通条分法进行分析时，不考虑每一土条侧边上的内力影响，结果使给出的总安全系数值偏于保守，所以设计时可取较小的 $K$ 值。

当临时性支护按圆弧破坏面的普通条分法做稳定性分析时，建议取总安全系数 $K = 1.2\sim1.3$。

支护土体在施工期间可能遭受水的作用时，总安全系数应再适当增加 $0.1 \sim 0.3$。

在内部稳定性分析中，如将安全系数放在土体和材料的力学性能参数上，在确定破坏面上的抗剪能力时，分别对 $c$、$\tan\varphi$ 和 $\tau_u$（界面黏结强度）除以安全系数 $K_e$、$K_\varphi$、$K_1$，这样在作极限平衡分析求支护稳定性安全系数时，要求 K 不小于 1。

在不同的设计方法中对安全系数有着不同的定义，加上各种方法对荷载与土体力学性能参数的取值，以及方法本身的假定与保守程度都不一样，所以仅从表面上比较不同方法给出的安全系数大小，是很难看出设计安全程度高低的。

土钉支护的破坏是逐步发展的，穿过土体下土钉并不一定同时都能达到其极限抗拉能力，这与计算假定有出入。对这个问题，只能用安全系数加以照顾，也有人凭经验将破坏面上的土钉抗力加以适当调整，例如对上部 $2H/3$（$H$ 为支护高度）内的土钉抗力不作折减。取权重为 1，对下部 $H/3$ 内的土钉抗力则予以折减，取权重为 $1 \sim 0.25$ 线性变化，埋深为 $H$ 时取 0.25，埋深为 $2H/3$ 时取 1。

## 六、面层设计

喷射混凝土面层的作用除保证土钉之间局部土体的稳定外，还要使土钉周围的土压力有效地传给土钉，这就要求土钉钉头与面层连接牢靠。

### （一）内力计算

在土体自重及地表超载作用下，喷射混凝土面层所受侧压力 $P_0$ 为

$$P_0 = P_{01} + P_{0q} \qquad (4-3)$$

$$P_{01} = 0.7 \times \left(0.5 + \frac{S-0.5}{5}\right) P1 \leq 0.7P1 \qquad (4-4)$$

式中　$S$——土钉水平和竖向间距中的较大值；

　　$P_1$——土钉长度中点处由支护土体自重产生的侧向土压力；

$P_{0q}$——地面超载引起的侧压力，$P_{0q} = K_a q$。

上面计算的压力应乘以分项系数 1.2，尚应考虑结构重要性系数为 $1.1 \sim 1.2$。

### （二）强度计算

1. 喷射混凝土面层

喷射混凝土面层可按以土钉为支点的连续板进行强度计算。作用于面层的侧向压力在同一间距内可按均布考虑，其反力作为土钉的端部拉力。验算的内容包括板在跨中和支座截面的受弯、板在支座截面的冲切等。

2. 土钉与喷射混凝土面层的连接

土钉与喷射混凝土面层的连接，应能承受土钉端部的拉力作用。当用螺纹、螺母和垫板与面层连接时，垫板边长及厚度应通过计算确定。当用焊接方法通过不同形式的部件与面层相连时，应对焊接强度作出验算。此外，面层连接处尚应验算混凝土局部承载作用。

# 第四节　土钉墙设计的必要条件、基本程序和注意事项

## 一、土钉墙设计的必要条件

### (一) 工程地质及区域地质勘察数据

它包括 2.0~2.5 倍基坑深度范围内各类岩、土层的物理力学性质，主要是介质类别、岩性、天然含水量($\omega$)、天然密度($\rho$)、饱和度($S_r$、孔隙比($e$)、液限($\omega_L$)、塑限($\omega_P$)、塑性指数($I_P$)、液性指数($I_L$)、压缩模量($E_s$)、黏聚力($c$)、内摩擦角($\varphi$)、波速($v_s$)、标准贯入锤击数($N$)、地下水状况及其渗透性、岩石结构面充填状况及其性质、区域地震的震级及地震烈度资料等。这些是方案设计的最基本资料。

### (二) 工程条件及周围环境

它包括：①基坑几何尺寸或特征尺寸；②地下管线分布情况(尺度、埋深、距侧壁的距离等)；③邻近已建高层建筑物或民房分布状况及相应基础形式；④邻近市政公路等级，最大车载及其他特殊建筑如铁塔、高压电线杆、桥墩等的情况；⑤邻近山体或江河湖泊条件等。

### (三) 确定拟建工程基坑侧壁破坏模式

不同的介质、不同的工程环境及地下水条件，可产生不同的边坡破坏模式。不同的破坏模式决定不同的稳定分析方法和不同的支护参数设计。因此，在方案设计之前，须认真分析并确定相应的侧壁(坡)破坏模式。

### (四) 工程保养期

工程保养期由投资方根据拟建工程需要提出。保养期与支护参数密切相关。保养期愈长，支护参数一般应愈大，因而造价愈高。基坑侧壁保养期一般较短，为 3~6 个月，最长不宜超过 12 个月。边坡保养期一般较长，通常是永久性的。这是基坑侧壁与岩土边坡支护的重要区别之一。

### (五) 基坑侧壁最大允许变形量

一般城建管理部门对基坑侧壁最大允许变形量有明确要求，特殊情况下，投资方可根据本身工程需要提高或放宽这一要求，以达到特定目的或获得更好的经济效果。一般而言，工程愈需要，环境愈复杂，允许变形量便愈小，支护参数因之愈大，工程造价愈高。

### (六) 现场试验资料

它包括土钉或锚杆(管、索、栓)拉拔试验数据，喷射混凝土抗压强度试验数据，喷层圆盘拉拔试验数据，钢筋抗拉强度试验数据，砂、石筛分曲线，预应力松弛和蠕变数据以及外加剂凝结时间、效果数据等。一般情况下，上述数据应从现场试验获得。特殊情况下，经论证、协商认可，也可取自类似工程的试验成果。

**（七）确定侧壁临界自稳高度、临界自稳长度和临界自稳时间**

这是设定一次开挖深度和一次开挖长度的基础，由计算和试验确定。一般一次开挖深度要小于或等于侧壁临界自稳高度；一次开挖长度要小于或等于临界自稳长度；临界自稳时间过短或为零时，须先作超前支护，而后开挖。

**（八）降雨和疏水条件**

它包括年降雨量值，雨季最大降雨量值，基坑所处地形、地貌、排水、疏水条件等。历史经验表明，水患是许多基坑侧壁（坡）失事的主要原因或重要原因。方案设计中重视水患作用是工程成功的极重要因素。水患包括地上水及地下水，这里仅强调地上水危害。实际上，对地下水的处理是同等重要的。

**（九）监控与回馈设计**

鉴于工程地质条件千差万别，设计不可能一成不变。通过监测，将所得信息回馈于原设计中，必要时对其进行修改，使之更加科学合理、安全经济。检测参数和方法很多，其中最重要的是位移及质点运动速率的检测和相应的稳定性判断准则。

## 二、土钉墙设计的基本程序

**（一）非支护条件下侧壁稳定性分析**

非支护条件下的稳定性分析包括单层、多层和整体稳定性分析。

1. 单层稳定性分析

单层稳定性分析的目的在于保证开挖过程中的稳定，并为相应的支护参数设计提供依据。单层稳定性分析方法是以该层深度为依据，考虑其他附加荷载和不利因素，通过计算和试验确定单层临界深度、临界长度、临界自稳时间、优势滑移线、优势滑移半径和优势滑移角等。

2. 多层稳定性分析

多层稳定性分析的目的在于保证掘支过程中侧壁的稳定，并为相应的支护参数设计提供依据。多层稳定性分析的方法是以多层深度为依据，考虑其他附加荷载和不利因素，计算确定相应的优势滑移面、优势滑移半径和优势滑移角等。

3. 整体稳定性分析

整体稳定性分析的目的在于确保基坑挖至底板时整个侧壁的稳定性，并为支护体系的总体设计提供依据。整体稳定性分析的方法是以基坑深度为依据，考虑其他附加荷载和各种不利因素，计算确定相应的优势滑移控制面、优势滑移半径和优势滑移角等。

**（二）计算确定支护参数**

根据非支护条件下单层、多层和整体稳定性分析结果，计算确定相应的土钉（包括锚管和面层、喷层和钢筋网）支护参数。

**（三）支护条件下侧壁稳定性校核**

支护条件下侧壁稳定性校核，按单层、多层和整体稳定性状况分别进行。

1. 单层稳定性校核

所设计的支护参数，在保证单一土层稳定的同时，尚须保证对所确定的优势滑移面和优势滑移控制面以内的不稳定体满足一定安全系数的超前缝合强度。

2. 多层稳定性校核

所设计的支护参数，应满足多层土体的稳定，即保证施工过程中侧壁的稳定。其强度校验需考虑此前支护的 $n-1$ 次超前缝合效应。

3. 整体稳定性校核

所设计的支护参数，应满足整个侧壁的稳定，即：使相应的优势滑移控制面不致产生、发展和形成，其强度校验需考虑此前支护的 $n-1$ 次超前缝合效应。

## 三、土钉墙设计的注意事项

### (一) 稳定性系数

① 稳定性系数原则上应根据设计必要条件选定。

② 对一般使用要求的侧壁，稳定性系数可不小于 1.3；对于中等要求的侧壁，稳定性系数可取 1.4~1.8；对中等以上使用要求的侧壁，稳定性系数可取 2.0~2.5；对特殊使用要求的侧壁，稳定性系数不小于 2.5。

### (二) 拉应力

① 在任意两根高预应力长锚索之间，会产生拉应力区域，设计时必须予以考虑。

② 在拉应力区域，设置非预应力土钉短锚杆，可消除该区域的拉应力集中效应。

③ 非预应力土钉短锚杆等应设置在拉应力区的对称中心。

### (三) 超前土钉

① 超前土钉用于单层自稳时间为零或极短，即随挖随塌的场合。

② 超前土钉的长度不小于单层开挖深度的 2 倍，它与垂直壁面的夹角以 5°~10° 为宜。

③ 超前土钉的中上部须与已完成的支护连成一体。

④ 超前土钉的间距应根据现场试验确定。

⑤ 用作超前土钉的材料可以是角钢、槽钢、钢管、螺纹钢筋、预制钢筋、混凝土杆件等。

### (四) 预应力土钉

① 土钉一般不施加预应力，这样工序更加快捷。

② 预应力土钉一般用于对侧壁变形需严格控制的场合。

③ 施加预应力的方式可以是张拉式或螺旋式。

④ 在土质侧壁(边坡)宜采用低预应力张拉吨位；在岩石中可设计较高的张拉吨位，一般而言，设计预应力吨位宜控制在每延米极限抗拔力的 30% 左右。

⑤ 对土钉预应力损失或超载情况，应密切注意观察，或分区域采用应力传感器进行监测。

⑥ 预应力土钉的张拉段必须能自由伸缩。

⑦ 应根据不同的地层选择预应力土钉的形式。

### （五）基坑壁脚移位，基础隆起防治

① 基坑壁脚移位，地基隆起是壁脚附近土层介质在上覆土体自重荷载及侧压力作用下，连续置换邻近底板下部土层，并将其置于底板上部空间的塑流现象。

② 在基坑壁脚附近采用垂直或近乎垂直向下的土钉截断塑流线，可防止地基隆起现象发生。

③ 设置防地基隆起的土钉的(密度、长度)材料及其上部处理。

### （六）附加荷载

① 附加荷载指在基坑侧壁优势滑移线以内可能滑移体外的一切地面荷载和其他荷载。

② 各类附加荷载均应纳入侧壁稳定性分析和相应的支护参数强度校核。

③ 各类附加荷载均按等效静载考虑。

### （七）侧壁滑塌防治

① 侧壁滑塌防治方案设计应在分析确定滑塌成因及破坏模式基础上进行。

② 侧壁滑塌防治应按设计程序，进行非支护条件下的单层、多层和整体稳定性分析，以及相应支护条件下的稳定性校核。采用自上而下逐层清渣到底。

③ 在清理滑塌区前，须在关键部位设置监控点，进行监测，必要时进行回馈设计。

④ 滑塌区是否回填视使用要求而定。

### （八）水患防治

① 水患是基坑侧壁稳定的大忌，方案设计中须慎重考虑。

② 优势滑移控制线以内及其附近的各种积水或水源均可能对基坑侧壁稳定构成危害。这些水患指地面雨水、生活用水、施工用水等所构成的地面积水，地下由正使用或已废弃的污水管或清水管产生的渗漏水，初始地下水所构成的综合地下水，基坑内各种水渠所构成的积水等。

③ 对水患须采取全方位的构造防治措施，以把水患影响减小到最低程度。

④ 水患防治措施主要是排、挡、降、封、抽。

a. 排：通过设置排水沟排除地面积水。

b. 挡：对地处低洼地的基坑，在侧壁的附近地面可设置水墙挡水，不使水流入坑内。

c. 降：设降水井降低地下水位。

d. 封：采用喷射混凝土封闭基坑壁面及附近地面。

e. 抽：在基坑内设置积水坑，由水泵及时抽出坑内积水。

特殊情况下，基坑附近不允许设置降水井时，支护参数需做加强设计，以维护基坑侧壁的稳定。

# 第五节 土钉墙的施工工艺

## 一、施工降排水

① 土钉支护基坑宜采用井点降水、明排水（坑内和地表）及面层排水相结合的排水系统。

② 对于开挖深度大于 3.0m 的基坑，宜采用井点降水，降低坑内水位，以利于坑底稳定和施工，水位应降至开挖面以下 0.5~1.0m。

③ 坑周地表应加以修整、封闭，防止地表水渗入地下或流入基坑内。

④ 排除坑内积水，应设置排水沟、集水井，深度为 1.0~1.5m，其位置设在转角等危害较小处。

⑤ 渗水量较大，影响面层施工时，可以埋入塑料导水管，待面层凝固后再将导水管封闭。

## 二、开挖修坡

① 土钉支护的土方应分层分段开挖，每层开挖深度一般为 2m，每段长度可取 18m。具体依据设计文件的分层深度和分段距离。应按作业顺序施工，主要是协调好土方开挖和基坑支护的配合，上层土钉注浆体及喷射混凝土面层达到设计强度的 80% 后方可开挖下层土方。

② 采用挖掘机进行土方作业时，用仪器控制，严禁边坡出现超挖，基坑的边坡应留 100~150mm 用人工进行清坡，以保证边坡平整并符合设计规定的坡度。

③ 支护分层开挖深度和施工的作业顺序应保证及时设置土钉或喷射细石混凝土。

④ 开挖过程中如遇到土质有异常，与原设计文件不同时，应及时报告设计单位，由设计单位确认是否进行设计变更。

## 三、支护内部排水系统施工

在支护面层背部一般应插入长度为 400~600mm、直径不小于 40mm 的水平排水管，其外端伸出支护面层，排水管间距可为 1.5~2.0m，以便将喷射混凝土面层后的积水排出。

## 四、初喷混凝土

① 喷射混凝土前应对机械设备进行全面检查及试运转，清理受喷面，设好控制喷层厚度的标志。

② 喷射的混凝土采用商品细石混凝土，控制好配合比，粗骨料最大粒径不大于 12mm，水灰比 0.50~0.55；强度大于 M15，存放时间不得超过 1.5h，掺速凝剂时，存放不得超过 20min。

③ 喷混凝土应分段分片依次进行，同一段内喷射顺序应自下而上，段片之间，层与层之间做成 45°角的斜面，以保证细石混凝土前后搭接牢固，并凝结整体。

④ 喷射混凝土时，喷头与受喷面保持垂直，并保持 0.6~1.0m 的距离；还应控制好水灰比，保持喷射混凝土表面平整，湿润光泽，无干斑或滑移流淌现象。在钢筋部位，应先喷填钢筋后方，然后喷填钢筋前方，防止在钢筋背面出现空隙。

⑤ 喷射混凝土终凝 2h 后，应及时浇水养护，保持其表面湿润。

⑥ 第一层混凝土厚度控制在 60mm。

## 五、成孔

① 土钉成孔前，应按设计要求定出成孔位置并做出标记和编号，成孔过程中遇有障碍物需调整孔位时，应由设计单位出变更通知。

② 土钉成孔采用锚杆工程钻机钻孔(洛阳铲)，钻进过程中严禁使用水钻，以防周边土质松化，开孔时对准孔位徐徐钻进，待达到一定深度且土层较稳定时，方可加速钻进，钻进过程中应随时检查钻头的磨损情况，防止成孔直径达不到设计要求。

③ 成孔过程中应做好成孔记录，按土钉编号逐一记载取出的土体特征、成孔质量等，应将取出的土体与初步设计时所认定的加以对比，有偏差时应及时反馈设计单位，由设计单位修改土钉的设计参数，出设计变更通知。

④ 钻孔不得扰动周围地层，钻孔后清孔采用高压风吹 2~3min，把孔内渣土吹干净，对孔中出现的局部渗水塌孔或掉落松土应立即处理，成孔后应及时安设土钉钢筋并注浆。

⑤ 在土体含水量较大、杂填土较厚、松散砂层、软土层等易塌孔的土层，可采用钢管代替钢筋，钢管上每隔 300mm 钻直径 8~10mm 的出浆孔，孔在钢管长度方向上错开 120°，呈菱形布置，并在出浆孔边焊 $\phi16$ 短钢筋，防止打管时土粒堵塞出浆孔(钢管做法见图 4-12)，利用空气压缩机带动冲击器将加工好的钢管分段焊接按设计角度打入土层。

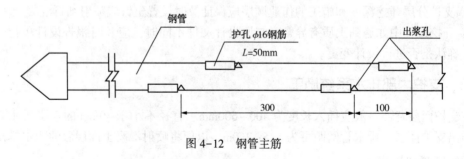

图 4-12 钢管主筋

## 六、安装土钉、注浆、安装连接件

### (一) 安装土钉

土钉钢筋采用螺纹钢，置入孔中前，应先设置定位支架，保证钢筋处于钻孔的中心部位，支架沿钉长的间距为 2~3m，支架的构造应不妨碍注浆时浆液的自由流动，支架材料为金属或塑料件(支架做法可参照图 4-13)。

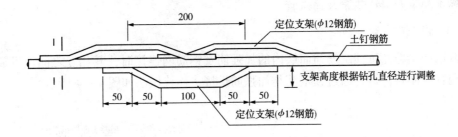

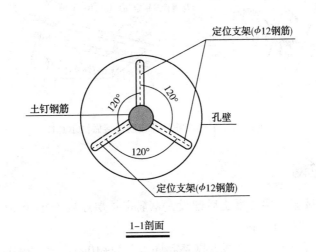

1-1剖面

图4-13 支架做法示意图

**（二）注浆**

土钉钢筋置入孔中后，可采用压力注浆，压力注浆采用二次注浆法：一次注浆导管应先插至距孔底250～500mm处，并在孔口设置止浆塞和排气孔，以低压（0.3～0.6MPa）注浆，同时将导管以匀速缓慢撤出，导管的出浆口应始终处于孔中浆体的表面以下，保证孔中气体能全部冒出，导管离孔口0-4-1m时改为高压（1～2MPa）注满，并保持高压3～5min；二次注浆管采用久0钢管，应先固定在土钉钢筋上与土钉钢筋同时置入孔中，待一次注浆完间歇24h后进行二次注浆，压力控制在0.5～2.0MPa。

采用钢管代替钢筋杆体时，应使用高压（1～2MPa）注浆，从钢管端头开始压力注浆，注满后及时封堵，让压力缓慢扩散。

向孔内注入浆体的充盈系数必须大于1。每次向孔内注浆时，应预先计算所需的浆体体积并根据注浆泵的冲程数计算应向孔内注入的浆体体积，以确认实际注浆量超过成孔的容积。

注浆材料选用水泥净浆的水灰比应按设计要求，当设计无要求时取0.5，水泥净浆应拌和均匀，随拌随用，一次拌和的水泥净浆应在初凝前用完。

注浆前应将孔内残留或松动的杂土清除干净，注浆开始或中途停止超过 30min 时，应用水或稀水泥浆润滑注浆泵及输送管。

### （三）安装连接件

土钉钢筋端部通过锁定筋与面层内的加强筋及钢筋网连接时，其相互之间应可靠焊牢。当采用钢管杆体时，钢管通过锁定筋与加强筋焊接，连接做法如图 4-14 所示。

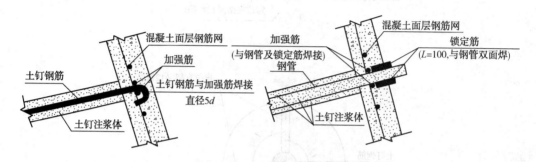

图 4-14　土钉主筋与加强筋连接做法示意图

### 七、编制钢筋网

① 钢筋网应在喷射一层混凝土后铺设，钢筋保护层厚度不小于 20mm，钢筋网应延伸至地表面，并伸出边坡线 0.5m。

② 钢筋网片用焊接或绑扎而成，网格允许偏差为 ±10mm。钢筋网铺设时每边的搭接长度应不小于一个网格边长或 300mm，如为单面搭接焊，则焊长不小于网筋直径的 10 倍。

### 八、复喷混凝土面层

复喷混凝土面层应在经验收确认钢筋网敷设、连接均符合要求后，进行喷混凝土面层至设计厚度，其工艺要求与喷第一层混凝土的要求相同。

### 九、地表排水、基坑排水系统施工

① 基坑四周支护范围内的地表应加以修整，构筑排水沟和水泥砂浆或混凝土地面，防止地表降水向地下渗透。靠近基坑坡顶宽 2~4m 的地面应适当垫高，并且里高外低；便于水流远离边坡。

② 为了排除积聚在基坑内的渗水和雨水，应在基坑的四周设置盲沟及集水坑，以便产生的渗水和雨水及时排除。排水沟及集水坑宜用砖砌并用砂浆抹面以防止渗漏，坑中积水应及时清理。

典型的土钉支护照片如图 4-15 所示。

(a)边坡开挖　　　　　　　　　　(b)人工整修边坡

(c)挂网　　　　　　　　　　　　(d)成孔

(e)搅浆及注浆　　　　　　　　　(f)喷射混凝土

(g)变形观测　　　　　　　　　　(h)支护完工

图 4-15　典型的土钉支护照片

# 第五章
# 排桩支护

## 第一节 概　述

排桩支护是指由呈队列式间隔布置的钢筋混凝土人工挖孔桩、钻孔灌注桩、沉管灌注桩、打入预应力管桩等组成的挡土结构。

排桩支护是深基坑支护的一个重要组成部分，在工程中已得到广泛应用。它随着科学技术的发展、时代的需要而产生；随着岩土工程、结构工程、环境工程的不断发展而发展；随着工程力学、计算方法、材料科学的发展，其受力特性将更加明确，形式将更加多样。

基坑临空面形成后，由于边坡在自重应力下的内部材料抗剪强度不能维持自身稳定，侧壁土体有向临空面滑移的趋势，及沿某一圆弧破坏面破坏的趋势，打入排桩后，排桩作为挡土结构承受了来自侧向的主动土压力作用，从而阻止了侧壁土体向基坑方向的位移；而在排桩施加的锚固结构物进一步提供了张拉力，并由于锚杆的拉力，使潜在破坏面上的法向应力增大，因而摩擦力增大，阻止基坑侧壁沿某一潜在破坏面破坏。

排桩支护按基坑开挖深度及支挡结构受力情况，可分为以下几种：

① 无支撑(悬臂)支护结构：当基坑开挖深度不大，即可利用悬臂作用挡住墙后土体。

② 单支撑结构：当基坑开挖深度较大时，不能采用无支撑支护结构，可以在支护结构顶部附近设置单支撑(或拉锚)。

③ 多支撑结构：当基坑开挖深度较深时，可设置多道支撑，以减小挡墙的内力。

排桩支护的计算包括墙体静力计算、支撑计算与基坑稳定性计算等。本章主要介绍单排桩的静力计算。

## 第二节　排桩支护各种形式、特点及应用范围

排桩支护由于对各种地质条件的适应性、施工简单易操作且设备投入一般不是很大，在我国是应用较多的一种。排桩通常多用于坑深 7~15m 的基坑工程，做成排桩挡墙，顶部浇筑混凝土圈梁，它具有刚度较大、抗弯能力强、变形相对较小、施工时无振动、噪声小、无挤土现象，对周围环境影响小等特点。当工程桩也为灌注桩时，可以同步施工，从而有

利于施工组织，且工期短。当开挖影响深度内地下水位高且存在强透水层时，需采取隔水措施或降水措施。当开挖深度较大或对边坡变形要求严格时，需结合拉锚系统或支撑系统使用。

## 一、排桩支护按结构形式分类

排桩支护依其结构形式可分为悬臂式支护结构、与内支撑（混凝土支撑、钢支撑）结合形成桩撑式支护结构和与（预应力）锚杆结合形成桩锚式支护结构。

### （一）悬臂式排桩支护结构

悬臂式支护结构主要是根据基坑周边的土质条件和环境条件的复杂程度选用，其技术关键之一是严格控制支护深度。悬臂式支护结构适用于开挖深度不超过 10m 的黏土层，不超过 5m 的砂性土层，以及不超过 4~5m 的淤泥质土层。

悬臂式排桩结构的优缺点及适用范围如下：

① 优点：结构简单，施工方便，有利于基坑采用大型机械开挖。

② 缺点：相同开挖深度的位移大，内力大，支护结构需要更大截面和插入深度。

③ 适用范围：场地土质较好，有较大的 c、φ 值，开挖深度浅且周边环境对土坡位移要求不严格。

### （二）桩撑式排桩支护结构

桩撑式支护结构由支护结构体系和内撑体系两部分组成。支护结构体系常采用钢筋混凝土桩排桩墙、SMW 工法、钢筋混凝土咬合桩等形式。内撑体系可采用水平支撑和斜支撑。根据不同开挖深度又可采用单层水平支撑、二层水平支撑及多层水平支撑。当基坑平面面积很大，而开挖深度不太大时，宜采用单层斜支撑。

内撑常采用钢筋混凝土支撑和钢管或型钢支撑两种。钢筋混凝土支撑体系的优点是刚度好、变形小，而钢管支撑的优点是钢管可以回收，且加预压力方便。内撑式支护结构适用范围广，可适用各种土层和基坑深度。

内支撑结构造价比锚杆低。但对地下室结构施工及土方开挖有一定的影响。但是在特殊情况下，内支撑式结构具有显著的优点。

桩撑式支护结构的优缺点及适用范围：

1. 桩撑式支护结构的优点

① 施工质量易控制，工程质量的稳定程度高。

② 内撑在支撑过程中是受压构件，可充分发挥出混凝土受压强度高的性能特点。

③ 桩撑支护结构的适用土性范围广泛，尤其适合在软土地基中采用。

2. 桩撑式支护结构的缺点

① 内撑形成必要的强度以及内撑的拆除都需占据一定工期。

② 基坑内布置的内撑减小了作业空间，增加了开挖、运土及地下结构施工的难度，不利于提高劳动效率和节省工期，随着开挖深度的增加，这种不利影响更明显。

③ 当基坑平面尺寸较大时，不仅要增加内撑的长度，内撑的截面尺寸也随之增加，经济性较差。

3. 桩撑式支护结构的适用范围

① 适用于侧壁安全等级为一、二、三级的各种土层和深度的基坑支护工程，特别适合在软土地基中采用。

② 适用于平面尺寸不太大的深基坑支护工程，对于平面尺寸较大的，可采用空间结构支撑改善支撑布置及受力情况。

③ 适用于对周围环境保护及变形控制要求较高的深基坑支护工程。

### （三）桩锚式排桩支护结构

桩锚式支护结构由支护结构体系和锚固体系两部分组成。支护结构体系与内撑式支护结构相同，常采用钢筋混凝土排桩墙和地下连续墙两种。锚固体系可分为锚杆式和地面拉锚式两种。随基坑深度不同，锚杆式也可分为单层锚杆、双层锚杆和多层锚杆。地面拉锚式支护结构需要有足够的场地设置锚桩，或其他锚固物。锚杆式需要地基土能提供较大的锚固力。锚杆式较适用于砂土地基或黏土地基。由于软黏土地基不能提供锚杆较大的锚固力，所以很少使用。

1. 桩锚式支护结构的优点

① 桩锚支护结构的尺寸相对较小，而整体刚度大，在使用中变形小，有利于满足变形控制的要求。

② 与桩撑支护结构相比，桩锚支护结构的拉锚力与深基坑的平面尺寸无关，在平面尺寸较大的深基坑工程采用桩锚支护结构能凸显它的这个优势。

③ 桩锚支护结构的施工相对较为简单，而且由于基坑内没有支挡，坑内有较大的净空空间，从而能确保土方开挖与运输、结构地下部分施工所需的作业空间，也为提高劳动效率、节省工期创造了前提性条件。

④ 桩锚支护结构的造价相对较低，有利于节省工程费用。

2. 桩锚式支护结构的缺点

① 桩锚支护结构所占作业空间较大，锚杆的设立要求场地有较宽敞的周边环境和良好的地下空间。

② 需要有稳定的土层或岩层以设置锚固体。

③ 地质条件太差或土压力太大时使用桩锚支护结构，容易发生支护结构的受弯破坏或倾覆破坏。

3. 桩锚式支护结构的适用范围

① 适用于周边环境比较宽敞、地下管线少且没有不明地下物的深基坑支护工程。

② 特别适用于平面尺寸较大的深基坑支护工程。

③ 对于使用锚杆作为外拉系统的桩锚支护结构，宜运用在具有密实砂土、粉土、黏性土等稳定土层或稳定岩层的深基坑支护工程中。

## 二、排桩支护按支撑结构分类

按支撑结构的不同，排桩支护结构可分为柱列式排桩支护、连续式排桩支护和组合式排桩支护。

### （一）柱列式排桩支护

当边坡土质尚好、地下水位较低时，可利用土拱作用，以稀疏钻孔灌注桩或挖孔桩支挡土坡，如图 5-1（a）所示。

### （二）连续式排桩支护

在软土中一般不能形成土拱，支挡桩应该连续密排，如图 5-1（b）所示。密排的钻孔桩可以互相搭接，或在桩身混凝土强度尚未形成时，在相邻桩之间做一根素混凝土树根桩把钻孔桩排连起来，如图 5-1（c）所示。也可以采用钢板桩、钢筋混凝土板桩，如图 5-1（d）、（e）所示。

### （三）组合式排桩支护

在地下水位较高的软土地区，可采用钻孔灌注桩排桩与水泥土桩防渗墙组合的形式，如图 5-1（f）所示。

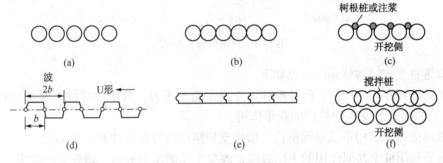

图 5-1　排桩支护类型

间隔钻孔桩加钢丝网水泥墙特点及适用范围：在桩上必须筑钢筋混凝土连梁以调整各桩间的位移变形，并增加整体性能。施工简单，无振动噪声，基坑浅可悬臂，深时可与撑杆或锚杆搭配。造价低。不抗渗，地下水位高时需降水。适用于黏土、砂土、粉土地下水位低地区。

钢板桩特点及适用范围：锁口 U 型 Z 型钢板桩整体性，刚度好，一次投入钢材多。能止水，能重复利用，故造价低。难以打入砂卵石及砾石层，拔桩有孔洞需处理，重复使用要修整，施工有噪声。重复使用止水效果较差，如不能拔出则钢材多，造价高。适用于软土、淤泥质土地区且水位高。

H 型钢加横档板特点及适用范围：整体性差，如各桩以型钢拉结，则可克服桩与桩之间变形不均的缺点，一般与锚杆配合拉结，效果好。H 型钢需拔出，造价低，否则浪费大。抗渗不好，打桩有振动噪声，砾石层难施工，拔桩有孔洞需处理。适用于黏土、砂土地区。

## 三、排桩支护按布桩形式分类

排桩从布桩形式上，又可分为单排布置和双排布置。

双排桩支护结构体系属于悬臂类空间组合支护体系。所谓空间组合，是指支护桩从平面上看可按需要采用不同的排列组合，前排桩顶用圈梁连接，前后排之间有连梁拉接，在没有锚杆或内支撑的情况下，发挥空间组合桩的整体刚度和空间效应，并与桩土协同工作，支挡因开挖引起的不平衡力，达到保持坑壁稳定、控制变形、满足施工和相邻环境安全的目的。本章将评述国内已有双排桩支护结构体系分析方法。

如前所述，双排桩支护结构可以理解为将密集的单排臂桩中的部分桩向后移，并在桩顶用刚性连系梁——连梁把前后排桩连接起来，沿基坑长度方向形成双排桩支护的空间支护结构体系，因此双排桩支护结构的布桩形式非常灵活，常见的形式有之字式、双三角式、梅花式、并列式(也可称其为矩形格构式)、丁字式、连拱式等，其组合形式如图5-2所示。

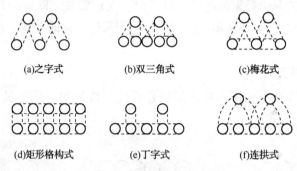

图 5-2  双排桩布置形式

① 双排桩支护结构体系的特点如下：

a. 在双排支护结构中，前后排桩均分担主动土压力，其中前排桩主要起分担土压力的作用，后排桩兼起支挡和拉锚的双重作用。

b. 双排桩支护结构形成空间格构，增强支护结构自身稳定性和整体刚度。

c. 充分利用桩土共同作用的土拱效应，改变土体侧压力分布，增强支护效果。

② 与单排悬臂桩支护结构相比，双排桩支护结构的优点如下：

a. 单排悬臂桩完全依靠弹性嵌入基坑土内的足够深度来承受桩后的侧压力并维持其稳定性，坑顶位移和桩身变形较大，悬臂式双排桩支护结构因为有刚性连系梁将前后排桩连接而组成一个空间静不定结构，整体刚度大，又因为前后排桩均能产生与侧土压力反向作用的力偶，使双排桩的位移明显减小，同时桩身的内力也有所下降，并形成交变内力。

b. 悬臂式双排桩支护结构为一静不定结构，在复杂多变的外荷载作用下能自动调整结构本身的内力，使之适应复杂而又往往难以预计的荷载条件，而单排悬臂桩为一静定结构，将土压力看作已知力作用于其上则不具备此种功能。

c. 当受施工技术或场地条件等限制时，如果基坑深度条件合适，悬臂式双排支护桩是代替桩锚支护结构的一种好的支护形式。施工实践证明，其施工简便、速度快、投资少。

③ 双排桩支护结构体系的缺点如下：

a. 双排支护桩的设计计算方法还不够成熟，实测数据还不多，受力机制不够清楚。

b. 基坑周边要有一定空间，以利于双排支护桩的布置和施工。

在对深基坑挡土支护结构的位移有限制的要求下，对于一般黏性土地区来说，双排支护桩是一种很有应用价值的挡土支护结构类型。地下水位较高的软土地区采用双排支护桩时，应做好挡土、挡水，以防止桩间土流失而造成结构失效，上海、杭州、宁波、福建、广东等地区已经有很多双排桩挡土支护结构的成功实例。

# 第三节 悬臂排桩支护结构的计算原理

目前悬臂式结构的计算理论，因考虑因素和假定条件的不同，也有多种计算方法，大致可以分为四类，见表5-1。表中的四类计算方法，第一类最为简单而近似，而第四类则比较精确，但计算复杂并有待于进一步发展。

表 5-1　悬臂式排桩结构的计算理论

| 类别 | 计算理论及方法 | 方法的基本条件 | 方法名称举例 |
|---|---|---|---|
| 一 | 较古典的板桩计算理论 | 土压力已知，不考虑墙体变形 | 静力平衡法 |
| 二 | 弹性地基梁法 | 土压力已知，考虑墙体变形 | 杆系有限元法："m"法 |
| 三 | 共同变形理论(变形) | 土体为弹性介质，土压力随着墙体变位而变化，考虑墙体变形 | 弹性有限元法(包括土体介质) |
| 四 | 非线性变形理论 | 考虑土体为非线性介质，考虑墙体变形 | 非线性有限元法 |

## 一、静力平衡法

悬臂式排桩支护的计算方法采用传统的板计算方法。如图5-3所示，悬臂板桩在基坑底面以上外侧主动土压力作用下，板桩将向基坑内侧倾移，而下部则反方向变位，即板桩将绕基坑底以下某点(如图中 b 点)旋转。点 b 处墙体无变位，故受到大小相等、方向相反的二力(静止土压力)作用，其净压力为零。点 b 以上墙体向左移动，其左侧作用被动土压力，右侧作用主动土压力；点 b 以下则相反，其右侧作用被动土压力，左侧作用主动土压力。因此，作用在墙体上各点的静止土压力为各点两侧的被动土压力和主动土压力之差，其沿墙身的分布情况如图5-3(b)所示，简化成线性分布后的悬臂板桩计算图式为图5-3(c)，即可根据静力平衡条件计算板桩的入土深度和内力。

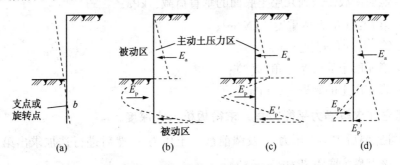

图5-3　悬臂板桩的变位及土压力分布

首先，以均质土层为例，主动土压力及被动土压力随深度呈线性变化，随着板桩的入土深度不同，作用在不同深度上各点的净土压力分布也不同。当单位宽度板桩墙两侧所受的净土压力相平衡时，板桩墙则处于稳定，相应的板桩入土深度即为板桩保证其稳定所需的最小入土深度，可根据静力平衡条件即水平力平衡方程($\sum H = 0$)和对桩底截面的力矩平衡方程($\sum M = 0$)联立求得。计算悬臂板桩的静力平衡法如图 5-4 所示。

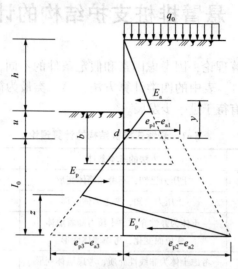

图 5-4   计算悬臂板桩的静力平衡法

### （一）计算板桩墙前后的土压力分布

第 $n$ 层土底面对板桩墙主动土压力为

$$e_{an} = \left(q_n + \sum_{i=1}^{n} \gamma_i h_i\right) \tan^2\left(45° - \frac{\varphi_n}{2}\right) - 2c_n \tan\left(45° - \frac{\varphi_n}{2}\right) \tag{5-1}$$

第 $n$ 层土底面对板桩墙被动土压力为（考虑到墙面摩擦力，被动土压力乘以提高系数，详见《深基坑工程施工手册》）

$$e_{pn} - \left(q_n + \sum_{i=1}^{n} \gamma_i h_i\right) \tan^2\left(45° + \frac{\varphi_n}{2}\right) + 2c_n \tan\left(45° + \frac{\varphi_n}{2}\right) \tag{5-2}$$

式中　$q_n$——地面荷载传送到几层土底面的垂直荷载，kPa；

　　　$\gamma_i$——第 $i$ 层土的天然重度，kN/m³；

　　　$H_i$——第 $i$ 层土的厚度，m；

　　　$\varphi_n$——第 $n$ 层土的内摩擦角，(°)；

　　　$C_n$——第 $n$ 层土的黏聚力，kPa。

### （二）建立并求解静力平衡方程，求得板桩入土深度

① 计算桩底墙后主动土压力 $e_{p3}$ 及墙前被动土压力 $e_{p3}$ 然后进行迭加求出第一个土压力为零的点 $d$，该点离坑底距离为 $U$。

② 计算 $d$ 点以上土压力合力 $E_a$，求出 $E_a$ 至 $d$ 点的距离 $\gamma$。

③ 计算 $d$ 处墙前主动土压力 $e_{at}$ 及墙后被动土压力 $e_{p2}$。

④ 计算桩底墙前主动土压力 $e_{a2}$ 和墙后被动土压力 $e_{p2}$。

⑤ 根据作用在挡墙结构上的全部水平作用力平衡条件和绕挡墙底部自由端力矩总和为零的条件可得

$$\sum H=0, \quad E_a+\left[\left(e_{p3}-e_{a3}\right)+\left(e_{p2}-e_{a2}\right)\right]\frac{z}{2}-\left(e_{p3}-e_{a3}\right)\frac{t_0}{2}=0 \tag{5-3}$$

$$\sum M=0, \quad E_a\left(t_0+y\right)+\frac{z}{2}\left[\left(e_{p3}-e_{a3}\right)+\left(e_{p2}-e_{a2}\right)\right]\frac{z}{3}-\left(e_{p3}-e_{a3}\right)\frac{t_0}{2}\frac{t_0}{3}=0 \tag{5-4}$$

整理后可得 $t_0$ 的四次方程式

$$t_0^4+\frac{e_{p1}-e_{a1}}{\beta}t_0^3-\left[\frac{6E_a}{\beta^2}\left(2y\beta+e_{p1}-e_{a1}\right)\right]t_0-\frac{6E_ay\left(e_{p1}-e_{a1}\right)+4E_a^2}{\beta^2}=0 \tag{5-5}$$

$$\beta=\gamma_n\left[\tan^2\left(45°+\varphi_n/2\right)-\tan^2\left(45°+\varphi_n/2\right)\right] \tag{5-6}$$

求解上述四次方程，即可得板桩嵌入 $d$ 点以下的深度 $t_0$ 值。

为安全起见，实际嵌入基坑底面以下深度 $t=u+1.2t_0$。

**(三) 计算板桩的最大弯矩**

板桩最大弯矩作用，亦即结构端面剪力为零的点。例如，对于非黏性土，设剪力为零的点在基坑底面下深度为 $b$，即有

$$\frac{b_2}{2}rK_p-\frac{\left(h+b\right)^2}{2}rK_a=0 \tag{5-7}$$

由式(5-7)可解得 $b$ 后，即可求得最大弯矩

$$M_{max}=\frac{h+b}{3}\frac{\left(h+b\right)^2}{2}rK_a-\frac{b}{3}\frac{b^2}{2}rK_p=\frac{r}{6}\left[\left(h+b\right)^3K_a-b^3K_p\right] \tag{5-8}$$

对于有不同土层或有地下水，计算原理相同。首先假定埋深 $d$，然后计算主动土压力和被动土压力，并对桩底取矩。$\sum M=0$，则 $d$ 值为临界状态。当桩前侧(基坑一侧)的力矩大于桩背侧的力矩时，板桩处于稳定状态。

## 二、布鲁姆(Blum)法

布鲁姆关于板桩的计算简图如图 5-5 所示。

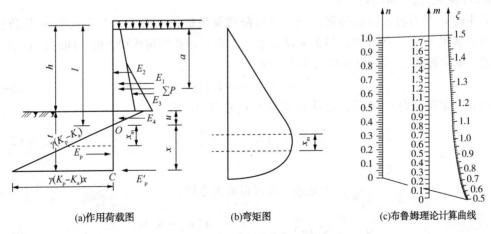

(a)作用荷载图        (b)弯矩图        (c)布鲁姆理论计算曲线

图 5-5  布鲁姆关于板桩计算简图

如图 5-5(a)所示，为求桩插入深度，对桩底 $C$ 点取矩，根据 $\sum M_c = 0$ 有

$$\sum P(l+x-a) - E_p \frac{x}{3} = 0 \tag{5-9}$$

式中　$E_p = \gamma(K_p - K_a) x \dfrac{x}{2} = \dfrac{\gamma}{2}(K_p - K_a) x^2$

代入式(5-9)，经过化简可得

$$x^3 = \frac{6 \sum P}{\gamma(K_p - K_a)} x - \frac{6 \sum P(l-a)}{\gamma(K_p - K_a)} = 0 \tag{5-10}$$

式中　$\sum P$——主动土压力、水压力的合力；

　　　　$a$——合力距地面距离，$a = h + u$；

　　　　$u$——土压力为零距坑底的距离，可根据净土压力零点处墙前被动土压力强度和墙后主动土压力相等的关系求得，按式(5-11)计算。

$$u = \frac{K_a h}{K_p - K_a} \tag{5-11}$$

从式(5-10)的三次式计算求出 $x$ 值，板桩的插入深度

$$t = u + 1.2x \tag{5-12}$$

布鲁姆曾作出一个曲线图，如图 5-5(c)所示可求得 $x$。

令 $\xi = x/l$，代入式(5-10)得

$$\xi^3 = \frac{6 \sum P}{\gamma l^2 (K_p - K_a)}(\xi + 1) - \frac{6a \sum P}{\gamma l^3 (K_p - K_a)} \tag{5-13}$$

再令

$$m = \frac{6 \sum P}{\gamma l^2 (K_p - K_a)}, \quad n = \frac{6a \sum P}{\gamma l^3 (K_p - K_a)} \tag{5-14}$$

式(5-13)即变成 $\xi^3 = m(\xi + 1) - n$

式中的 $m$ 及乃值很容易确定，因其只与荷载及板桩长度有关。在该式中 $m$ 及乃确定后，可以从图 5-5(c)前线图求得的 $n$ 及 $m$ 连一直线并延长即可求得 $\xi$ 值。同时由 $x = \xi l$，得出 $x$ 值，则可按式(5-14)得到桩的插入深度：

$$t = u + 1.2x = u + 1.2\xi l \tag{5-15}$$

最大弯矩在剪力 $Q = 0$ 处，设从 $O$ 点往下 $x_m$ 处 $Q = 0$，则有

$$\sum P = \frac{\gamma}{2}(K_p - K_a) x_m^2 = 0 \tag{5-16}$$

求得 $x_m = \sqrt{\dfrac{2 \sum P}{\gamma(K_p - K_a)}}$，于是进一步可得最大弯矩：

$$M_{max} = \sum P(l + mx - a) - \frac{\lambda(K_p - K_a) x_m^3}{6} \tag{5-17}$$

求出最大弯矩后，对钢板桩可以核算截面尺寸，对灌注桩可以核定直径及配筋计算。

### 三、弹性线法(图解法)

弹性线法(见图5-6)其基本原理与数解法相同，分析方法及步骤如下。

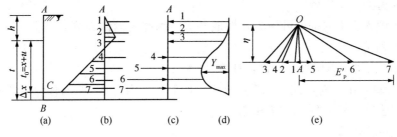

图5-6　无支撑板桩图解法

① 选择入土深度，一般可根据经验初定 $t_0$。

② 计算主动土压力及被动土压力，绘制土压力图形，再将此图形分为若干小面积(一般可按高度分成0.4~1.0m 一段)，并用相应的集中力来代替，集中力作用在每一小块的重心上。

③ 按图解静力学中索线多边形的原理，作出力多边形及索线多边形。这时索线多边形就代表着比例缩小若干倍的弯矩图。先以一定的比例选定极点 O 和 $\eta$ 及力的比例尺，然后作诸集中力的力多边形及索线多边形[见图5-6(e)、(d)]，$t_0$ 的大小就由闭合线与索线多边形的交点来确定，当索线多边形弯矩图上最后一根索线与闭合线的交点恰在压力图上代表最后一集中力的小面积的底边线上时，说明所选用的板桩入土深度是适当的。选择两三次逐次近似的 $t_0$ 值，即可满足这个条件。

④ 根据力多边形闭合的条件可求出 $E'_p$ 值。求得 $E'_p$ 后，可求得 $\Delta x$ 即可求得板桩的入土深度。

⑤ 板桩任一截面的弯矩 $M$ 等于极矩 $\eta$(力的比例尺)与索线多边形力矩图上相应的坐标 $\gamma$(距离的比例尺)的乘积，最大弯矩即为：$M_{max} = Y_{max} \eta$，按此可求得所需板桩的截面及配筋。

### 四、弹性地基梁法

用极力平衡法和图解法都无法确定桩顶位移，但用弹性地基梁法可以同时计算排桩的内力和位移。这里仅以位移计算说明弹性地基梁的应用。

悬臂式支护结构位移计算采用如下假设：在坑底附近选一基点0，顶端位移由两部分组成：0点以上部分作为悬臂梁计算，0点以下部分按弹性地基梁计算，其具体表达式为

$$S = \delta + \Delta y \theta \tag{5-18}$$

式中　$S$——围护桩顶端总位移；

　　　$\gamma$——0点以上长度；

　　　$\delta$——按悬臂梁计算(固定端设在0点)顶端位移值；

　　　$\Delta$——0点处桩的水平位移值；

　　　$\theta$——0点处桩的转角。

对上下段结构的分界点(0点)位置,目前国内有不同的处理方法:

① 假定在基坑底面;

② 假定在土压力等于零处;

③假定在剪力等于零处。

既然认为埋入土中的部分可视为弹性地基梁,因此我们认为第①种假定较为合理,假定 0 点选取在坑底。

δ 值可按结构力学虚位移原理进行计算。

Δ、θ 的计算:由于对横向地基系数有不同的假定,因此 Δ、θ 也有着不同的计算方法,如常数法"$m$"法等,其中"$m$"法应用较广。

"$m$"法的主要步骤:

(1) 确定比例系数 $m$。

(2) 计算桩的变形系数 $\alpha$。

(3) 查表确定公式系数。

(4) 代入公式求解截面内力及位移。

# 第四节　单支点排桩支护结构的计算原理

顶端支撑(或锚系)的排桩支护结构与顶端自由(悬臂)的排桩二者是有区别的。顶端支撑的支护结构,由于顶端有支撑而不致移动而形成一铰接的简支点。至于桩埋入土内部分,入土浅时为简支,入土深时则为嵌固。下面所介绍的就是桩因入土深度不同而产生的几种情况。

① 支护桩入土深度较浅,支护桩桩前的被动土压力全部发挥,对支撑点的主动土压力的力矩和被动土压力的力矩相等[见图 5-7(a)]。此时墙体处于极限平衡状态,由此得出的跨间正弯矩 $M_{max}$ 值最大,但入土深度最浅为 $t_{min}$。这时其墙前被动土压力全部被利用,墙的底端可能有少许向左位移的现象发生。

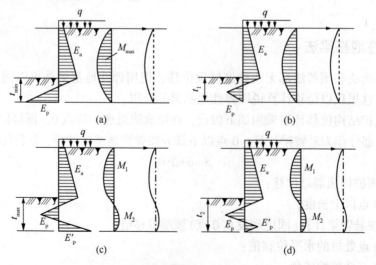

图 5-7　入土深度不同的板桩墙的土压力分布、弯矩及变形图

② 支护桩入土深度增加，大于 $t_{min}$ 时［见图5-7(b)］，则桩前的被动土压力得不到充分发挥与利用，这时桩底端仅在原位置转动一角度而不致有位移现象发生，这时桩底的土压力便等于零。未发挥的被动土压力可作为安全度。

③ 支护桩入土深度继续增加，墙前、墙后都出现被动土压力，支护桩在土中处于嵌固状态，相当于上端简支下端嵌固的静不定梁。它的弯矩已大大减小而出现正负两个方向的弯矩。其底端的嵌固弯矩 $M_2$ 的绝对值略小于跨间弯矩 $M_1$ 的数值，压力零点与弯矩零点基本吻合［见图5-10(c)］。

④ 支护桩的入土深度进一步增加［见图5-10(d)］，这时桩的入土深度已嫌过深，墙前墙后的被动土压力都不能充分发挥和利用，它对跨间弯矩的减小不起太大的作用，因此支护桩入土深度过深是不经济的。

以上四种状态中，第④种的支护桩入土深度已嫌过深而不经济，所以设计时都不采用。第③种是目前常采用的工作状态，一般使正弯矩为负弯矩的110%～115%作为设计依据，但也有采用正负弯矩相等作为依据的。由该状态得出的桩虽然较长，但因弯矩较小，可以选择较小的断面，同时因入土较深，比较安全可靠；若按第①、第②种情况设计，可得较小的入土深度和较大的弯矩，对于第①种情况，桩底可能有少许位移。自由支承比嵌固支承受力情况明确，造价经济合理。

单支点的排桩计算方法有多种，包括平衡法、图解法(弹性线法)、等值梁法、有限元法等，本节我们主要介绍平衡法和等值梁法。

## 一、自由端单支点支护的计算（平衡法）

单支点自由端支护结构如图5-8所示，桩的右侧为主动土压力，左侧为被动土压力。可采用下列方法确定桩的最小入土深度。和水平向所需支点力 $R$。

取支护单位宽度，对 $A$ 点取矩，令 $M_A = 0$；$\sum Z = 0$，则有

$$M_{Ea1} + M_{Ea2} + M_{Ep} = 0 \qquad (5-19)$$

$$R = M_{a1} + M_{a2} + M_p \qquad (5-20)$$

式中　$M_{Ea1}$、$M_{Ea2}$——基坑底以上主动土压力合力对 $A$ 点的力矩；

$\qquad\qquad M_{EP}$——被动土压力合力对 $A$ 点的力矩；

$\qquad\qquad E_{a1}$、$E_{a2}$——基坑底以上及以下主动土压力合力；

$\qquad\qquad E_p$——被动土压力合力；

$\qquad\qquad R$——水平向支点力。

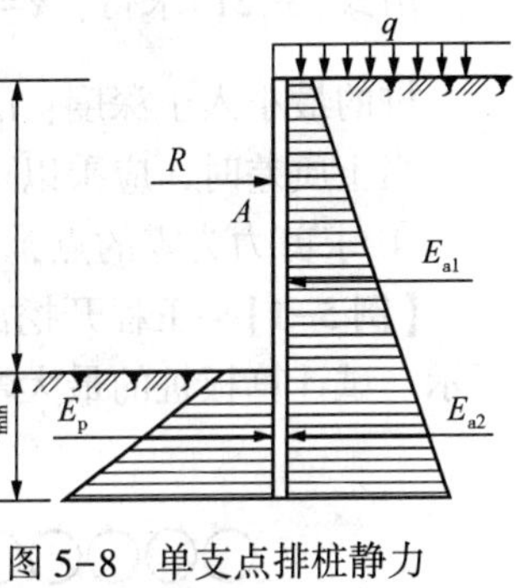

图5-8　单支点排桩静力
平衡计算简图

## 二、等值梁法

按一端嵌固另一端简支的梁进行研究，此时单支撑挡墙的弯矩图如图5-9(c)所示，若在得出此弯矩图前已知弯矩零点位置，并于弯矩零点处将梁(即桩)断开以简支计算，则不难看出所得该段的弯矩图将同整梁计算时一样，此断梁段即称为整梁在该段的等值梁。实

际上，单支撑挡墙其净土压力零点位置与弯矩零点位置很接近，因此可在压力零点处将板桩划开作为两个相连的简支梁来计算。这种简化计算法就称为等值梁法，其计算步骤如下：

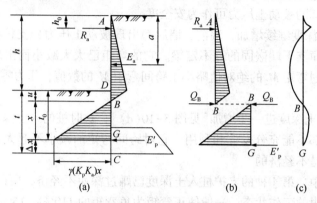

图 5-9　等值梁法计算简图

① 根据基坑深度、勘察资料等，计算主动土压力与被动土压力，求出土压力零点 $B$ 的位置，并计算 $B$ 点至坑底的距离 $u$ 值。

② 由等值梁 $AB$ 根据平衡方程计算支撑反力 $R_a$ 及 $B$ 点剪力 $Q_B$。

③ 由等值梁 $BG$ 求算板桩的入土深度，近似计算将 $G$ 点以下的桩土的土压力合力简化成一作用于 $G$ 点的集中力 $E'_p$，取 $\sum M_c = 0$，则

$$Q_B x = \frac{1}{6}\left[K_p \gamma (u+x) - K_a \gamma (h+u+x)\right] x^2 \tag{5-21}$$

由式(5-21)求得：$x = \sqrt{\dfrac{6Q_B}{\gamma(K_p - K_a)}}$

桩的最小入土深度：$t_0 = u + x$

当土质差时，应乘以 1.1~1.2 系数，得 $t = (1.1~1.2)t_0$。

④ 求剪力为零的点，计算最大弯矩

【例 5-1】某工程开挖深度 10.0m，采用单点支护结构，地质资料和地面荷载如图 5-10 所示。试计算板桩的最大弯矩 $M_{max}$。

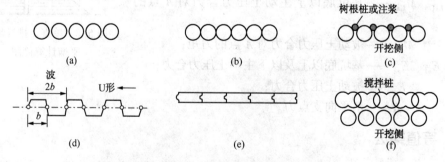

图 5-10　地质资料和土压力分布

**解**：采用等值梁法计算

（1）主动土压力计算。

$\gamma$、c、$\varphi$ 值按 25m 范围内的加权平均值计算得：$\gamma=18kN/m^3$，$c=5.71kPa$、$\varphi=20$。主动土压力和被动土压力计算如下：

$$K_a=\tan^2(45°-\varphi/2)=\tan^2(45°-20°/2)=0.49$$

$$K_p=\tan^2(45°+\varphi/2)=\tan^2(45°+20°/2)=2.04$$

$$e_{a1}=qK_a-2c\sqrt{K_a}=28×0.49-2×5.71×\sqrt{0.49}=5.73(kN/m^2)$$

$$e_{a1}=(q+\gamma h)K_a-2c\sqrt{K_a}=(28+18×10)×0.49-2×5.71×\sqrt{0.49}=93.93(kN/m^2)$$

（2）计算土压力零点位置。

$$u=\frac{e_{a2}-2c\sqrt{K_p}}{\gamma(K_p-K_a)}=\frac{93.93-2×5.71×1.43}{18×(2.04-0.49)}=2.78(m)$$

（3）计算支撑反力 $R_a$ 和 $Q_B$。

$$E_a=\frac{1}{2}×(5.73+93.93)×10+\frac{1}{2}×93.93×2.78=628.86(kN/m)$$

$$a=\frac{5.73×\dfrac{10^2}{2}+(93.93-5.73)×\dfrac{10}{2}×\dfrac{2}{3}×10+\dfrac{1}{2}×93.93×2.78×\left(10+\dfrac{3.37}{2}\right)}{628.86}=7.4(m)$$

$$R_a=\frac{E_a(h+u-a)}{h+u-h_0}=\frac{628.86×(10+2.78-7.4)}{10+2.78-1}=287.2(kN/m)$$

$$Q_B=\frac{E_a(a-h_0)}{h+u-h_0}=\frac{628.86×(7.4-1)}{10+2.78-1}=341.66(kN/m)$$

（4）计算板桩的入土深度 t。

$$x=\sqrt{\frac{6Q_B}{\gamma(K_p-K_a)}}=\sqrt{\frac{6×341.66}{18×(2.04-0.49)}}=8.57(m)$$

$$t=(1.1\sim1.2)t_0=(1.1\sim1.2)×11.35=12.49\sim13.62m$$

取 $t=13.0m$，板桩长 $10+13=23(m)$

（5）最大弯矩 $M_{max}$ 的计算。

先求 $Q=0$ 的位置 $X_0$，再求该点 $M_{max}$。

# 第五节　多支点排桩支护的结构原理

目前，多支点支撑结构的计算方法有很多，一般有等值梁法（连续梁法）、1/2 分担法、逐层开挖支撑（锚杆）支撑力不变法、"m" 法、考虑开挖过程的计算方法等。

## 一、连续梁法

前已阐明等值梁法的计算原理，当多支撑时其计算原理相同，一般可当作刚性支撑的连续梁计算(即支座无位移),并应对每一施工阶段建立静力计算体系。

如图 5-16 所示的基坑支护系统,应按以下各施工阶段的情况分别进行计算。

① 在设置支撑 $A$ 以前的开挖阶段[见图 5-11(a)],可将挡墙作为一端嵌固在土中的悬臂桩。

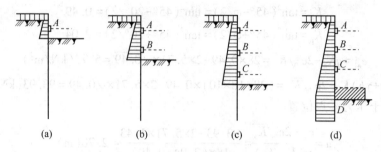

图 5-11   各施工段的计算简图

② 在设置支撑 $B$ 以前的开挖阶段[见图 5-16(b)],挡墙是两个支点的静定梁,两个支点分别是 $A$ 及土中净土压力为零的一点。

③ 在设置支撑 $C$ 以前的开挖阶段[见图 5-16(c)],挡墙是具有三个支点的连续梁,三个支点分别为 $A$、$B$ 及土中的土压力零点。

④ 在浇筑底板以前的开挖阶段[见图 5-16(d)],挡墙是具有四个支点的三跨连续梁。

以上各施工阶段,挡墙在土内的下端支点,已如上述取土压力零点,即地面以下的主动土压力与被动土压力平衡之点。

计算方法与步骤如下:

① 按土的参数计算主、被动土压力系数(有摩擦)。

② 计算土压力强度为零点距坑底的距离(该点假定为零弯矩点)。

③ 将地面到桩底的受力剖面图,作为相应的连续梁支点及荷载图。

④ 分段计算梁的固端弯矩。

⑤ 用弯矩分配法平衡支点弯矩。

⑥ 分段计算各支点反力并核算反力与荷载是否相等。

⑦ 计算桩、墙插入基坑深度。

⑧ 以最大弯矩核算钢板桩、型钢的强度,或计算灌注桩断面尺寸及配筋。

## 二、1/2 分担法

多支撑连续梁的一种简化计算用 1/2 分担法,计算较为简便。已确定土压力(设计计算时必须确定土压力分布)时,则可以用 1/2 分担法来计算,这种方法不考虑桩、墙体支撑变形,将支撑承受的压力(土压力、水压力、地面超载等)分给相邻的两个支撑,每一支撑受压力的一半,求支撑受的反力,然后求出正负弯矩、最大弯矩,以核定挡土桩的截面及配筋,这种计算较方便。

其计算简图如图 5-12 所示。

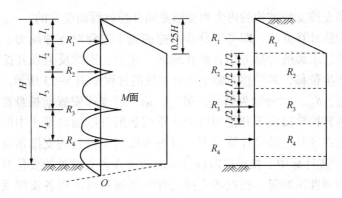

图 5-12　1/2 分担法计算简图

### 三、逐层开挖支撑(锚杆)支撑力不变法

多层支护的施工是先施工挡土桩或挡土墙,然后开挖第一层土,挖到第一层支撑或锚杆点以下若干距离,进行第一层支撑或锚杆施工。然后第二次挖第二层土,挖到第二层支撑(锚杆)支点下若干距离,进行第二层支撑或锚杆施工。如此循序作业,直挖到坑底。

其计算方法是根据实际施工,按每层支撑受力后不因下阶段支撑及开挖而改变数值的原理进行的。

计算假定:

① 每层支撑(锚杆)受力后不因下阶段开挖支撑(锚杆)设置而改变其数值,钢支撑加轴力,锚杆加预应力。

② 第一层支撑后,第二层开挖时其变形甚小,认为不再变化。第二层支撑后开挖第三层土方,认为第二层支撑变形不再变化。

③ 第一层支撑(锚杆)阶段,挖土深度要满足第二层支撑(锚杆)施工的需要,第二层支撑(锚杆)时其挖土深度需满足第三层支撑(锚杆)施工的需要。

④ 每层支撑后其支点计算时可按简支考虑。

⑤ 逐层挖土支撑时皆须考虑坑下零弯点距离,即近似土压力为零点的距离。

设计时需注意,基坑开挖到第一支点以下而未作支撑时,必须考虑悬臂桩的要求,如弯矩、位移。在做第一层支撑时要满足第二阶段挖土而第二层支撑尚未施工时的水平力。下层支撑计算同上。算法同等值梁。

### 四、“m”法

设有多道支撑的挡墙,前面提到的“m”法同样适用。挡墙在坑底以上的部分可以用结构力学的方法来计算内力,而挡墙在基坑底面以下的入土部分计算,在求得支撑力后,可通过“m”法分析其内力。与前面介绍的几种方法比,“m”法可计算挡墙位移。

### 五、考虑开挖过程的计算方法

前面介绍的多支撑支护结构的计算方法,多以一般的板桩理论为基础,没有充分考虑开挖过程,支撑似乎在开挖前就已存在,也就是不考虑支撑反力和结构变形随开挖过程的变化。实际上，多支撑支护结构的内力和变形是随开挖过程而变化的。

考虑开挖过程的计算方法，即考虑分步开挖的施工过程对支撑反力、桩身内力和位移的影响，以挠曲线法求解的计算方法，桩在侧向上压力、支撑反力及开挖面以下土的弹性抗力共同作用下产生位移，其位移与侧土压力发展的过程如图 5-13 所示。

图 5-13 中 $\delta_{10}$、$\delta_{20}$、$\delta_{30}$ 分别为第一、第二、第三道支撑安置前桩身在相应位置处产生的初变位。$P_1$ 为各开挖阶段由于开挖面以上土重引起的开挖面以下土中的超载侧压力。分步计算过程就是要在各开挖阶段计算出下一开挖阶段所要设置的支撑预定位置处桩的初变位 $\delta_{10}$，并引入下一步计算中。把最后阶段计算出的桩在各支撑处的变位减去相应的初变位即为各支撑实际的弹性压缩量，根据各支撑的弹性压缩量可求出各支撑反力，从而可求出桩身各截面的内力和变形。

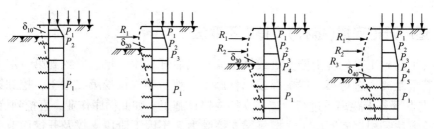

图 5-13　支护桩位移与侧土压力发展过程

# 第六节　微型钢管桩

## 一、微型钢管桩的发展

微型钢管桩是在微型桩和钢管桩的基础上发展而来的，微型钢管桩的概念首先是在 20 世纪 50 年代由意大利的 Lizzi 提出的，由 Fondedile 公司首先开发利用，在意大利语中称为 Pali Radiee，在英语中称为 Root Pile。

微型钢管桩广泛用于支承桩、摩擦桩、支护桩等各类工程。尤其是作为支承桩使用时，由于能够将其充分沉入到较坚硬的支承层，故能够发挥钢材整个断面的强度。即使在 30m 以上的深厚软弱土地基中，微型钢管桩也可以沉入到较坚实的支承层上，且能充分发挥钢材的承载力。总体来讲，微型钢管桩的主要优点如下：

（1）承受强大的冲击力

由于能承受强大的冲击力，因此其穿透和贯入性能优越。若地基中埋藏有厚度不大，标贯击数 $N=30$ 左右的硬夹层，均可顺利穿过。可根据设计需要贯入到坚实支承层中。

（2）承载力大

由于作为桩母材的钢材，其屈服强度高，所以只要将桩沉设到坚实支承层上，便可获得很大的承载力。

（3）水平阻力大，抗横向力强

由于钢管桩的断面强度大，对抵抗弯矩作用的抵抗矩也大，所以能承受很大的水平力。另外，若加大直径后还可以采用大直径厚壁管，因此可广泛地用于承受横向力的系船桩、桥台、桥墩上。

（4）设计的灵活性大

可根据需要变更桩的壁厚；还可根据需要选定适应设计承载要求的外径。

（5）桩长容易调节

当作为桩尖支承层的层面起伏不平时，已准备好的桩会出现或长或短的情况。由于微型钢管桩可以自由地进行焊接接长或气割切短，所以很容易调节桩的长度，这样便可以顺利地进行施工。

（6）接缝安全，适于长尺寸施工

由于钢管桩易于做成焊接接头，将桩段拼接且接缝的强度与母材强度相等，所以能够定出适应需要的埋设深度。

（7）与上部结构容易结合

通过将钢筋预先焊于桩上部，钢管桩很容易与上部的承台混凝土结合，也可以直接同上部结构相焊接，因而保证上下共同工作。

（8）打桩时排土量少

微型钢管桩可以开口打入，也可以预钻孔植入，相对来说排土截面面积小，打入效率高，对黏土地基的扰动作用小，对邻近建(构)筑物没有不利影响，可在小面积现场进行非常密集的打桩施工，最适用于高层建筑物、大型机械设备基础和港湾结构物等，在小面积上作用大荷重的工程。

（9）搬运、堆放操作容易

微型钢管桩自重轻，不必担心破损，容易搬运堆放操作。

（10）节省工程费用、缩短工期

由于微型钢管桩具有上述许多特点，若在实际工程中能充分利用这些特点，就可以缩短工期。微型钢管桩是最适合于快速施工的。因此，其综合经济效益高，相对而言可节省工程费用。

微型钢管桩和其他钢桩的材质一样，一般采用普通碳素钢，而其中又常用 2 号钢和 3 号钢制造钢管。钢管桩大部分是由螺旋钢管制成的，电焊钢管只部分使用于小壁厚的桩(一般认为直径 500mm、板厚 2.7mm 以内)。

## 二、微型钢管桩设计

### （一）桩土作用和断面设计

桩在竖向荷载的作用下，尤其是当桩在极限承载力状态下，桩顶荷载由桩侧阻力和桩端阻力共同分担，而它们的分担比例主要由桩侧、桩端地基土的物理力学性质，桩的尺寸、施工工艺和桩的长径比所决定。现行规范按竖向荷载下桩土相互作用的特点，桩侧和桩端分担荷载比例和发挥程度，将桩分为摩擦型桩和端承型桩两大类，其中摩擦型桩又分为摩擦桩和端承摩擦桩，端承型桩分为端承桩和摩擦端承桩两类。

应用线弹性理论进行分析结果表明，影响桩土体系荷载传递的因素主要有：

① 桩端土与桩周土的刚度比 $E_b/E_s$：当 $E_b/E_s = 0$ 时，荷载全部由桩侧摩阻力承担，属纯摩擦桩。当 $E_b/E_s = 1$ 时，属均匀土层中的摩擦桩，其荷载传递曲线和桩侧摩阻力分布与纯摩擦桩相近。当 $E_b/E_s = \infty$ 且为中长桩($L/d \approx 50$)时，属于端承桩。

② 桩土的刚度比 $E_p/E_s$：当 $E_p/E_s$ 愈大时，桩端阻力所分担的荷载比例愈大；反之，桩端阻力分担的荷载比例降低，桩侧阻力分担荷载比例增大。对于 $E_p/E_s \leq ^{10}$ 的中长桩($L/d \approx 50$)，其桩端阻力接近于零。这说明对于砂桩、碎石桩、灰土桩等低刚度桩组成的基础，应按复合地基工作原理进行设计。

③ 桩长径比 $L/d$：$L/d$ 对荷载传递的影响较大。比如在均匀土层中的钢筋混凝土桩，其荷载传递性状主要受 $L/d$ 的影响。当 $L/d \geq 100$ 时，桩端土的性质对荷载传递的影响很小。

另外，桩端扩大头与桩身直径之比 $D/d$：$D/d$ 愈大，桩端阻力分担的荷载比例愈大。

**（二）微型钢管桩断面和桩端设计**

根据荷载特征和施工条件的要求，可自行设计断面形状。一般有管型断面或在钢管内设置十字钢和工字钢，也可以在钢管内用钢板隔开，增大钢材断面，以提高抗压力。这几种断面常常做成开口形式以减小施工过程中的挤土效应。当轴向抗压强度不够时，可将挤入管中的土用高压水冲除后灌注混凝土，对于微型钢管，因直径较小，可采用先成孔的方法来解决。此外还可内置 H 型钢桩，其比表面积大，能同时提供较大的摩阻力和抗压力，对于承受侧向荷载的桩，可根据弯矩沿桩身的变化局部加强其断面刚度和强度。如果受到一定施工条件的限制，同时也为了充分发挥两种组合材料的性能，往往采用组合材料桩。比如微型钢管桩内填充混凝土，或下部为混凝土桩，上部为微型钢管灌注桩等。

按尖端局部构造形式分为开口桩与闭口桩两种。从国内外的使用情况看，开口的比较多，这是因为由于开口桩打入过程中排土量比较小，容易打入，因而施工中所带来的副作用比较小。具体的划分如下：

① 开口桩：分为带加强箍(带内隔板或不带内隔板)，不带加强箍(带内隔板或不带内隔板)。

② 闭口桩：其桩端可分为平底和锥形。

**（三）桩的选型**

桩的选型：微型钢管桩虽然具有其他材质的桩比如钢筋混凝土桩无法比拟的优点，但由于耗钢量大，因此在工程应用上，应通过技术经济比较和必要的审批程序，目的是避免盲目性。在桩基选型时，必须遵循的原则如下：

① 应能在其所需耐久期限内安全地支撑构筑物，并不发生有害的沉降及变形。

② 满足第一条的情况下，较其他施工方法经济。

③ 在预定工期内能确保施工，并且不影响附近的建(构)筑物。

④ 对预料中的今后的地基条件及场地周围状态的变化不产生危害。

微型钢管桩的选型：微型钢管桩的选型往往同上部结构对桩的承载力要求、桩的平面布置等密切相关。微型钢管桩承载力的决定方式可采用单桩静载荷试验、按规范公式估算、通过静力触探估算、动力试桩等方式加以确定。

桩的最小中心间距，一般采用 3 倍桩径以上。

### 三、微型钢管桩作用机制和计算方法

#### （一）微型钢管桩的加固机制

因混凝土或水泥被强制灌入钢管桩中，故沿桩周产生的摩阻力比较大，它使桩获得了所需的抗压和抗拉能力。当桩植入很深的淤泥或水中时，就可能产生压曲的问题。

研究表明，微型钢管桩的承载力与其下端是否闭合有关，闭口钢管桩的承载力变形机制与混凝土预制桩是相同的。虽然钢管桩的表面性质和混凝土预制桩的表面不同，但试验已证明其承载力基本相同。因一般侧阻的剪切破坏面发生在靠近桩表面的土体中，而不是发生在桩土截面上，故桩的承载力验算根据土层参数采用混凝土预制桩的承载力参数。根据以上认识，可以进行桩基础承载力验算。

#### （二）微型钢管桩的计算方法

传统的桩基设计方法分别计算桩的自身结构承载力和桩周土摩阻力的承载力。对于微型钢管桩来说，其承载力由桩周摩阻力和桩端阻力两部分组成。由于桩和桩周土、桩端间的荷载传递机制十分复杂，目前还难以用数字来准确表达，但在确定桩的极限承载力时，还是可以通过分析桩与桩周土间的摩擦以及桩周土与桩端土（岩）的抗剪抗压变形特性，对桩土体系的荷载传递特性做出数量上的评价。

微型钢管桩由于直径小，用量多，通常布置成网状，它的作用可以分为两种：一是边坡加固的概念，相当于一个边坡加固结构或一个土壁或岩壁的土钉系统，用桩包围滑面以上的土并"钉"住滑面增大抗剪阻力，基本方法是计算桩基对自然土阻力的作用；二是重力挡土墙的概念，桩不受拉力，只承受压力和剪力，取决于实际现场微型钢管桩与土的相互关系，故仍以经验和主观判断为主。

在国外，意大利把微型钢管桩的作用视为加强土体的抗剪性，而日本多将微型桩按布置方式分为受压或受拉两类加固方法。在微型钢管桩的设计中，首先进行微型钢管桩的布置，然后按布置情况验算受拉加固或受压加固，按受力模式对内力和外力进行计算分析。

内力分析为：钢材的拉应力、压应力和剪应力，灌浆材料的压应力、微型钢管桩周土的压应力、微型钢管桩的设计长度，钢材与压顶梁的弯曲压应力等。

外力分析为：将微型钢管桩视为刚体时的稳定性，包括微型钢管桩在内的自然土体的整体稳定性。

# 第七节　排桩支护设计的注意事项

### 一、排桩设计

排桩式围护结构主要指采用钻孔灌注桩或人工挖孔桩组成的墙体。与地下连续墙相比，其优点在于施工工艺简单，成本低，平面布置灵活；缺点是防渗和整体性较差。对于地下水位较高的地区，排桩式围护结构必须与止水帷幕相结合使用，在这种情况下，防水效果

的好坏，直接关系到基坑工程的成败，须认真对待。

桩排式围护结构设计是在肯定总体方案的前提下进行的，此时，挖土、围护形式、支撑布置、降水等问题都已确定，围护结构设计的目的是确定围护桩的长度、直径、排列以及截面配筋，对于坑内降水的基坑，还要设计止水帷幕。

### (一) 排桩的布置和材料

#### 1. 材料

钻孔灌注桩通常采用水下浇筑混凝土的施工工艺，混凝土强度等级不宜低于C20(常取C30)，所用水泥通常为42.5级或52.5级普通硅酸盐水泥。钢筋常采用Ⅱ级螺纹钢。

#### 2. 桩体布置

当基坑不考虑防水(或已采取了降水措施)时，桩体可按一字形间隔排列或相切排列，间隔排列的间距常取2.5~3.5倍的桩径，土质较好时，可利用桩侧"土拱"作用适当扩大桩距；当基坑需考虑防水时，可按一字形搭接排列，也可按间隔或相切排列，外加防水帷幕。

#### 3. 防渗措施

钻孔灌注桩排桩墙体防渗可采取两种方式：一是将钻孔桩体相互搭接，二是另增设防水抗渗结构。前一种方式对施工要求较高，且由于桩位、桩垂直度等的偏差所引起的墙体渗漏水仍难以完全避免，所以在水位较高的软土地区，一般采用后一种方式，此时，桩体间可留100~150mm的施工间隙。具体的防渗止水方法主要有：①桩间压密注浆；②桩间高压旋喷；③水泥搅拌桩墙。

### (二) 确定围护桩的几何尺寸

#### 1. 围护桩的长度

围护桩的长度由基坑底面以上部分和以下部分组成，基坑底面以下部分称为插入深度。插入深度取决于基坑开挖深度和土质条件，所确定的插入深度应满足基坑整体稳定、抗渗流稳定、抗隆起稳定以及围护墙静力平衡的要求。设计时，先按经验选用，然后进行各种验算。

#### 2. 围护桩的直径

围护桩的直径也取决于开挖深度和土质条件，一般根据经验选用。

在钻孔灌注桩合理使用的开挖深度范围内，桩径变化范围为800~1100mm；对于开挖深度在10m以内的基坑，桩径一般不超过900mm；开挖深度大于11m的基坑，桩径一般不小于1000mm。

#### 3. 排桩式围护结构的折算厚度

排桩式围护结构虽由单个桩体组成，但其受力形式与地下连续墙类似。分析时，可将桩体与壁式地下连续墙按抗弯刚度相等的原则等价为一定厚度的壁式地下墙进行内力计算，称为等刚度法。

#### 4. 桩身的构造与配筋

桩身纵向受力主筋一般要求沿圆截面周边均匀布置，最小配筋率为0.42%且不少于6根，主筋保护层不应小于50mm。箍筋宜采用$\varphi$6~8螺旋箍筋，间距一般为200~300mm，每隔 1500~2000mm 应布置一根直径不小于 12mm 的焊接加强箍筋，以增强钢筋笼的整体刚度，有利于钢筋笼吊放和水下浇灌混凝土。钢筋笼底端一般距离孔底 200~500mm。桩身纵向钢筋应按基坑开挖各阶段与地下室施工期间各种工况下桩的弯矩包络图配筋，当地质条件或其他因素复杂时也可按最大弯矩通长配筋。

① 桩身作为一个构件，配筋应满足截面承载力的要求。桩身截面的内力主要由土压力产生，计算土压力的抗剪强度指标是标准值，因此求得的桩身内力也是标准值。但截面承载力是由混凝土规范所提供的混凝土和钢筋的强度设计值组成的，这就使得设计表达式两侧设计变量的性质不一致，必须加以调整。

② 计算桩身内力时一般按平面问题处理，求得的是每延米围护墙的内力。但桩身截面配筋是按每根桩计算的，这里有一个内力数值的换算问题，即将每延米的内力换算为每根桩的内力。设桩径为 $d$，桩的间距为 $t$，则每根桩的内力等于每延米的内力乘以 $(d+t)$，计算时 $(d+t)$ 以 m 计。

③ 当有可靠措施保证钢筋笼的正确方位时可按弯矩方向采用沿圆周非均匀分布形式配筋；但无可靠措施保证时，宜采用沿圆周均匀配筋以保证安全。

## 二、锚杆

锚杆是受拉杆件的总称，与围护结构共同作用，从力的传递机制看，锚杆由锚杆头部、拉杆及锚固体 3 个基本部分组成：锚杆头部是将拉杆与围护结构牢固地联结起来，使围护结构的推力可靠地传递到拉杆上去；拉杆是将来自锚杆端部的拉力传递给锚固体；锚固体是将来自拉杆的力通过摩阻抵抗力或支承抵抗力传递至地基。

### （一）锚杆层数

锚杆层数取决于土压力分布大小，除能取得合理的平衡外，还应考虑构筑物允许的变形量和施工条件等综合因素。

### （二）锚杆间距

锚杆间距应根据土层地质情况、钢材截面所能承受的拉力等进行经济比较后确定。间距太大，将增加腰梁应力，需增加腰梁断面，缩小间距，可使腰梁尺寸减小，但锚杆又可能会发生相互干扰，产生所谓"群锚效应"。上下两排锚杆的间距不宜小于 2.5m，锚杆的水平间距一般不宜大于 4.0m，也不宜小于 1.5m，上覆土层的厚度一般不宜小于 4.0m。

### （三）倾角

一般采用水平向下 10°~45°之间数值为宜。如从有效利用锚杆抗拔力的观点，最好使锚杆与侧压力作用方向平行，但实际上，锚杆的设置方向与可锚固土层的位置，挡土结构的位置以及施工条件等有关。锚杆水平分力随着锚杆倾角的增大而减小，倾角太大将降低锚固的效果，而且作用于围护结构上的垂直分力增加，可能造成围护结构和周围地基的沉降。水平向下有利于灌浆所要求的倾斜度。

# 第六章

# PC 工法组合桩专项施工案例——
# 金台铁路临海南站站场工程

## 第一节　编制说明

### 一、编制说明

本方案专为金台铁路临海南站站场工程施工方案，编制内容主要为 PC 工法组合桩及拉森钢板桩施工方面的内容。

### 二、编制依据

① 金台铁路临海南站站场工程项目基坑围护设计施工图；

② 金台铁路临海南站站场工程项目岩土工程勘察报告；

③ 金台铁路临海南站站场工程项目工程施工合同；

④ 金台铁路临海南站站场工程项目工程施工组织设计；

⑤《中华人民共和国建筑法》；

⑥《中华人民共和国安全生产法》；

⑦《建设工程安全生产管理条例》；

⑧《危险性较大的分部分项工程安全管理办法的通知》(建质[2018]37 号)

⑨《建筑施工企业安全生产管理机构设置及专职安全生产管理人员配备办法》(建质[2009]91 号)；

⑩《建筑工程施工质量验收统一标准》(GB 50300—2013)；

⑪《建筑施工组织设计规范》(GB/T 50502—2019)；

⑫ 浙江省标准《建筑基坑工程技术规程》；

⑬《建筑地基基础工程质量验收规范》(GB 50202—2018)；

⑭《建筑钢结构焊接技术规程》(GB 50661—2011)；

⑮《混凝土结构工程施工质量验收规范》(GB 50204—2015)(word 版)；

⑯《建筑基坑支护技术规程》(JGJ 120—2012)；

⑰《建筑基坑工程技术规程》(DB33/T 1096—2014)；

⑱《加筋水泥土桩锚支护技术规范》(CECS 147—2004);

⑲《建筑施工安全检查标准》(JGJ 59—2011);

⑳《建筑基坑工程监测技术规范》(GB 50497—2009);

㉑《建筑施工高处作业安全技术规范》(JGJ 80—2016);

㉒《施工现场临时用电安全技术规范》(JGJ 46—2005);

㉓《型钢水泥土搅拌墙技术规程》(JGJ/T 199—2010);

㉔《建筑机械使用安全技术规程》(JGJ 33—2021);

㉕《浙江省建筑施工安全标准化管理规定》

㉖国家、浙江省和本地区颁布的其他标准、规范及文件;

㉗公司现行质量、职业健康安全、环境管理体系手册和程序文件。

# 第二节　工程概况

## 一、工程概况

① 本工程设计±0.000=6.500m,除注明外,本方案采用黄海标高系统。基坑南侧为临海站施工场地,采用 AB 料回填至 6.20~8.20m(东南及西西南施工场地),北、西及东侧场地标高4.00m(基坑周边)~6.00m。基坑南侧筏板底标高 1.55~1.75m,基坑深度 4.65~6.65m,其余三侧筏板底标高 0.75~1.55m,基坑深度 4.65~5.25m。

② 场地内工程桩为钻孔灌注桩。

③ 土方开挖过程中,局部围护结构冠梁发生位移(基坑南侧从 28 轴往东至 14 轴冠梁已移位,22 轴处偏移量最大达到 2.64m)。

④ 本工程加固方案采用工法组合钢管桩使用 630/14×20m 钢管桩 107 支,Ⅳ拉森钢板桩 72 支,共计约 573t。

⑤ 地下一层部分区域围护:围护工程主要采用工法组合钢管桩,即钢管桩与拉森钢板桩相结合的围护结构,本施工方案主要介绍 PC 工法组合钢管桩施工工艺及方法,并结合现场情况,明确措施在打拔桩施工中减小对周边影响。

## 二、周边环境及地下土质

临海南站站场基坑围护工程与临海南站站房前施工便道位置存在交叉,金台铁路站房距地下室基坑边线为 23m,轨道距基坑最近为 84.5m,站房与基坑空间位置现为金台铁路站房施工的临时便道(即以后施工为 11m 宽的消防车道,现自然地面标高为 6.2m 左右,便道东、西端头标高约 7.5m),消防车道下已施工水泥搅拌桩路基(φ500@1200,正三角形布置)。

根据地层所处的成因时代、物理力学性质及埋藏条件不同,在勘察深度内场地地基土自上而下分述如下:

① 1-0 层:素填土(m1Q),灰杂色,松散,以黏性土混碎块石、植物根系等为主,其

中碎块石径一般 10~40cm，大者 60cm 以上，含量 30%~40%，余为黏性土，土质不均。该层场地南部靠近临海南站站房位置有分布(分布钻孔为 Z2Z6、及 Z8、Z45、Z66)，系新近回填。其余部分钻孔表部普遍为耕植土，厚度在 30cm 左右。堆积年限小于 3 年。

② 1-1 层：黏土(mQ43)，灰黄色、灰褐色，自上而下从可塑渐变为软塑，厚层状，含铁锰质氧化斑点，局部粉粒含量较高，相变为粉质黏土。无摇振反应，干强度高。该层全场大部分分布，仅在 Z2Z6 孔一带缺失，中偏高压缩性，物理力学性质稍好。

③ 2 层：淤泥(mQ42)，灰色，流塑，厚层状，偶含贝壳碎屑。无摇振反应，干强度高，韧性高，切面光滑。该层场地内均有分布，高压缩性，物理力学性质差。

④ 3-1 层：黏土(a1-1Q41)，灰黄色，可塑，厚层状，夹氧化斑点。无摇振反应，干强度中等，韧性中等。该层场地内大部分有分布，仅局部缺失，中压缩性，物理力学性质较好。

⑤ 3-2 层：粉质黏土(1-hQ41)，深灰色、灰白色，可塑，厚层状。局部粉粒、砂粒含量较高。无摇振反应，干强度中等，韧性中等。该层场地内大部分有分布，仅局部缺失，中压缩性，物理力学性质较好。

⑥ 4-1 层：含黏性土圆砾(a1Q32)，杂灰色，稍密中密，饱和，卵砾石呈亚圆形，中风化状，母岩成分主要为凝灰岩，呈强中风化状，硬度较大，圆砾粒径一般为 10~20mm，含量 30%~40%，卵石粒径一级为 20~40mm，大者 60mm 以上，含量 20%~30%，空隙充填黏性土及砂，土质不均，局部分布黏土及粉质黏土夹层。

## 三、施工现场组织管理机构

### 1. 项目管理组织机构概述

本工程开工前已组建成立项目经理部，并由项目经理负责该工程的施工组织与管理，项目经理部由总公司授权管理，按照企业管理模式标准建立项目质量、职业健康安全、环境保证体系。形成以全面质量、职业健康、安全、环境管理为中心环节，以专业技术管理和计算机管理相结合的科学化管理体制。

项目经理部按照公司颁布的《管理手册》《程序文件》《作业指导书》执行，根据项目组织管理机构图，项目经理部建立岗位责任制，明确职责分工，落实施工责任，各岗位各行其职。

各专业管理人员均持证上岗，具有本专业丰富的施工管理经验，参与过同类型多项工程的施工。

### 2. 项目部主要施工管理人员职责

(1) 项目经理职责

① 领导和指导本工程基坑围护施工，对本工程基坑围护施工的质量管理和安全管理全面负责。

② 参与基坑围护施工方案的审阅、施工技术方案讨论等各项技术环节的工作。

③ 根据工程实施情况编制进度控制计划并编制相应的劳动力、材料及机械设备的计划。

④ 负责各项保证措施的实施和应急措施的协调工作。

（2）项目副经理职责

① 协助项目经理开展工作，具体负责执行本工程基坑围护施工的质量管理和安全管理工作。

② 参与基坑围护施工方案的编制、施工技术方案讨论等各项技术环节的工作。

③ 根据工程实施情况按进度计划要求及时安排劳动力、材料、机械设备、资金确保工程顺利实施。

④ 负责基坑围护施工方案的论证及验收。

（3）技术负责人职责

① 在项目经理的领导下，负责现场技术、质量管理工作，解决本工程基坑围护施工的重大技术问题。

② 贯彻执行有关技术标准和技术规范，深入施工现场，及时做好主要部位的图纸交底工作。

③ 参与施工组织设计及施工专项方案的编制，认真实施已审批的施工专项方案。

④ 具体负责工程质量事故的分析和整改，以及质量返修等工作。

（4）施工员职责

① 熟悉专项施工方案并按方案组织施工，参与施工技术方案的讨论等各项技术环节的工作。

② 负责申请和组织力量进行基坑围护施工实施工作。

③ 严格按基坑围护施工方案施工，按规范和施工组织设计要求组织施工，合理安排和利用劳动力、材料和机械设备。

④ 做好对作业班组的技术、质量交底工作，施工中经常检查督促。

⑤ 负责做好技术复核并负责监督施工班组进行整改。

（5）质量员职责

① 在项目经理和项目技术负责人领导下，负责整个施工过程的质量管理工作。

② 对工程质量负责直接监督检查、把关责任。

③ 熟悉施工专项方案，掌握施工重点，提出有关质量保证措施。

④ 严格按现行国家工程质量检验评定标准，坚持原则，行使质量否决权，并按规定填写质量验评记录表。

（6）测量员职责

① 负责施工现场的测量、监测、检测工作，确保施工中使用的测量器具准确可靠，满足施工要求。

② 检查监督施工过程中测量检验，负责工程测量记录的汇总分析。

③ 对检查中发现的问题及时上报项目经理及提出整改意见，并负责督促改进，及时处理。

（7）安全员职责

① 对基坑围护施工的安全工作负责，进行安全技术交底，对所有施工人员进行三级安全教育。

② 做好安全消防管理和监督检查基坑围护施工安全工作，协助和参与项目安全生产检

查工作，具体落实安全生产考核制度。

③ 定期组织召开安全工作例会，分析安全、消防工作现状，研究工作中存在的问题，及时提出意见，向项目经理和上级部门汇报安全工作情况。

④ 参与专项方案的编制及审阅。参加对施工现场施工临时用电、塔吊、文明施工、机械设备、"三宝、四口"等安全设施验收工作。

（8）资料员职责

① 协助项目经理、安全员认真贯彻执行《建筑法》、安全生产各项规章制度和上级提出的有关安全生产方面的意见，协助项目经理做好本工程安全工作，接受上级领导和专职安全员的业务指导。

② 负责及时正确做好本工程安全、技术资料收集整理工作，使得资料能真实反映本工程安全生产及施工质量情况。

③ 协助项目经理、工地安全员组织本工程全体人员安全学习。

④ 协助项目经理做好安全技术交底工作、验收等书面记录。

⑤ 做好本工地的安全生产宣传工作，协助安全员做好施工场地的安全禁令标志、安全验收排挂设工作。

（9）材料员职责

① 在项目经理的领导下，具体负责现场材料管理，制定材料管理规划，及时提供用料信息，组织材料进场，加强现场材料的验收、保管、发放、核算，保证生产需要，努力做到降低消耗，场容整洁，现场文明。

② 做好物资委托加工、提货、运输、入库、发放等各个环节的管理工作，减少浪费和损耗。

③ 严格限量领料制度，认真做好材料台账，及时上报有关资料，并做好现场材料的堆放、整理工作。

④ 按材料采购权限，选择采购方式，了解市场信息，参照项目经理部制定的材料报价单，实行"三比一算"择优选购，落实选购降本的目标动态管理，加强材料采购合同管理。

⑤ 各类料具进场都要认真验收入库，主要材料要附有质量证明，并做好验收日记，发现短缺、次品等及时索赔。

⑥ 做好与文明施工有关的材料堆放管理工作，加强对班组落手清工作的检查、督促、整改。

⑦ 严格执行仓库管理制度，堆放整齐、合理，账、物、卡相符。

## 四、前期准备工作及安全文明施工

### 1. 基坑开挖前采取的措施

进一步对管线进行摸底，施工前对管线位置范围进行标识并划定保护范围，积极配合建设单位等组织的管线交底工作，对于不明位置的管线但距围护结构较近的应开挖样洞、样沟进行探测具体位置，量测出其埋深及距围护结构的净尺寸，以避免施工时遇到不必要的麻烦，更好地对地下管线做好避让、有效的保护。

2. 施工安全管理措施

施工前先对机械设备进行检查，对施工现场的机械操作及运输、行走路线进行规划，安排好人员的岗位工作。在 PC 工法桩施工过程中对施工作业区范围内做好警示标志，并安排专人进行看护，做到一步一岗。

3. 加强周边监测

配合监测单位按照设计要求设置位移、沉降、水位监测观测点，并安排专人进行监测，及时对产生的问题进行上报、解决，加强监控量测工作，雨期应加强基坑监测频率，如发生加速变形应及时上报业主、监理、设计等单位并会同制定防护措施。把基坑工程施工过程中其地层和围护结构的动态变化始终纳入可控的管理系统之中。

# 第三节 施工计划

## 一、旋挖钻引孔施工工艺

本次引孔的范围：南侧工法桩范围，钢管桩长度 20m，桩径 630m，桩间距 1.1~2.2m，总根数 107 根，每根引孔深度 20m，引孔长度 80 延米。

1. 施工准备(表 6-1)

根据该工程的地质情况和甲方的工期要求，选用一台旋挖钻机，配 377 钻杆。旋挖钻机特点是施工低噪声、无振动，对环境无泥浆污染，不受供电影响；机具设备简单，装卸移动快速，施工准备工作少，工效高，降低施工成本等。

表 6-1 施工准备表

| 序 号 | 类别/名称 | 数 量 | 性 能 |
|---|---|---|---|
| 1 | 旋挖钻机 | 1 台 | 良好 |
| 2 | 全站仪 | 1 台 | 良好 |
| 3 | 经纬仪 | 1 台 | 良好 |

2. 劳动力计划

劳动力计划见表 6-2。

表 6-2 劳动力计划表

| 序 号 | 人 员 | 计划投入 |
|---|---|---|
| 1 | 管理人员 | 3 |
| 2 | 引孔施工人员 | 3 |

3. 施工工艺流程

钻机组装调试施工放线定位，桩位及高程由甲乙双方汇同相关人员复核、验收，桩位旋挖钻机就位，钻杆对正桩位，调整钻杆垂直度，开动动力头钻孔钻至设计要求，标高反转提升移位引下一根孔。

**4. 质量控制重点**

① 桩机就位，调平机架后，钻头中心对准桩位，桩位偏差不得超过 20mm。

② 桩机定位准确后，应保证钻杆垂直，缓慢钻进，尽量减少钻杆晃动，以免扩大孔径。

③ 施工过程中采用切刀及破碎式钻头对土体进行搅拌，致使土壤松动，但土体基本上滞留在孔洞内。

④ 严格控制提升钻杆速度。

⑤ 本工程 PC 工法桩直径为 630mm，引孔机械采用旋挖钻机配 377 钻杆，引孔深度施工至设计桩底标高。旋挖钻孔法是采用一种大扭矩动力头，带切刀及破碎式钻头进行快速干式钻进成孔，对需要引孔的土层进行土体扰动，起到引孔速度快的效果。

⑥ 根据围护加固设计变更方案精确施放各轴线和桩位。然后在桩位上订小木桩做好标志。

⑦ 桩位放线完备后，汇请相关部门人员验线，复核桩位。

⑧ 按规定安装好机械的电路、电器、检验机械的施工性能，并做好机械的调试，直至机械运转正常。

⑨ 桩位线验收及机械调试工作完成后，开始机械引孔施工。

钻孔机就位时应校正，要求保持平整、稳固，使在钻进时不发生倾斜或移动。施工作业人员应从钻机正面与侧面两个相互垂直方向，采用吊线锤或利用钻机平台用水平尺进行垂直检查，及时调整钻机位置，保证钻具垂直，并将钻头锥尖对准桩位中心点。启动钻机钻 0.5~1.0m 深，检查一切正常后，再继续钻进，达到设计深度后停钻，拔出钻具时，需将钻具反转，直至钻头提出地面为止。

完成一根钢管桩的引孔时，采用跳引方式移机至下一根需引孔桩位进行引孔施工。

拉森钢板桩引孔：因设计拉森钢板桩长度为 12m，建议钢管桩引好孔后先试打一根拉森钢板桩，若拉森钢板桩能直接贯穿上部硬壳层，取消拉森钢板桩部位的引孔施工；若也遇到无法穿透上部硬壳层，只对上部硬壳层（水泥搅拌桩）进行引孔施工，下部土层保持原土状态。

## 二、基坑围护工程施工进度计划

基坑围护工法桩计划于 2021 年 1 月 20 开始施工，总共 107 根桩。每天约完成 10 根。（工期约为 11 天）具体日期按施工单位与现场情况待定。

## 三、施工区段划分

本基坑围护 PC 工法桩为局部方案调整，作为单个施工段。

## 四、施工准备

组织技术人员在施工前熟悉施工图纸和基坑围护设计文件、地质勘察报告，确定场地平面布置，对建筑物定位、标高进行正确测量。

项目部组织有关技术人员认真进行图纸预审，做好记录；参加图纸会审时，对不明确、不明白之处询问设计人员，并做好记录。

组织有关人员讨论并编制施工方案，对施工要点、难点部位，进行研讨，制定针对性措施、优化施工方案。

做好各项材料、机械和劳动力的计划。

制订各项管理制度，编制施工作业指导书。

进行多层次的技术、安全、质量、文明施工、现场管理制度交底。

## 五、主要材料需求计划

主要材料需求计划见表6-3。

表6-3　主要材料需求计划一览表

| 序号 | 名称 | 规格 | 数量/根 | 使用部位 |
|---|---|---|---|---|
| 1 | 拉森桩 | 12米IV级别 | 72 | 围护结构 |
| 2 | 钢管桩 | Q345 钢；20m 直径 630mm | 107 | 围护结构 |

## 六、施工机具配备计划

施工机具配备计划见表6-4。

表6-4　主要施工机具一览表

| 序号 | 设备名称 | 型号 | 单位 | 数量 | 用电量/kW | 备注 |
|---|---|---|---|---|---|---|
| 1 | 汽车吊 | QY80 | 台 | 1 | 柴油发动机 | 吊卸材料 |
| 2 | 机械手 | Pc450 | 台 | 1 | — | Pc 管施工 |
| 3 | 挖土机 | PC200 | 台 | 1 | — | |
| 4 | 水泵 | WQ-18 | 台 | 2 | 9 | 1 台备用金 |
| 5 | 全站仪 | NTS332R6M | 台 | 1 | — | |
| 6 | 电焊机 | C500 | 台 | 2 | 30 | 1 台备用 |

# 第四节　施工工艺技术

## 一、施工顺序

① 测量程序：资料审核→内业核算→外业校测→定位测放→定位自检→定位验线。

② 根据业主提供的基本红线控制点进行复测工作。

③ 在准确的红线桩点、水准点的基础上进行控制网布设。

④ 本工程测量定位采用全站仪进行坐标定位；根据业主提供的红线界桩点和相关图纸，确定轴线控制点；并将控制点引测至围护工程施工影响范围以外的适当位置，做好记录和保护措施。

⑤ 打钢管及拉森钢板桩要通过试打桩确定设备可行性和对周边建筑振动影响。

⑥ 打钢管桩机械在地下室南侧基坑内施工，从25轴（地下室南面西侧）向15轴（地下室南面东侧）施工，管桩及拉森钢板施工一部分，紧跟冠梁施工，直至加固工程结束。

## 二、施工测量定位及标高控制

### （一）总体平面控制

本工程测量根据业主提供的原始测量控制点，确定轴线控制点，设定测点，算出距离。建立相应的施工坐标控制网络控制点，并在适合位置，设置半永久性控制点，采取混凝土加固保护措施。定位测量采用全站仪、经纬仪、水准仪，定位工作由专职测量员完成，并请监理工程师现场复核。

### （二）水准点复核及平面区域控制

根据业主提供的水准标高，现场水准点必须引测在永久性基础上，相对应的施工控制点数量设置3个，以便施工过程中同步进行复测校核工作。

### （三）测量实施

控制点、水准点等测量标志，均应采用混凝土严格保护。

控制偏差（相对于三角点）<±5mm，桩位偏差<50mm，桩位放样、标高引测均须通过总包方、现场监理（建设）复核确认后，方可用于施工测量。

轴线定位放样：测量控制网点交接并复核，书面资料齐全后进行样桩测放，根据施工图计算各轴线交点相应坐标，用全站仪测出各轴线位置，并做好控制标记。轴线定位和桩位放样后，必须经监理单位复核无误后方可施工。轴线定位放样偏差控制在5mm以内。在施工过程中，定期进行复测确认，确保轴线控制正确无误。

### （四）PC工法桩施工方案

PC工法桩施工方案如图6-1所示。

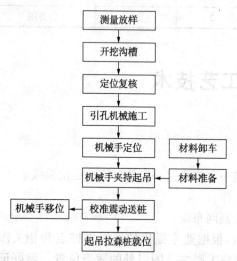

图6-1　PC工法组合钢管桩施工工艺流程图

#### 1. 场地回填平整

PC工法组合钢管桩施工前，总包方必须先进行场地平整，清除施工场地围护中心线内侧15m范围内地表及地下障碍物，以及凿除施工区域内的路面层硬物，施工场地路基承重荷载以能行走大吊车为基本。在PC工法组合钢管桩桩基施工路线上，提前挪移施工现场自来水管线、电缆等，保证连续施工，最大限度避免施工冷缝的出现。

#### 2. 测量放线

根据总包方提供的坐标基准点，按照设计图进行放样定位及高程引测工作，并做好永久及临时标志。放样定位后做好测量技术复核单，提请监理方进行复核验收签证，确认无误后进行施工。

3. 开挖沟槽

根据基坑围护内边控制线，采用 PC200 挖土机开挖沟槽，并清除地下障碍物，沟槽约 1m，开挖沟槽余土应及时处理。

4. 基坑降排水

① 基坑四周距离坑顶不小于 0.5m 处设 300mm×400mm 排水沟，每隔 30m 左右设置集水井，经沉淀后排入市政管网。基坑内外布置管井降水。

② 开挖到坑底后，可根据基坑实际条件在坑内设临时排水沟和集水井，但排水沟和集水井的设置不得影响垫层对围护结构的支挡作用。

③ 如在基坑开挖期间遇暴雨等天气应及时排出坑内积水，防止基坑被雨水浸泡。

④ 如上部填土中水量较大，可用直径 48 钢管击入土中引水。

⑤ 排水沟地面变形开裂时应及时修补，以防止地表水渗漏到基坑壁中对基坑稳定性产生不利影响。

5. PC 工法桩的打设施工质量控制

① 单根型钢中焊接接头不宜超过 2 个，焊接接头位置应避开型钢弯矩最大处。

② 根据总包方提供的高程控制点，用水准仪引放到定位型钢，机械设备在基坑内施工。

③ 装好吊具，然后吊起钢管，用线锤校核垂直度，必须确保垂直。

④ 钢管采用 Q345 材质 630×14 螺旋管，企口材料采用 Q345 轧制企口与钢管双面焊接。

⑤ 拉森桩插入可能会碰到跟桩的情况，现场采用挖机或者吊机进行吊装固定。

⑥ 施工过程中，由工长负责填写施工记录，施工记录表中详细记录了桩位编号、桩长、时间及深度施工过程中质检员、技术负责人、监理工程师监督施工，施工记录报项目监理审批。

⑦ 施工前应检查材料的质量、桩位、机械工作性能及各种测量设备完好程度。钢管以及拉森桩必须具有供应商提供的出厂合格证和质保书方能使用。

⑧ 施工中质量检验包括机械性能、材料质量以及桩位、桩长、桩顶高程、桩身垂直度、施工间等。

**（五）PC 工法组合钢管桩起拔方案**

① 回填密实后予以回收，回填土是本方案重点环节，必须采用含水率低的砂性土或粉砂土回填，破除压顶梁后，平整拔除钢管桩的场地工作面，即可以开始拔除钢管桩。

② 在基坑施工完毕，土方夯实回填后，拔除机械进入基坑位置后确保主体安全。

③ 钢管桩起拔顺序：根据施工进度，回填土进度及现场实际施工情况而定。

钢管桩拔除：

a. 主要拔除设备有 pc450 机械手、120 型免共振振动锤一台、80t 吊车以及自制顶升夹具装置等。首先凿除混凝土压顶梁清理杂物，由 pc470 机械手先拔除拉森桩再吊车起吊振动锤夹持材料，启动振动锤，边振动边起吊直至围护材料露出地面后慢慢放下，解除夹持后起吊装车运至现场。但应保证围护外侧满足汽车吊 8m 宽度以上的施工作业面。同上操作步骤进行将钢管桩拔出。

b. pc 工法桩拔除施工程序

平整场地→铺设钢板→拔桩机就位→停机位拉森桩加固→拔除拉森桩→吊车就位→振动锤就位→钢管桩拔除→孔隙填充→回土反压→拉森桩拔除

c. 本场地拔除的钢管桩转移出施工范围的装车地，待一定量时装运，应留出足够的通道和停车场地，以便平板车行走。

d. 孔隙填充：为避免拔出钢管桩后空隙对周围道路的影响，拔出钢管桩后回填沙土将产生的孔隙进行填充并回土反压边坡减少对周边影响。

④ 要求建设单位在地下室立壁与管桩之间采用粗砂或石粉回填，减少土层侧向位移。

拔桩环节关键问题及解决措施说明：

问题一：回填土不密实导致围护桩回收后应力释放挤压导致回填土体变形，会造成周边土体沉降及位移严重。本项目开挖面以上土层为淤泥质土会尤为明显。

问题一解决措施：①选用含水率低的砂性土或粉砂土回填，回填高度高于围护桩顶500mm（围护桩回收时震动会加速土体密实，回填土会下沉须留有回填土余量及时补充）。②围护桩分两次拔除，先拔除拉森桩后拔除钢管，形成两次震动密实回填土体，围护桩回收时应力分两次释放，减少影响。必要时钢管采用小范围跳拔及两段式回收（两段式回收即钢管用吊车和震动锤拔高钢管至一半高度，后续采用机械手回收可拉长应力释放时间）。

问题二：因本项目围护桩顶低于拔桩设备作业面约3m，设备停机面堆载后会导致边坡失稳及停机区域沉降等问题，存在施工安全隐患和影响南侧已建项目。

问题二解决措施：①设备作业区域边坡上打拉森桩加固边坡土体。②靠近边坡一侧设备荷载集中区域，打设拉森桩独立加固体整体铺设铁板，增加竖向荷载传递减小侧向荷载。③拔桩过程中已完成拔桩区域沟槽须及时回填，缩短拔桩时边坡暴露时间，提高南侧土体整体稳定性，降低对周边影响。

问题三：围护桩进入③号④号黏土层较厚，造成拔桩起拔力较大，拔桩速度极慢对周边环境影响非常大。

问题三解决措施：使用引孔设备钢管位置引孔，有效降低拔桩时对周边环境影响。

## （六）主要施工设备

主要施工设备见表 6-5。

表 6-5　主要施工设备

| 序　号 | 名　称 | 规格型号 | 能　力 |
|---|---|---|---|
| 1 | 免共振振动锤（ice） | 120 型 | 2/200 |
| 2 | 汽车吊 | 80t | 30t |
| 3 | 拔桩机 | PC450 | — |

## （七）劳动力资源需用量计划

劳动力资源需用量计划见表 6-6。

表6-6　劳动力资源需用量计划表

| 序号 | 工种 | 人数 | 序号 | 工种 | 人数 |
|---|---|---|---|---|---|
| 1 | 起重机驾驶员 | 2 | 4 | 操作工 | 4 |
| 2 | 指挥工 | 2 | 5 | 普通工 | 4 |
| 3 | 起重工 | 2 | 6 | | |

# 第五节　PC工法组合钢管桩施工质量措施

## 一、项目质量管理组织机构

项目质量管理组织机构见图6-2。

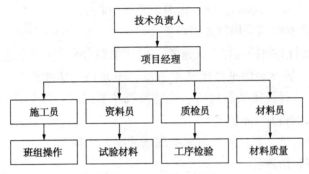

图6-2　质量管理组织网络图

项目部设立专职质检员，专门负责质量的检查、评定及质保体系的运行。

从材料进场、材料检验、工序质量、管理质量、信息反馈等方面进行全方位控制。严把材料质量关，主要材料必须有质保书和复检单，并经检测合格后方可使用，焊接前要进行焊接试验。

对不合格或质量有异议的产品材料，发现后立即组织有关人员进行检验与分析，落实纠正措施实施的协调、记录和监督。

职工教育，使项目部全体人员提高质量意识，加强职工技术培训，提高职工的技术水平，牢固树立"对用户负责，对社会负责，对历史负责"的责任意识。

管理人员，班组长，操作人员具备相应的管理业务水平和技术操作能力，关键岗位和特殊人员做到持证上岗。

工序执行"三检制"，行使质量否决权，上道工序质量不合格，决不进行下道工序的施工。工程质量与经济利益直接挂钩，实行优质优价、返工赔偿。

有关质量文件和记录的管理方法，做好工程隐检数据、鉴定报告、材料试验单、各种验证报告的收集整理工作。施工过程中由专人负责记录，详细记录每根桩的下插情况。及时填写当天施工的报表记录，隔天送交监理。

审阅图纸，明确设计意图，合理编排施工程序。

孔位放样误差小于 2cm，钻孔深度误差小于 ±5cm，桩身垂直度按设计要求，误差不大于 $L/200L$（$L$ 为桩长）。

施工前对钢管桩桩机进行维护保养，尽量减少施工过程中由于设备故障而造成的质量问题。设备由专人负责操作，上岗前必须检查设备的性能，确保设备运转正常。

看桩架垂直度指示针调整装架垂直度，并用线锤进行校核。

工程实施过程中，严禁发生定位钢管桩移位，一旦发现挖土机在清除沟槽土时碰撞定位钢管桩使其跑位，立即重新放线，严格按照设计图纸施工。

场地布置综合考虑各方面因素，避免设备多次搬迁、移位，减少钢管桩插入的间隔时间，尽量保证施工的连续性。

在施工时发现地下有障碍物应立即移开桩机进行清障。如地下障碍物过深（6m 以下），应做好记录上报监理或业主由其另行处理。

三支点桩基底盘应保持水平，平面允许偏差为 ±20mm，立柱导向架垂直度偏差不应大于 1/250。桩径偏差不大于 10mm，标高误差不小于 100mm。

PC 工法组合钢管桩空隙采用拉森钢板桩连接。

PC 工法组合钢管桩必须控制好下沉速度，PC 工法组合钢管桩下沉速度一般为 1m/min。

PC 工法组合钢管桩要确保平整度和垂直度，不允许有扭曲现象，插入时要保证垂直度，钢管若有接头，应保证接头的抗弯、抗剪及抗拉等强度，接头应位于开挖面以下 1m，且相邻两根钢管接头应错开 1m 以上。

施工前应进行试打桩，具体参数可根据现场情况做适当调整。

其他施工质量保证措施：

**1. 施工技术关键及保证措施**

为达到设计图纸及施工验收规范规定的质量标准，除了在人、机、料、法、各个影响质量的环节上进行全过程控制以外，具体还要注意以下几方面：

① 施工现场应先进行场地平整，清除施工区域的表层硬物和地下障碍物，遇明浜（塘）及低洼地时应抽水和清淤，回填黏性土（或置换土）并分层夯实，铺设路基箱，路基承载力应满足重型桩机平移、行走稳定的要求，确保钢管桩垂直度达到设计要求。

② 认真填写每班组材料及施工记录及相应报表备查。

**2. 成桩施工期的安全及质量控制**

① 认真做好各施工班组作业人员分层次技术交底，以及上岗前的培训工作，持证上岗，确保岗位工作质量。

② 施工机械性能良好，机械手、履带吊在进场前检修，施工时及时例保、检查；从而确保工期和连续性。

③ 施工前对桩机垂直度进行检查校正。

④ 加强上述施工质量点的全面管理，项目部实现 24h 岗位值班制度，做好施工过程质量控制记录。

# 第六节　安全保证措施

## 一、安全生产管

安全生产管理组织见图6-3。

安全管理体系由安全管理组织网络、安全生产管理制度、安全技术措施组成。根据本工程的特点，成立以项目经理、项目技术负责人为主的安全领导小组，配备专职安全生产管理人员。项目经理为安全生产第一责任人。

各专业队伍、生产班组建立安全生产管理小组。专职安全员统筹控制安全管理工作，每个生产班组设一名受过专业培训的兼职安全员。各职能部门在各自业务范围内，对安全生产负责，使安全生产在纵向上从项目经理到作业班组，横向上从各施工队到各业务部门都参与安全生产管理工作，使工程项目在确保安全的前提下进行。

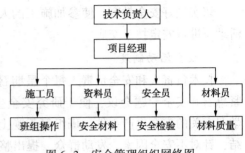

图6-3　安全管理组织网络图

## 二、安全生产责任制

本工程制定以项目经理为主，安全负责人为辅，各级工长及班组为主要执行者，保卫、安全员为主要监督者，医务人员为保障者的安全生产责任制。各自职责如下：

项目经理：全面负责施工现场安全，对安全事故负责，保证安全设施投入到位。

技术负责人：负责施工现场的技术安全措施，编制专项安全方案，解决施工过程中不安全的技术问题。

安全员：督促施工全过程的安全生产，纠正违章，配合有关部门排除施工不安全因素，安排项目内安全活动及安全教育的开展，督促安全劳动用品的发放和使用。

施工员：负责上级安排的安全工作的实施，进行施工前安全技术交底，监督并参与班组安全学习。

其他部门及保卫部门：保证消防设施的齐全和正常维护、使用，消灭火灾隐患。医务人员应防止各类疾病发生，保证施工人员的身体健康，对突发性事故，采取急救措施。后勤及行政部门保证工人的基本生活条件。

## 三、安全生产制度

安全生产制度包括安全教育、检查、交底、活动等四项制度。

### 1. 安全教育制度

新工人入场时，要进行安全意识安全知识、安全制度教育。然后，进入各自班组，再进行本工种的安全技术教育。

**2. 安全检查制度**

专职安全员要随时检查以下内容：班组人员防护用品是否完好及正确使用，作业环境是否安全，机械设备的保险装备是否完好，安全措施是否落实。每天检查安全隐患、违章指挥、违章作业的情况，一旦发现及时发出整改通知，限期整改。每周由项目经理定时组织进行安全周检，公司每月定期进行安全检查，检查安全防护措施、各种违章制度执行情况、安全措施等。

**3. 安全交底制度**

切实做好安全教育，使参加施工的人员熟悉各自工种的安全操作规程，抓好班前安全活动，进行安定技术交底。

**4. 安全活动制度**

技术负责人和安全负责人每个星期召开由管理人员参加的安全生产会议，如遇特殊情紧急召开安全专题会议，便于研究安全生产对策，确定各项措施执行人，处理安全事故，学习有关的安全生产文件。班组每天晚上定期召开安全总结会议，对当天生产活动进行总结，针对不安全因素，发动群众，提出整改意见，防患于未然。

## 四、安全管理措施

各种机电设备均有接地接零保护，实行专机负责，并按各自安全性要求进行定期检修，保证设备安全运行。非专业人员不得动用机电设备。

现场施工用电严格按照《施工现场临时用电安全技术规范》的有关规定及要求架设，并定期进行检查。

每天对食堂卫生进行例行检查。

每周组织一次安全大检查，每三天组织一次安全检查，电器设备进行常规使用安全检查。严格执行安全规范、标准，发现问题及时整改。

提高施工人员的安全生产意识，通过经常性的安全生产教育，使施工人员树立"安全为了生产，生产为了安全"的思想，在施工过程中，施工人员不仅要注意本人的安全，更要注意周围其他人员的安全。

## 五、安全技术措施

**1. 危险源的识别**

危险源辨识清单见表 6-7。

表 6-7　危险源辨识清单

| 序号 | 生产服务活动过程 | 危险源 | 可能导致的风险 | 类别 | 控制方法 |
|---|---|---|---|---|---|
| 1 | 现场排水 | 用电不规范 | 触电 | 重大 | 电源流动箱采取漏电保护；绝缘吊绳线缆的架设和保护，专人操作 |
| 2 | | 防护缺陷 | 孔洞坠落 | 一般 | 加盖板，设警告标志交底检查 |

| 序号 | 生产服务活动过程 | 危险源 | 可能导致的风险 | 类别 | 控制方法 |
|---|---|---|---|---|---|
| 3 | 基坑开挖及围护 | 防护缺陷 | 机械伤害 | 重大 | 划出安全操作区,设专人指挥 |
| 4 | | | 坠落 | 重大 | 基坑周围设防护栏,挂安全网 |
| 5 | | 未按设计、施工方案施工 | 坍塌 | 重大 | 严格按方案施工,按规定放坡,保证围护施工质量,加强监测 |
| 6 | | 坑边超载 | 坍塌 | 重大 | 指定堆载区域,设限载牌 |
| 7 | | 坑边运输车辆行驶 | 坍塌 | 重大 | 指定车辆行驶路线,设置障碍 |
| 8 | | 侧壁渗漏、涌水 | 坍塌 | 重大 | 停止开挖,先引流后封堵,严重时采取降水措施 |
| 9 | | 基底流砂、管涌 | 坍塌 | 重大 | 停止开挖,抢浇垫层,严重时立即回填土方,采取降水措施 |
| 10 | | 用电不规范 | 触电 | 重大 | 电源流动箱采取漏电保护;绝缘吊绳线缆的架设和保护,专人操作 |
| 11 | | 机械操作失误 | 机械伤害 | 重大 | 按设备操作规程操作,加强管理 |
| 12 | 周围环境 | 机械操作不当 | 机械伤害 | 重大 | 检查机械限转装置、保护构件 |
| 13 | | 临近的地下管线破坏 | 管线设施破坏 | 重大 | 严格按照地勘说明,规范开挖 |
| 14 | | 道路损坏、变形 | 塌陷 | 重大 | 加强道路监测及巡查工作 |
| 15 | | 道路烟尘及噪音 | 环境污染 | 重大 | 加强道路洒水及道路垃圾清理工作 |

2. 其他安全措施

特殊工种的操作人员必须进行上岗前培训,持证上岗,定期进行体格检查。

配备安全消防器材,符合安全标准,并设置专人管理。

施工现场的临建设施和生活住房必须符合安全防火标准,不准使用油毡与易燃材料搭设临建,并应按规定配备消防器材。

基坑周边挂设明显的安全警示标志。

## 六、监测控制措施

① 基坑工程监测工作应贯穿于基坑工程和地下工程全过程。基坑工程在开挖施工过程中必须由具备相应资质的第三方单位对基坑支护体系和周边环境安全进行有效监测,并通过监测数据指导基坑工程的施工全过程。

② 监测单位在现场踏勘、资料收集后,应根据基坑工程重要性等级和基坑设计要求编制监测方案。

③ 监测单位应严格实施监测方案。当基坑工程设计或施工有重大设计变更时,监测单位应与建设方及相关单位研究后及时调整监测方案。

④ 基坑工程监测期间,建设方、施工方、监理方应协助监测单位保护监测设施。

⑤ 基坑工程监测项目:支护桩顶部水平及竖向位移、支护桩侧向变形(深层水平位

移)、支护桩内力、地表竖向位移、邻近建(构)筑物水平及竖向位移、倾斜、邻近地下管线水平及竖向位移、围护体系裂缝、邻近建(构)筑物裂缝、地表裂缝。

⑥ 基坑工程施工开始前，应进行周边环境的调查及鉴定工作；基坑工程施工和使用期内，每天应由专人对支护结构、施工情况、周边环境、监测设施等进行巡视检查，并做好记录，发现异常和危险情况，应及时反馈给建设方和其他相关单位。

⑦ 基坑工程至少应有 3 个稳定、可靠的点作为变形监测网的基准点，在施工场地和降水影响范围外设置；在施工前埋设，并经观测确认其稳定后，方可投入使用。

⑧ 监测频率应能准确反映支护结构、周边环境的动态变化，宜采用定时监测，当有危险事故征兆时，应实时跟踪监测。

⑨ 各监测项目在基坑工程施工前，或基坑开挖前，应测定初始数据，且不应少于 3 次。

⑩ 各监测项目的监测频率应根据其施工工况按表 6-8 确定。当监测数据变化较大或者速率加快，监测值达到或接近报警值、遇不良天气状况，存在勘察未发现的不良地层，或出现其他影响基坑及周边环境安全的异常状况时，应适当加密。

表 6-8　施工工况监测频率表

| 施工工况 | 监测频率 |
|---|---|
| 支护结构的施工期 | 影响明显 3~4 次/周影响不明显 1 次/周 |
| 基坑开挖至结构底板浇筑完成后 3d | 1 次/1d |
| 结构底板浇筑完成后 3d 至地下结构施工完成 | 1~2 次/周 |

⑪ 监测报警值应由变化速率与累计变化值控制。

⑫ 基坑支护工程监测项目的报警值见表 6-9。

表 6-9　基坑支护工程监测项目的报警值

| 序号 | 监测项目 | 报警值 | |
|---|---|---|---|
| | | 速率/(mm/d) | 累计值/mm |
| 1 | 地面水平、竖向位移(沉降) | 连续三天 4 | 40 |
| 2 | 桩顶水平、竖向位移 | 连续三天 4 | 40 |
| 3 | 邻近建(构)筑物水平、竖向位移、倾斜 | 连续三天 3 | 32 |
| 4 | 钻孔灌注桩内力 | 设计控制值的 80% | |
| 5 | 邻近管道(如有)水平、竖向位移 | 连续三天 2 | 24 |
| 6 | 邻近电力管道水平、竖向位移 | 连续三天 3 | 32 |
| 7 | 邻近建(构)筑物裂缝、地表裂缝 | 出现裂缝并持续发展 | |

注：除表中监测项目外，每天应专人进行现场目测观察，对异常情况做详细记录。

⑬ 监测技术成果应包括监测日报表、阶段报告和最终报告；监测资料应真实、客观、准确，并使用正规的监测记录表格、数据整理及时。

⑭ 阶段报告应对各监测项目的监测值的变化进行分析、评价及发展预测，提出相关的

设计和施工建议。

⑮ 基坑监测结束时，应提交完整的监测总结报告。

⑯ 监测人员应及时提供监测资料，应重视监测数据的综合分析，当观测数据出现异常时，应进行必要的复测，并分析原因，指导现场信息化施工。

⑰ 当监测数据接近或达到报警值时，必须立即进行报警，及时通报基坑工程参与各方及有关部门，并应对基坑支护结构和周边环境所保护对象采取相应应急措施。

## 七、现场应急措施

① 现场应配备一定数量的砂包、木桩、钢管、水泥、水泵、喷浆设备等应急物资。

② 围护施工应急措施：

a. 钢管倒塌：在施工作业区拉设安全警示区，要求在操作区 5m 范围内不得有无关人员。若发生钢管倒塌事件，第一时间疏散作业人员，同时第一时间上报有关部门并救助被困人员。

b. 土体位移变形过大：发现土体位移较大时，在相应部位快速设置槽钢支撑，或采取卸土，并同时停止开挖，待位移速率稳定后，再继续挖土。若排桩、支撑、立足、放坡出现位移或沉降过大，应及时坑外卸土，坑内进行土方回填。

c. 临近道路、管线的位移、沉降、裂缝。监测单位应对临近道路、管线、房屋加强监测，如果出现超过监测值的应马上报警，通知各方主体，施工单位立即停止开挖，防止临近道路、管线、房屋位移、沉降、裂缝的出现或加大。当周边建筑和道路变形接近或超预警值时，应立即暂停土方开挖或围护结构施工，然后通知相关单位协商共同处理，并增加监测频率。

临时可采取的应急措施有：

（a）向坑内进行回填土，增设木桩、增加角撑、斜撑、土钉等，坡顶有堆载时应立即卸载。

（b）对有裂缝的路面应立即采用纯水泥浆或 1：1 水泥砂浆进行灌缝。

d. 暴雨、水淹。如遇下雨天，有土裸露处应覆盖塑料薄膜或彩条布，并加强施工现场或基坑内的排水。

雨季施工时，如发生较大的降雨，导致坑内进水较多，应根据实际情况做相应的止水、排水措施。首先加密监测频率，如发现局部位置位移变化较大，应做加固处理。其次，准备一定数量的沙包，阻止地表水进一步向基坑流入，另外准备一定数量的抽水泵，待雨停后进行抽水，避免长时间侵泡坑内土体，并根据监测情况，控制抽水速率。

③ 周边建筑和道路险情应急措施：

a. 当周边建筑和道路变形接近或超预警值时，应立即暂停围护结构施工，然后通知相关单位协商共同处理，并增加监测频率。

b. 临时可采取的应急措施有：向坑内进行回填土，增设木桩、增加角撑、斜撑、土钉等，坡顶有堆载时应立即卸载。

c. 对有裂缝的路面应立即采用纯水泥浆或 1：1 水泥砂浆进行灌缝。

# 第七节　其他相关措施

## 一、工期保证措施

施工进度计划的控制是一个循环渐进的动态控制过程，施工现场的条件和情况千变万化，对于这个工程的特殊性，确保整个工程的施工进度保持一致，项目经理部要及时了解和掌握与施工进度有关的各种信息，不断将实际进度与计划进度进行比较，一旦发现进度拖后，要分析原因，并系统分析对后续工作会产生的影响。调整施工人员，并针对技术、质量、安全、文明施工、后勤保障工作，配置技术负责人主抓分项工作。

在施工生产中影响进度的因素纷繁复杂，如设计变更、技术、资金、机械、材料、人力、水电供应、气候、组织协调变更等等，要保证目标总工期的实现，就必须采取各种措施预防和克服上述诸多因素，其中从技术措施入手是最直接有效的途径之一。

① 建立严格的《施工日记》制度，逐日详细记录工程进度，质量、设计修改、工地洽商和现场清障等问题，以及工程施工过程必须记录的有关问题。

② 定期召开协调会，由项目经理主持，项目部管理人员及各班组负责人参加，听取工程施工进度情况汇报，协调工程外部关系，解决工程内部矛盾，对前阶段工程进度中出现的问题进行分析提出整改和调整意见，制定下一阶段工程进度计划。

③ 做好人力、物力和机械设备的准备，确保工程一环扣一环地紧凑施工。对于影响工程施工总进度的关键项目、关键工序，技术负责人和有关管理人员跟班作业，必要时组织有效力量，加班加点突破难点，以确保工程进度计划的实现。

④ 设计变更因素是进度执行中最大干扰因素，其中包括工艺改变引起工程量变更增加施工工作量，以及土质因素引起设计变更或桩有效长度调整造成增量，打乱施工流水节奏，致使施工减速、延期甚至停顿。针对这些现象，项目经理部要通过理解图纸与业主意图，进行自审、会审和与设计院交流，采取主动的态度，最大限度地实施事前预控，把影响降到最低。

⑤ 保证资源配置：

a. 劳动力配置：在保证劳动力的条件下，优化工人的技术等级和思想、身体素质的配备与管理。以均衡流水为主，对关键工序、关键环节和必要工作面根据施工条件及时组织抢工期。

b. 材料配置：按照施工进度计划要求及时进货，做到既满足施工要求，又要使现场无太多的积压，以便有更多的场地安排施工。

c. 机械配置：为保证本工程的按期完成，配备足够的中小型施工机械，不仅满足正常使用，还要保证有效备用。另外，要做好施工机械的定期检查和日常维修，保证施工机械处于良好的状态。

d. 资金配置：根据施工实际情况编制月进度报表，根据合同条款申请工程款，并将预付款、工程款合理分配于人工费、材料费各个方面，以使施工顺利进行。

e. 后勤保障：后勤服务人员要做好生活服务供应工作，重点抓好吃、住两大难题，工地食堂的饭菜要保证品种多、味美价廉，供应时间要随时根据施工进度进行调整，高温季节保证茶水供应足够，并发放防暑降温饮料、用品。

## 二、文明施工措施

① 根据各有关部门要求及本工程的标准须做好路面的卫生保洁工作。所有运土汽车在出场前均须对汽车进行清泥处理，防止将泥土带上公路。对于场区大门外的一段路面，在挖运土阶段，设专人进行日常维护清理，确保市容的整洁。

② 施工排水不得乱排乱放，须按照施工方案布局排入指定的井道或河浜内。

③ 本工程施工标准参照临海市文明工地有关规定实施。

④ 生活区与办公区分隔，施工区与生活、办公区分隔，认真搞好职工宿舍文明管理。

⑤ 加强治安保卫工作。积极配合有关部门做好综合治理及治安防范工作，加强公民遵纪守法教育，做到发案率为零的治安标准。

⑥ 强化门卫管理制度，加大出入工地登记检查的力度，确保工地的生产秩序。

## 三、施工环保措施

① 施工废水在排入河流以前应经过过滤、沉淀或其他有效方法处理，以减少沉淀物对河流的污染；对废弃的土方统一堆放、整平，做好排水设施，以避免冲刷水土流失。对来自生活区、办公区和施工区的污水经过净化处理，并经检验符合环保标准后才能排放。

② 对施工的废物和垃圾，要求集中放置，并及时处理或运至监理工程师和当地环保部门同意的地点放置，如无法及时处理或运走，则必须加以掩盖以防散失。为了防止施工扬尘影响空气质量，规定所载松散性材料不准高出货箱顶部，当运输易飞扬的材料时，应加以覆盖以防尘土飞扬，储存松散和易飞扬材料地点应位于避风处。此外，要及时清理施工现场，安排专人、专车加强对所需机耕道、便道清扫养护，路堤施工时应伴以洒水，以保证材料潮湿，避免尘土飞扬。

③ 在噪声污染防治方面，尽量避免夜间施工。无法避免夜间施工时先申请夜间施工许可证，一切施工噪声都应尽力避免，通过有效的管理和技术手段将施工噪声降低到最低程度。环保工作由专职安全员兼职，每月一次向项目经理会议提出书面报告，各施工队在环境保护目标责任制约束下开展工作。

# 第七章

# 降排水措施

## 第一节　地下水的不良作用

在地下水位较高的透水土层(如砂类土及粉土)中进行基坑开挖施工时，由于坑内外的水位差大，较易产生潜蚀、流砂、管涌、突涌等渗透破坏现象，导致基坑侧壁失稳，直接影响到建筑物的安全。

### 一、潜蚀

渗透水流在一定的水力梯度下产生较大的动水压力，冲刷、挟走细小颗粒或溶蚀岩石体，使岩土体中的孔隙逐渐增大，甚至形成洞穴，导致岩土体结构松动或破坏，以致产生地表裂缝、塌陷，影响建筑工程的质量。在黄土和岩溶等地区的岩土层中最易发生潜蚀作用。

潜蚀分机械潜蚀和化学潜蚀两种。在地下渗透水流的作用下，产生岩土体中细小颗粒的位移和淘空现象称为机械潜蚀；易溶盐类(如方解石、菱镁矿、白云石等)在流动水流的作用下，尤其是在地下水循环比较剧烈的地域，盐类逐渐被溶解或溶蚀，使岩土体颗粒间的胶结力被削弱或破坏，导致岩土体结构松动，甚至破坏，这种现象称为化学潜蚀。机械潜蚀和化学潜蚀一般是同时进行的，且二者是相互影响、相互促进的。

潜蚀产生的条件主要有二：一是有适宜的岩土颗粒组成，二是有足够的水动力条件。具有下列条件的岩土体易产生潜蚀作用。

① 岩土层的不均匀系数 $C_u$ 愈大，愈易产生潜蚀作用，一般当 $C_u > 10$ 时，易产生潜蚀。

② 两种互相接触的岩土层，当其渗透系数之比 $K_1/K_2 > 2$ 时，易产生潜蚀。

③ 当地下水流的水力梯度 $i >$ 岩土的临界水力梯度时，易产生潜蚀。

产生潜蚀的临界水力梯度可按下式计算

$$i_0 = (G_s - 1)(1 - n) + 0.5n \tag{7-1}$$

式中　　$G_s$——岩土颗粒相对密度；

　　　　$n$——岩土孔隙度。

### 二、流砂

流砂是指松散细颗粒被地下水饱和后，在动水压力即水头差的作用下，产生的悬浮流动现象。在工程上，当基坑开挖至某一深度时，地下水产生自下而上的渗透压力，当此渗透压力达到土的浮重度时，土粒处于漂浮状态，此时坑内土体变成类似于液体的沸腾状态，故流砂亦有"砂沸"之称。这时若继续开挖，则因土不断上涌而无法增大挖深，而且人立于坑底将会陷入土中，如图7-1所示。

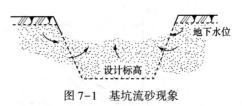

图7-1　基坑流砂现象

①　土层由粒径均匀（不均匀系数 $C_u$<5，一般在1.5~3.2）的细颗粒组成（一般粒径在0.01mm以下的颗粒含量在30%~35%以上），土中含有较多的片状、针状矿物（如云母、绿泥石等）和附有亲水胶体矿物颗粒，从而增加了岩土的吸水膨胀性，降低了土粒重量。

②　土的渗透系数较小，排水条件不通畅时，易形成流砂。

③　砂土的孔隙率 $n$ 愈大，愈易形成流砂，一般认为，当 $n$>43%时，易产生流砂。

④　土的含水量>30%。

⑤　土层厚度>25cm。

⑥　水力梯度较大，流速增大，当动水压力超过土颗粒重量能使土粒悬浮时，土颗粒会随着地下水流入基坑，这时的水力梯度称为临界水力梯度。

## 三、管涌

地基土在具有某种渗透速度（或梯度）的渗透水流作用下，其细小颗粒被冲走，岩土的孔隙逐渐增大，慢慢形成一种能穿越地基的细管状渗流通路，从而淘空地基，使地基变形、失稳，这种现象称为管涌。在基坑开挖抽水时，很容易出现大的水力坡降，产生紊流，如果围护桩有间隙，未采取止水措施，坑外地下水通过这些间隙向坑内渗流，并不断带出泥沙，使渗水通道逐渐扩大，最终导致大量泥沙突然涌出，坑外地面产生严重塌陷。

管涌多发生在非黏性土中，其特征是：颗粒大小比值差别较大，往往缺少某种粒径，磨圆度好，孔隙直径大而且相连通，细粒含量较少，不能全部充满孔隙；颗粒多由密度较小的矿物构成，易随水流移动，有较大的和良好的渗透水流出路等。具体条件包括：

①　土由粗颗粒（粒径为 $D$）和细颗粒（粒径为 $d$）组成，且 $D/d$>10。

②　土的不均匀系数 $C_u$>10。

③　两种相互接触土层渗透系数之比 $k_1/k_2$>2~3。

④　渗透水流的水力梯度 $i$>土的临界水力梯度 $i_0$。

确定产生管涌的临界水力梯度的方法有以下几种：

①　根据公式计算确定，计算公式同式（7-1）。

②　根据土中细粒含量确定，管涌破坏的临界水力梯度与土中细颗粒含量关系见图7-2。应用图7-2时须注意：当土中细粒含量>35%时，由于趋向于流砂破坏，应同时进行对流砂可能性的破坏评价。

③　根据土的渗透系数确定。管涌破坏的临界水力梯度与土的渗透系数关系见图7-3。

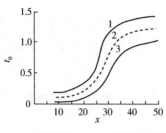
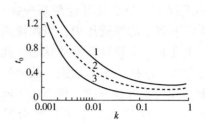

$x$—细微含量(%); $i_0$—临界水力梯度
1—上限; 2—中值; 3—下限

$k$—渗透系数(cm/s); $i_0$—临界水力梯度
1—上限; 2—中值; 3—下限

图7-2　临界水力梯度与细粒含量关系　　图7-3　临界水力梯度与渗透系数关系

应用上述方法确定的临界水力梯度在进行基坑渗流管涌稳定性计算评价时，应考虑采用一定的安全系数。对于管涌安全系数可取大于1.5修正后的水力梯度(称为允许水力梯度)。根据渗透系数确定允许水力梯度的经验值见表7-1。

表7-1　允许水力梯度经验值

| 土的渗透系数/(cm/s) | 允许水力梯度/% | 土的渗透系数/(cm/s) | 允许水力梯度/% |
|---|---|---|---|
| ≥0.5 | 0.1 | 0.0250.005 | 0.20.5 |
| 0.50.025 | 0.10.2 | ≤0.005 | ≥0.5 |

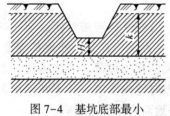

图7-4　基坑底部最小
不透水层的厚度

## 四、突涌

当基坑下有承压水存在，开挖基坑减小了含水层上覆不透水层的厚度，厚度减小到一定程度时，承压水的水头压力能顶裂或冲毁基坑底板，造成突涌现象。基坑突涌将会破坏地基强度，并给施工带来很大困难。

# 第二节　基坑降水方法简介

## 一、明沟排水

### (一) 明沟排水的适用条件

明沟排水是指在基坑内设置排水明沟或渗渠和集水井(见图7-5)，然后用水泵将水抽出基坑外的降水方法。明沟排水(简称明排)一般适用于土层比较密实，坑壁较稳定，基坑较浅，降水深度不大，坑底不会产生流砂和管涌等的降水工程。当具备下列条件时，一般可以采用明沟排水方案。

#### 1. 地质条件

场地为较密实的、分选好的土层，特别是带有一定胶结度或黏稠度的土层时，由于其

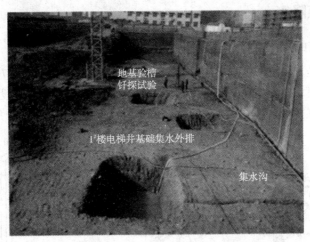

地基验槽
钎探试验

1#楼电梯井基础集水外排

集水沟

图 7-5　集水井照片

渗透性低，渗流量较少，在地下水流出时，边坡仍稳定，即使在挖土方时，底部可能会出现短期翻浆或轻微变动，但对地基无损害，所以适宜明排；当地层土质为硬质黏土夹无水源补给的砂土透镜体或薄层时，由于在基坑开挖过程中，其所储存的少量水会很快流出而被疏干，有利于明排；在岩石土质中施工时，一般均可以进行明排。

2. 水文条件

场地含水层为上层滞水或潜水，其补给水源较远，渗透性较弱，漏水量不大时，一般可以考虑采用明排降水。

3. 挖土方法

当采用拉铲挖斗机、反向铲和抓斗挖土机等机械挖土时，为避免由于挖土过程中出现的临时浸泡而影响施工，对含水层为砂、卵石的降水工程，也可以采用明排降水。

4. 其他条件

当基坑边坡为缓坡或采用堵截隔水后的基坑时；当建筑场地宽敞，邻近无建筑物时；当基坑开挖面积大，有足够场地和施工时间时；建筑物为轻型地基荷载等条件下，采用明排降水的适用条件可以扩大。

明沟排水的抽水设备常用离心泵、潜水泵和污水泵等，以污水泵为好。

**(二) 明沟排水工程的布置**

随着基坑的开挖，当基坑深度接近地下水位时，沿基坑四周(基础轮廓线以外，基坑边缘坡脚 0.3m 内)设置排水沟或渗渠，在基坑四角或每隔 30~40m 设一直径为 0.7~0.8m 的集水井，沟底宽大于 0.3m，坡度为 0.5%~1.0%，沟底比基坑底低 0.3~0.5m，集水井底比排水沟底低 0.4~1.0m。集水井容积大小取决于排水沟的来水量和水泵的排水量，宜保证泵停抽后 30min 内基坑坑底不被地下水淹没。随着基坑的开挖，排水沟和集水井随之分级设置与加深，直到坑底达到设计标高。基坑开挖至预定深度后，应对排水沟和集水井进行修整完善，沟壁不稳时还须利用砖石干砌或用透水的砂袋进行支护。

## 二、轻型井点降水

### （一）轻型井点的降水原理及适用条件

轻型井点抽水是真空作用抽水，如图7-6所示，实体照片如图7-7所示。轻型井点由井点管、过滤管、集水总管、支管、阀门等组成管路系统，并由抽水设备启动，在井点系统中形成真空，并在井点周围一定范围形成一个真空区，真空区通过砂井扩展到一定范围。

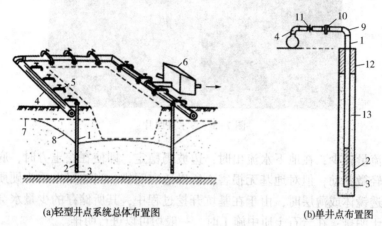

(a)轻型井点系统总体布置图      (b)单井点布置图

图7-6　轻型井点系统

1—井点管；2—过滤管；3—沉淀管；4—集水总管；5—连接管；6—水泵房；7—静水位；

8—动水位；9—弯头；10—支管；11—阀门；12—黏土；13—砾料

### （二）轻型井点工程的布置

轻型井点系统的平面布置由基坑的平面形状、大小，要求降深，地下水流向和地基岩性等因素决定，可布成环形、U形或线形等，一般沿基坑外缘1.0~1.5m布置。当降水基坑为矩形、圆形、三角形，或呈不规则形状时，常采用环形封闭式或U形井点布置。当降水深度在6m以内时，采用单级井点降水。当降水深度较大时，可采用下卧降水设备或多级井点降水，如图7-8所示。

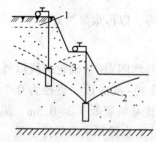

图7-8　二级轻型井点系统的布置

1—地下水静止水位；2—从第二级抽水时地下水位的降落曲线；3—从第一级抽水时地下水位的降落曲线

图7-7　轻型井点降水照片

### 三、喷射井点降水

喷射井点系统由高压水泵、供水总管、井点管、喷射器、测真空管、排水总管及循环水箱所组成，如图7-9所示。

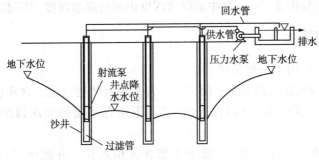

图 7-9　喷射井点降水示意图

喷射井点降水设备较简单，排水深度大，可达8~20m，比多层轻型井点降水设备少，基坑土方开挖量少，施工快，费用低。本工艺标准适用于基坑开挖较深、降水深度大于6m、土渗透系数为3~50m/d的砂土或渗透系数为0.1~3m/d的粉土、粉砂、淤泥质土、粉质黏土中的降水工程。

### 四、电渗井点降水

电渗井点降水一般只适用于含水层渗透系数较小(0.1m/d)的饱和黏土，特别是在淤泥和淤泥质黏土中的降水。由于黏性土的颗粒较小，地下水流动十分困难，其中仅自由水在孔隙中流动，其他部分地下水则处于被毛细管吸附的约束状态，不能在压力水头作用下参与流动，当向土中通以直流电流后，不仅自由水，而且被毛细管约束的枯滞水也能参与流动，增加孔隙水流动的有效断面，其渗透性提高数十倍，从而缩短降水时间，提高降水效果。

### 五、管井降水

#### (一)管井降水原理及适用条件

管井降水方法即利用钻孔成井，多采用单井单泵(潜水泵或深井泵)抽取地下水的降水方法。当管井深度大于15m时，也称为深井井点降水。管井井点直径较大，出水量大，适用于中、强透水含水层，如砂砾、砂卵石、基岩裂隙等含水层，可满足大降深、大面积降水要求。

#### (二)管井防水工程的布置

管井一般沿基坑周围距基坑外缘1~2m布置，如场地宽敞或采用垂直边坡或有锚杆或土钉护坡等条件下，应尽量距离基坑边缘远些，可为3~5m；在基坑边部设置围护结构及止水帷幕的条件下，可在基坑内布置管井，采用坑内降水方法。

管井的间距和深度应根据场地水文地质条件、降水范围和降水深度确定。井间距一般为 10~20mo 当降水层为弱透水层或降水深度超过含水层底板时，井间距应缩小，可为 6~8m；当降水层为中等透水层或降水深接近含水层底板时，井间距可为 8~12m；当降水层为中等，强度透水层，含水层厚度大于降水深度时，可为 12~20m；当降水深度较浅，含水层为中等以上透水层，具有一定厚度时，井间距可大于 20m。井点深度要大于设计井中的降水深度或进入非含水层中 3~5m，井中的降水深度由基坑降水深度、降水范围等计算确定。

## 七、自渗井点降水

自渗井点降水法适用于下列条件：

① 在降水范围内的地层结构为三层以上，含水层有两层以上，含水层之间为相对隔水层(以粉质黏土为主)或隔水层(以黏土为主)。下层含水层的埋深以距离基坑底 5~20m 为宜。

② 下层含水层的水位(或水头)低于上部含水层水位，并低于基坑施工要求降低的水位。

③ 下层含水层渗透系数大于上层含水层的渗透系数，且具有一定厚度(一般大于 2m)，能消纳的水量大于或等于降水深度内的基坑涌水量。

④ 上层地下水的水质未受污染，符合引入下层地下水的要求。

这种降水方法是近年来发展起来的一种新型井点降水方法，具有施工简单、快速，不用抽水设备，不排水，不耗能，不占用场地，便于管理，成本低等优点。

## 八、综合井点降水

对于一些特定的水文地质条件和工程有特殊要求，采用某一种井点降水难以取得满意的降水效果的情况，可以同时采用两种或多种降水方法，如管井与轻型井点降水相结合，喷射井点和电渗井点降水相结合，管井与引渗砂砾井相结合，轻型井点与喷射井点降水相结合等。下面介绍渗、抽结合的降水方法。

在具备一定自渗条件，但自渗后的水位降深不能满足降水要求，或降水面积较大，光靠周边围降不能使基坑中部的降水深度及降水时间满足设计、施工要求时，可以采用砂砾井或管井引渗配合轻型井点或管井抽水来达到降水目的。

当场地具备浅层自渗条件，但自渗后的水位埋深高于降水深度或降水面积大时，沿基坑四周或中部布置砂砾引渗井，以降低上层滞水水位，并于基坑四周边缘适当增加管井抽取下部砂层的地下水，以加深引渗井中的混合水位，从而达到设计降水深度和保证降水工期的要求。两种井的间距和深度应根据场地水文地质条件及降水要求确定，可参照以上相同井点布置。

当场地具备深层自渗条件，但降水深度很大，或降水面积很大时，可在基坑周边或中部布置引渗管井，以降低上层滞水和中部潜水含水层中的水位，再选用部分管井作为抽水井，抽取下部承压(潜水)含水层中的地下水，以满足降水要求。此方法可以将地下水位降至 20m 以下。

当上层滞水或潜水含水层埋藏较浅，其含水层为粉、细砂，基坑深度进入第二含水层或以下时，虽然具备深层自渗条件，但只有引渗管井难以有效地疏干含水层，常常引起边坡或桩间土的坍塌。因此，采用引渗管井降低地下水位，再用轻型井点疏干上层滞水或潜水的残留水，以保证降水效果和边坡稳定。

# 第三节　降水方案设计

## 一、井点降水方法的选择及降水工程的布置

### （一）降水方法的选择

在查明降排水区的水文地质条件和明确降水任务要求的基础上，参考表7-2选择合适的降水方法。由于各种降排水方法具有一定程度的通用性，在具体选择时应做方案比较，以期得到经济合理的降水效果。

表7-2　常用降排水方法和适用条件

| 降水办法 | 降水深度/m | 渗透系数/cm/s | 适用地层 |
|---|---|---|---|
| 集水明排 | <5 | | |
| 轻型井点<br>多级轻型井点 | <6<br>610 | $1\times10^{-7} \sim {}^{2}\times10^{-4}$ | 含薄层粉砂的粉质黏土，黏质粉土，砂质粉土，分细砂 |
| 喷射井点 | 820 | | |
| 砂（砾）渗井 | 按下卧导水层性质确定 | $>5\times10^{-7}$ | |
| 电渗井点 | 根据选定的井点确定 | $<1\times10^{-7}$ | 黏土，淤泥质泥土，粉质黏土 |
| 管井（深井） | >6 | $>1\times10^{-6}$ | 含薄层粉砂的粉质黏土，砂质粉土，各类砂土，砾砂，卵石 |

### （二）降水工程的平面布置

1. 根据形状布置

降水工程的几何图形是多样的，但井点布置基本上可分为两种形式：块状的基坑采用环形封闭式，条状的基坑采用直线形式的布置方法。

（1）环形封闭式平面布置

凡基坑呈块状的均宜采用封闭式井点布置。当遇有降水面积大，封闭式井点布置因跨度大不能满足降水要求时，可分块进行抽水。

（2）线形平面布置

当降水工程基坑为条状图形时，如管沟、电缆沟、运河、水渠等工程，均采用线形布置井点。究竟采用单排或采用双排（坑二侧）井点布置，需视工程特点而定。当基坑宽度不大于5m及地下水位降低又不超过4m时，一般均采用单排井点布置。

## 二、辐射井点降水

### （一）辐射井点降水的原理及适用条件

辐射井点降水是在降水场地设置集水竖井，于竖井中的不同深度和方向上打水平井点，使地下水通过水平井点流入集水竖井中，再用水泵将水抽出，以达到降低地下水位的目的。该降水方法一般适用于渗透性能较好的含水层（如粉土、砂土、卵石土等）中的降水，可以满足不同深度，特别是大面积的降水要求。

### （二）辐射井点降水工程的布置

辐射井点降水的竖井和水平井点设置，应根据场地水文地质条件、降水深度和降水面积等综合考虑确定。

集水竖井一般设置在基坑的角点外 2~3m，竖井直径 3~5m，深度超过基坑底 3~5m。对于长方形基坑，可在对角设置两个集水竖井；当基坑长度较大时，可在一长边的两个角和另一边中部各设置一个集水竖井；当基坑长度大于 100m 时，可按 50~80m 间距设置一个竖井。对于正方形基坑，其边长大于 40m，可在基坑的四个角设置竖井。当降水面积特别大时，除在周边按 50~80m 间距布设竖井外，还可以在基坑中部设置临时降水井点。

水平井点在集水竖井内施工，其平面位置一般沿基坑四周布设，形成封闭状。当面积较大或降水时间要求紧时，可在基坑中部打入水平井点，形成扇形状。

降水工程，根据井点布置在坑外或坑内又可划分为三种类型：坑外降水、坑内降水及坑外与坑内相结合降水。

1. 坑外降水

坑外降水即将井点布设在基坑以外，适用于以下条件：

① 当坑壁不设围护结构时，地下水将向井内渗流，在坡趾附近易产生渗流破坏，宜采用坑外井点降水方案。

② 基坑底部以下有承压含水层，需降水深度较大时，宜采用坑外降水。

③ 当基坑周围环境容许降水，或坑外降水对邻近地面无大影响时，可在坑外降水。当含水层分布均匀时，可沿基坑边缘外侧平均等距离布置；当含水层分布不均匀时，在主要富水地段加密布设。在基岩裂隙水场地，重点布置在补给与排泄处。

2. 坑内降水

坑内降水即将井点布置在基坑内部。在基坑边部设置围护结构及止水帷幕的条件下，采用坑内降水方案，可减少降水的总出水量，缩小降水的影响范围，减小坑外的水位下降及相应的地面沉降，井点布置多呈网格状或梅花状。

3. 坑内与坑外相结合降水

采用坑外降水时，若基坑宽度较大，也可以在基坑内布置少量降水井点。

## 三、降水对邻近建筑物的影响与预防措施

在降水过程中，常会带出很多土粒，使抽水影响范围内的地基强度下降，由于含水层中的水源源不断地排出地表，使建筑物地下地基原来的地层平衡受到破坏；另外，由于基

坑开挖，使裸露地段的地层失去压力平衡，导致邻近建筑物地基受到破坏。这些情况均会使邻近建筑物发生或增大不均匀沉降甚至倾斜、倒塌。

下面是几种有效的预防措施：

① 减少基坑周围的静、动荷载。对于轻型井点，尽量采用一级轻型井点降水；对于管井井点降水法应尽量采用潜水泵抽水。

② 缩短降水时间，加快基础工程施工进度，提高降水速度。

③ 防止抽水过程中将土粒或砂粒带出。根据砂土粒径选择过滤管，限制滤水管进水速度，保证一定的填粒厚度，使砂粒或土粒带出的可能性降低到最低程度。

④ 对建筑物地基进行防护，用旋喷桩或注浆加固等，在建筑物周围形成帷幕以保护其地基不受破坏。

⑤ 井点管布置在基坑内侧。采用地下的连续墙、混凝土板桩及钢板桩作为挡土支护结构系统时，井点管布置在基坑内侧，降水时，可减少对基坑外侧的影响。

⑥ 采用井点降水与回灌技术相结合方法。回灌技术（见图 7-10）是指除降水井点外，在需要保护的建筑物或构筑物附近靠近基坑一侧，在降水井点布置线外侧，埋设井点管，采用人工回灌水的方法，保持原建筑物地基中地下水位的基本稳定。

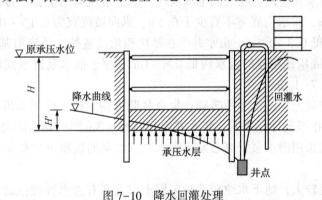

图 7-10 降水回灌处理

## 四、降水工程设计书的编写

降水工程设计书是降水工程施工的依据和总体调度方案，故编制好设计书是完成降水工作的关键性环节，应予以充分重视。

### （一）设计书的内容

① 降水工程的任务：包括任务来源、降水范围、降水深度和工期要求等。

② 降水区的自然地理概况：包括降水区的位置状况、地形、水文、气象、交通及周围环境状况等。

③ 工程地质及水文地质条件：包括地层分布、岩性、结构、含水层类型、富水性、地下水的补给、径流、排泄条件和动态特征等。

④ 降水方案设计：降水方法的选择，降水设计方案的计算与优化。

⑤ 降水施工技术要求：钻探施工技术要求，井点管结构设计要求，下管、填砾、洗井要求，设备安装与管理要求，降水场地的供排水部署和要求。

⑥ 降水监测与管理：降水期间的水位、流量观测要求，观测资料的整理与分析。

**（二）编制附图**

① 降水区的平面图：包括基坑、井点、观测孔、泵组设置及排水布置等。

② 降水区剖面图：包括水文地质剖面、降水孔及降水浸润曲线。

③ 降水井点与观测孔结构图等。

# 第四节　降水工程施工工艺

## 一、集水坑明沟排水

① 在基坑底或开挖面，沿基坑边一侧、二侧、四周或中央设排水明沟（分普通明沟排水和分层明沟排水两种，见图 7-11 和图 7-12），在基坑四角或坑边设置集水井，使地下水沿排水沟流入集水井中，然后用抽水设备抽出基坑外。

② 排水沟和集水井应设置在基础范围以外，地下水流向的上游。排水沟边缘离开基坑坡脚应不少于 0.3m，排水沟底宽不宜少于 0.3m，纵向坡度宜为 0.1%~0.2%，沟底面应比基坑底面或开挖面低 0.3~0.5m。集水井除在基坑四角设置外，还应沿基坑边每隔 30~40m 设置一个，集水井底应比相连的排水沟低 0.4~1m 或深于抽水泵进水阀的高度，集水井直径（或边长）宜为 0.7~1.0m。

③ 排水沟可挖成土沟，也可用砖砌；集水井壁可砌干砖，或用木板、竹片、混凝土管支撑加固；当基坑挖至设计标高时，集水井底宜铺约 0.3m 厚的碎石滤层。

④ 排水设备宜采用潜水泵、离心泵或污水泵，水泵的选型可根据排水量大小及基坑深度选用。

⑤ 当基坑深度较大，地下水位较高且多层土中上部有透水性较强的土层时，可在边坡不同高度分段的平台上设置多层明沟，分层排除上部土层中的地下水（即分层明沟排水法）。

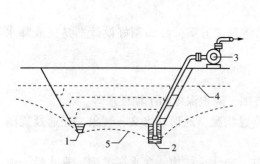

图 7-11　普通明沟排水方法
1—排水明沟；2—集水井；3—水泵；
4—原地下水位线；5—降低后地下水位线

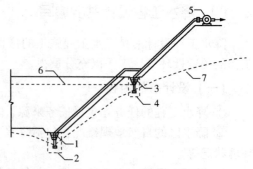

图 7-12　分层明沟排水法
1—底层排水明沟；2—底层集水井；3—层排水沟；
4—二层集水井；5—水泵；6—原地下水位线；
7—降低后地下水位线

## 二、井点降水

### （一）成孔方法

成孔方法分为人工成孔法、机械钻孔法和水冲法。其中机械钻孔法分为钢绳冲击钻、螺旋、正循环和反循环回转钻进方法。

### （二）成井工艺

成井工艺包括成孔后的冲孔换浆、井管安装、填砾、孔口封闭止水和试抽。

#### 1. 冲孔换浆

如果采用无循环液钻孔法和水冲法成孔，可直接用清水进行冲孔，使孔内渣物含量降到最低程度。若采用泥浆作为循环液钻孔法成孔，则用稀泥浆冲孔。冲孔换浆目的就是使孔内干净，冲掉井壁上的泥皮，增加出水量。

#### 2. 井管安装

井管一艇分为井壁管、滤水管和沉砂管。井壁管起护壁和输水的作用；滤水管起过滤和疏导含水层中水的作用，沉砂管起沉淀水中泥沙的作用，以防堵塞过滤管，保证水畅通和清洁。滤水管一般为包网滤水管或贴砾滤水管。滤水管所下到的位置与滤水管长度、孔隙、含水层厚度等因素有关。一般含水层很薄或涌水量很大时，要将整个滤水管对准含水层。当含水层很厚时，滤水管长度小于含水层厚度，此时过滤管要下到含水层厚度的3/5处。

#### 3. 填砾

填砾是对滤水管周围进行人工填料，使之在滤水管和地层之间形成一个人工过滤层，以增大滤水管周围有效孔隙率，减少进水时水头损失、稳定含水层、增大降水井出水量。砾料为浑圆形河砂为好，有一定的级配要求。

#### 4. 孔口封闭止水

填砾后，应进行孔口封闭止水。止水的目的是使降水井形成真空以防止抽水时漏气，另外还可以防止地表水和泥土进入井内。止水的方法就是将黏土或黏土球均匀地投入井管和井壁之间并分层捣实。

#### 5. 试抽

试抽就是在正式抽水之前进行的短期抽水过程。试抽的目的，一是检查已完成的降水井出水量如何，并根据抽水情况检查抽水设备及管路是否运转正常；二是在试抽过程中对降水井进行洗井，防止泥沙淤井并增加降水井出水量。

# 第五节　金台铁路临海南站站场工程防护措施

## 一、编制说明

### （一）编制依据

① 本工程招标文件、投标文件及投标施组、答疑文件、设计文件及施工图纸；

② 有关专家对该工程总体施工策划及重点、难点工程施工方案的指导意见(如设计交底)、建筑物使用功能、安全功能要求;

③ 建筑业 10 项新技术,现行的国家、行业、浙江省及临海市的有关规定、规程和标准以及强制性条文的规定;

④ 现行的国家、行业、浙江省及临海市的安全生产、文明施工的规定;

⑤ 国家现行的相关技术规范及行业标准要求等。

⑥ 公司现有的企业标准、规章制度;

⑦ 施工合同、施工项目工程量清单、补遗、答疑及设计图纸等;

⑧ 相关规范标准,本项目引用规范标准如下(但不限于此):

《工程测量规范》GB 50026—2016

《给水排水管道工程施工及验收规范》GB 50268—2008

《地基与基础工程施工及验收规范》GB 50209—2018

《建筑基坑支护技术规范》JGJ 120—2012

《建筑地基处理技术规范》JGJ 79—2012、J220—2012

《混凝土结构工程施工及验收规范》GB 50204—2015

《混凝土质量控制标准》GB 50164—2011

《普通混凝土用砂、石质量标准及检验方法》JGJ 52—2006

《普通混凝土用碎石和卵石质量标准及检验方法》JGJ 53—92

《混凝土外加剂应用技术规范》GB 50119—2013

《钢筋机械连接通用技术规程》JBJ 107—2010

《砌体结构工程施工质量验收规范》GB 50203—2011

《屋面工程技术规范》GB 50345—2012

《钢结构焊接及验收规程》JGJ 81—2003

《冷弯薄壁型钢结构技术规范》GB 50018—2016

《混凝土结构设计规范》GB 50010—2010

《钢结构施工及验收规范》GB 50205—2002

《钢结构防火涂料应用技术规范》CECS 24

《门式刚架轻型房屋钢结构技术规程》GB 51022—2015

《钢结构高强度螺栓连接的设施工及验收规程》JGJ 82—91

《涂装前钢材表面锈蚀等级和除锈等级》GB 8923

《施工现场临时用电安全技术规范》JGJ 46—2005

《建筑施工高处作业安全技术规范》JGJ 80—2016

《建筑机械使用安全技术规范》JGJ 33—2012

《建筑内部装修设计防火规范》GB 50222—2017

《建筑装修工程质量验收规范》GB 50210—2001

《民用建筑工程室内环境污染控制规范》GB 50325—2010

《采暖通风与空气调节设计规范》GBJ19—2003

《建筑电气工程施工质量验收规范》GB 50303—2015

《建筑给水排水及采暖施工质量验收规范》GB 50242—2002

《通风与空调工程施工质量验收规范》GB 50243—2016

《火灾自动报警系统设计规范》GB 50116—2013

《火灾自动报警系统施工及验收规范》GB 50166—2007

《自动喷水灭火系统施工及验收规范》GB 50261—2017

集团通过的同类项目施工经验以及通过认证的三体系文件：质量管理体系文件、环境管理体系文件、职业健康安全管理体系文件。

### （二）编制范围

本工程为金台铁路临海南站站场工程，项目位于浙江省临海市江南街道下东山村、罗家坑村，包括但不限于公交调度室、风雨廊、公交车站台、消防控制室、公共卫生间、地下室、铺装、绿化、道路、雨污水、废水、景观电气、景观给水等工程内容。上述项目设计施工图及工程量清单所示全部工程内容。

### （三）设计概况

主体结构设计使用年限：50 年；

项目设计规模等级：大型；

建筑耐火等级：一级；

建筑防水等级：屋面防水等级为一级；地下室防水等级为二级；配电间为一级；

结构形式：钢筋混凝土框架结构；

抗震设防烈度：6 度。

工期目标

① 计划工期：四个月。

② 计划竣工日期：2020 年 9 月 30 日。

③ 质量要求：符合现行国家有关工程施工验收规范和标准的要求（合格）。

## 二、工程概况

### （一）项目概况

① 建设地点：临海市江南街道下东山村、罗家坑村。

② 主要工程内容包含：施工范围为金台铁路临海南站站场工程，包括但不限于公交调度室、风雨廊、公交车站台、消防控制室、公共卫生间、地下室、铺装、绿化、道路、雨污水、废水、景观电气、景观给水等工程内容。

③ 建设规模：本项目采用框架结构，总建筑面积约 18478.13m²（地上一层约 557.96m²，地下一层约 17920.17m²）；室外绿化面积约 31330m²，金岭路绿化面积约 1200m²，站场道路面积约 19000m²，金岭路道路面积约 24000m²，铺装面积约 13000m²。

### （二）控制和重难点工程分析与对策

1. 工程特点分析

① 由于本工程靠近市区主要街道，且周围存在居民区，扰民及夜间施工要求严格：基坑土石方开挖不得在晚上施工；另本工程地下室建筑面积较大，主体施工阶段连续浇筑混

凝土必然造成夜间施工，如何协调进度要求与扰民之间的矛盾尤为重要。

② 本工程工期较紧且安全文明施工要求高，所以在保证施工进度的同时做好安全文明施工，如何平衡生产，是一个重点，也是一个难点；另外作业班组选择也是一个关键点，必须采用公司合格名录里的优秀班组，从根本上提供保障。

③ 本工程施工占地面积较大，但施工布置有效利用场地紧缺，合理、紧凑地布置施工平面，有效规划施工用地及施工临时道路，有序组织人、机、料的入场，避免因施工总平面布置不良而造成人、机、料的施工混乱，从而影响进度计划及工程施工质量，是本工程施工组织管理的关键。其中因为场地紧张，混凝土浇筑机械布置必须考虑与材料运输的协调，尽量使混凝土浇筑时间与材料进场时间错开，避免泵机的架设而影响材料运输。

④ 本工程总建筑面积约 18478.13m² (地上一层约 557.96m²，地下一层约 17920.17m²)，室外绿化面积约 31330m²，金岭路绿化面积约 1200m²，站场道路面积约 19000m²，金岭路道路面积约 24000m²，铺装面积约 13000m²，钢筋、水泥、砂石、商品混凝土、沥青混凝土等原材料和钢管、模板等周转材料的供应对于工程施工相当重要。施工过程中必须充分做好原材料及周转材料的需用计划，保证工程施工的需要。

⑤ 本工程地下室、室内(卫生间)、屋面等部位防水较多；楼面部分的穿墙、板管、后浇井道板、埋设件、孔口等特殊部位的细部构造多，施工时必须保证质量。

⑥ 由于本工程为框架结构，混凝土现浇量较大，施工采用的模板尺寸应精确，支撑体系应保证稳固、安全并保证施工进度的需要，保证砼浇注质量，是本工程的关键。

⑦ 本工程施工时应密切配合给水、排水、电气等各工种的设计说明及图纸，预留出设备管线的穿墙洞、预埋件等；做好预埋件的防锈处理，不得事后随意打洞和返工。

⑧ 本工程施工时专业分工多，交叉作业多，重点是做好交叉作业工序配合，防止随意拆改，并做好交叉作业安全管理。

**（三）工程施工的重难点及解决办法**

1. 质量控制

分析：本工程质量管理的特点有：主体结构质量需做到外美内坚，屋面、外墙、卫生间需杜绝渗漏，斜屋面施工须做到质量可靠。

对策：

根据 ISO9001 系列标准和程序文件，结合本工程特点并根据以往同类工程的经验，编制项目质量保证计划，建立管理机构，完善各项质量管理制度，以"过程精品"确保"精品工程"。

（1）施工准备阶段

进场后对各种质量因素进行识别，在施工前编制本工程《质量管理手册》。将本工程列为重点工程，并选派素质高且具有大型工程施工经验和创过省部级以上优质工程的管理人员组成项目经理部，配备创过省部级以上优质工程的劳务作业队伍。

（2）基础结构施工阶段

针对工程的工期紧、同时作业面大等特点，强化质量节点控制、消除质量通病，设立若干质量控制点，如：地下室防水施工、底板混凝土施工控制、钢结构吊装固定、机电安装管道预埋等。

（3）主体结构施工阶段

① 大梁施工重点控制混凝土浇筑密实度，采取搭设操作平台方便工人操作，保证振捣质量。

② 梁、柱倒角施工质量控制采用定型 PVC 倒角条。

③ 控制高大混凝土柱施工的垂直度，做好大跨度混凝土梁混凝土施工策划。

（4）机电安装及装饰装修阶段

① 本阶段专业分工多，交叉作业多，重点是做好交叉作业工序配合，防止随意拆改。

② 本阶段现场大量设备进场，成品保护工作尤其重要。

③ 安装设备多，通过设置设备通道、留置吊装洞口、搭设安装平台等措施配合设备安装就位，保证安装质量。

（5）联合调试及竣工验收阶段

本阶段重点做好成品保护管理。

（6）其他

成立成品保护管理机构，各施工区设置专职成品管理员，做好成品保护教育工作，加强过程监督控制。

2. 安全文明施工

分析：本工程施工面积大，工期紧，资源投入量大，交叉作业多，安全管理点多面广，管理难度大。如地下室建筑面积大、群塔作业；砌体及粗装施工阶段临边及洞口多安全防护面大；机电安装及装饰施工阶段专业分包交叉作业多，用电量大，机械设备多；投入木料多、动火点多等消防管理难点。

对策：

（1）施工准备阶段

对各种安全因素进行识别，对于模板工程、起重吊装工程、脚手架工程以及其他危险性较大的工程将在施工前单独编制安全专项施工方案，并附安全计算书，组织专家进行论证审查。制定各项应急预案，建立应急救援小组。

（2）基础结构施工阶段

本工程基坑开挖深度较深，需做好基坑临边安全防护，并制定基坑应急方案，加强基坑监测，制定应急措施。

（3）主体结构施工阶段

施工中拟采用满堂架支撑体系。本工程投入塔吊 3 台，加强不同塔吊高低避让、信号管理，做好群塔作业各项安全管理措施。

（4）机电安装及装饰装修阶段

① 本阶段专业分工多，交叉作业多，重点是做好交叉作业安全管理。

② 本阶段装饰装修材料多，应特别加强消防安全管理及措施。

③ 交叉作业多，工人登高作业应特别注意安全，佩戴全身式安全带。

（5）联合调试及竣工验收阶段

本阶段重点做好现场的治安保卫，做好成品安全管理。

（6）消防安全管理

① 现场布置消防环路，沿拟建建筑物周边设置消防环网，布设消防立管从室外引入楼层，考虑在相应楼层设置足够数量的消防水箱，保证消防用水出管压力。

② 成立消防管理机构和现场消防检查小组，每天对各作业面进行巡视。生活区每栋宿舍楼设消防安全管理员一名，负责本栋宿舍消防检查与管理。

③ 定期对施工人员组织消防知识培训、消防应急演练等活动。

（7）其他

现场作业面大、工期紧、投入机械多、用电量大，施工全过程均应加强用电安全管理。

3. 施工进度目标

分析：本工程需与金台铁路同步完成，工作内容包括公交调度室、风雨廊、公交车站台、消防控制室、公共卫生间、地下室、铺装、绿化、道路、雨污水、废水、景观电气、景观给水等工程内容，工程规模大，需采取措施确保总工期及节点工期。

对策：

（1）施工准备阶段

在投标阶段，施工单位已做好项目领导班子、主要管理人员、优质施工班组调派，做好了待命进场准备；同时做好了机械设备进场准备；保证一旦中标进场可立即完成现场交接。

（2）基础施工阶段

进场后进行交接桩，完成后立即测量放线进行地下室基坑开挖，同时开始箱涵基础施工。

（3）主体结构施工阶段

保证施工中最充足投入劳动力、施工机械、材料；为本工程设立专项账户，并已根据进度计划做好前两个月施工周转资金保障。现场计划配置塔吊、吊车作为垂直运输机械。

采用引进快拆模体系，加快拆模进度；拆模从首层开始，一旦具备工作面，砌体工程立即插入。做好季节性施工，保证连续施工措施。

（4）机电安装及装饰装修阶段

粗装修随砌体进度分区插入跟进，机电管线安装及时插入。土建专业及时移交作业面，为安装施工创造条件。外围砌体完成后建筑外装修与室内装修同步进行。本阶段施工前应提前完成相关各专业深化设计，完成各专业接口策划，保证施工顺利进行。

（5）联合调试及竣工验收阶段

提前编制综合调试施工方案，重点做好成品保护，以施工过程质量为基础，为顺利通过专项验收及竣工验收打下基础。

4. 技术类

（1）混凝土底板、楼板表面平整度和密实度控制

分析：根据设计图纸，本工程底板或楼板表面平整度控制要求高。地下室分区段进行浇筑，每个区段混凝土连续浇筑，需做好混凝土缝裂控制。

对策：

① 增加底板标高控制点，参考设计要求，设置控制网为 2m×2m。

② 在底板钢筋绑扎时，加密设置混凝土浇筑标高控制措施钢筋。

③ 采用多功能自动激光铅直仪，进行水平面基准实时测控现浇混凝土标高，进行混凝土浇筑标高控制和收光。

④ 混凝土表面压光，统一由专门压光收面混凝土班组施工，操作工人为经专门培训的熟练技术工人。

⑤ 施工过程中混凝土通过设置钢管导轨，长刮尺刮平后，在初凝前用专用机械收光机进行表面磨光。

⑥ 进行底板、楼板钢筋穿插搭接深化设计，保证钢筋叠放的高度和适当的混凝土保护层。

⑦ 对于主次梁钢筋交错搭接，钢筋翻样时应尽可能避免设置绑扎接头，减少双倍钢筋的重复交错；无法避免时，宜采用直螺纹套筒机械连接，防止钢筋搭接后高出混凝土面。

⑧ 对柱、剪力墙底部插筋，采用两次复核的办法保证插筋精度，一次在底部插筋前由班组定位好后，另一次在混凝土浇捣前对插筋定位再次复核，避免后期墙柱模板安装偏位造成跑模、漏浆影响与楼板交接根部平整度。

⑨ 墙柱模板底部采用海绵条堵缝，减少砼浇捣水泥浆的流失，减少污染。

⑩ 筏板、楼板混凝土浇捣后，在其上覆盖 9mm 多层板进行保护，室内满堂架钢管底部采用木方铺垫，做好混凝土层面成品保护。

⑪ 模板支架拆模时，钢管扣件经人工递送后进行集中堆放，及时转运至楼外，不允许自由下坠砸坏地面。

（2）地下室、屋面、外墙防水施工

分析：地下室、屋面、外墙、卫生间防水直接影响使用功能，而防水工程是施工质量问题频发所在。

对策：

① 施工前，材料选购和送检严格按市有关规定执行。

② 对施工人员进行详细的技术交底，充分领会设计意图和施工工艺要求。

③ 施工中将选派有丰富施工经验、责任心很强的技术干部和领工员进行现场指导和监督。

④ 施工完毕后将严格按规定的程序进行检查和检验，确保施工质量。

（3）安装工程预留预埋及各专业管道管线的综合布置

分析：

① 预留预埋属于工程前期主体阶段，其质量的好坏对后续工作有着决定性的影响。预留预埋阶段普遍存在漏留孔洞、漏埋套管或者预留预埋位置不准确的通病，造成后期安装时二次凿墙钻洞，不但耽误工期，还影响使用功能甚至破坏结构，留下不少质量隐患，这将是安装工程的施工重点。

② 在安装工程中，水电井内管道或管线集中、种类繁多、大小不一、材质多样、支管及附件复杂、施工作业条件差、安全隐患多，是安装工程的施工难点之一。

③ 公共过道里水电暖管道种类及尺寸较多，吊顶空间有限，综合管线如何合理布置将是安装工程施工的难点。

④ 水泵房及空调机房的管线规格及数量较大，设备较多，泵房及机房的空间一般比较

有限，能否有效合理地安装布置将是安装工程的又一施工难点。

对策：

管道及管线的综合排布是否合理将对安装的前期预留预埋及后期安装能否顺利安全施工、能否合理降低成本、是否方便检修、是否美观等方面起决定性作用，因此，要解决安装工程前期预留预埋的准确性及后期的安装施工难点，关键在于搞好管道及管线的综合排布；我们在施工前预先组织专业的工程师利用电子版设计图纸和计算机 CAD 及 BIM 设计技术，主动针对机电工程的各专业管线位置进行合理的深化布置，同时针对各专业施工工序进行合理安排，力求最大限度地实现设计与施工之间的合理衔接，有效地协调各机电专业的有序施工，弥补设计的一些遗漏和不足。

## 三、建设项目所在地区特征

### （一）气候特点

本项目场区临海市属亚热带季风性湿润气候，四季分明。年平均气温 17℃，全年积温 5370℃，无霜期 241 天，平均蒸发量 1231.4mm，属湿润地区。1 月平均气温 5.8℃，7 月平均气温 28℃；年降水量 1550mm，5~6 月为梅雨季节，7~9 月以晴天为主，夏秋之交台风活动较频繁。

### （二）地质情况

场地土的类型为中软土，属抗震一般地段。不存在岩溶现象，不良地质作用不发育。本场地为基本稳定场地，工程建设适宜性为较适宜。场地地下水主要为上层滞水和岩溶裂隙水两种类型。拟建场地地表水、地下水对混凝土及钢筋混凝土结构中的钢筋具微腐蚀性。拟建场地土对混凝土及钢筋混凝土结构中的钢筋具微腐蚀性。抗浮设计水位取拟建建（构）筑场外整平标高。

### （三）施工材料条件

本项目混凝土采用外购商品混凝土；砌块可就近采购；省内水泥生产厂家众多，可选择质量稳定的大厂产品；钢材资源可供考虑的市场有临海市场。

### （四）水电通信条件

1．工地用水

项目位于临海市江南街道下东山村、罗家坑村，市政供水管网完备，施工用水及生活用水采用市政管网供水。

2．工地用电

沿线生产、生活用电可直接连接现有电网，工程用电需与电力部门协商解决，本区域电力供应相对充足。施工现场配备足量的发电机组以满足特殊情况下临时用电需要。

3．施工通信

本项目位于临海市江南街道下东山村、罗家坑村，无线信号覆盖到位；施工中与外部联系主要依赖互联网及移动电话，内部施工时中短距离信息交流采用对讲机。

### （五）交通运输条件

本工程施工现场外部道路通畅，施工出入口已开通，施工场地内修建临时道路满足施工需要。

## 四、施工组织整体安排

### (一) 总体施工规划

**1. 总体思路**

施工顺序：本项目工程量大，工期要求较紧，为保证按期竣工就必须精心组织平面流水、立体交叉作业。根据本项目工程的结构特点及工期要求，总体施工原则是先地下后地上、先主体后装修、先土建后安装、先室内后室外的顺序施工。尽量加快主体结构施工进度，为装饰装修及各专业设备安装留有足够的时间和空间。

**2. 施工阶段划分**

根据本工程的特点，将本工程施工过程分为 4 个阶段：

① 施工准备阶段(包含项目经理部组建、人员机械进场、交桩及控制网复测、临建施工等)；

② 主体结构施工阶段(包含各地下室框架结构、±0.00 以上钢筋混凝土框架结构、钢结构预埋及砌体结构施工)；

③ 装饰装修、设备安装施工阶段(包含各楼装饰、安装工程、室外附属等)；

④ 竣工验收阶段(包括联动调试、竣工清理、竣工验收等)。

**3. 施工顺序**

本工程的总体施工程序为："先地下，后地上；先主体，后装饰；先土建，后安装；先建筑，后绿化"。主体施工期间安排安装预留预埋配合，安装与土建穿插配合。

金岭路工程遵循"先地下，后地上；先主道，后辅道"的施工原则，根据本工程的特点，施工时首先安排充足的人力、物力以尽可能短的工期完成路堑土石方开挖、涵洞、排水明渠、路堤填筑施工，当路基土石方施工基本完毕时，及时展开雨污水工程、路面工程及绿化工程的施工。

各分部分项工程施工流程如下：

(1) 地基与基础施工流程

施工现场进行采集原地貌→土石方施工→基础施工→地下室防水施工→地下室主体结构施工。

(2) 主体结构层施工流程

钢筋混凝土结构：抄平放线→柱绑筋、支模(验收)→柱浇混凝土、养护、拆模→梁板支模、扎筋(各专业预留预埋)→验收、浇混凝土、养护→梁板支撑、模板拆除→向上提升周转使用。

(3) 安装工程施工流程

各专业工种施工准备→预留预埋→各工种预制件加工→支、吊、托架安装→各工种管道(线槽)安装→设备安装(电气配管配线及灯具安装)→管道、设备试压检验(电阻测试)→管道系统试压冲洗(通电调试)→单机调试→系统调整测试→竣工验收。

（4）内装修施工流程

结构处理→放线→安装门窗框→水电、设备管线安装→内墙抹灰→吊顶→楼地面基层→安装门窗扇→内墙抹面→地面面层→踢脚线→门窗五金→油漆涂料→灯具、开关安装→清理。

（5）外装修施工流程

结构处理(屋面完成后)→安装门窗框→抹底子灰→外墙保温、防水→饰面施工→交接收口→清理。

（6）绿化施工流程

地形细整→定点放线→乔木栽植→灌木种植→地被草坪栽植→施工期养护→养护管理期养护→竣工验收移交。

（7）道路施工流程

1）路基工程

测量放线→清表(或道路)→路堑开挖(或路堤填筑)→整平→碾压→路基压实度试验→路基整修。

2）涵洞工程

测量放线→地基处理→箱涵施工→防水及沉降缝施工→涵背回填。

3）排水工程

施工放样→开挖沟槽→管道安装→浇筑检查井、溢流井、跌水井、雨水口施工→闭水试验→回填。

4）路面工程

施工放样→路床整形碾压→碎石底基层施工→水泥稳定碎石基层(水泥混凝土基层)施工→沥青混凝土面层施工→人行道块料铺设及路缘石安砌。

## （二）项目组织管理机构

针对本项目的特点，按照项目法施工组建项目经理部，全面负责本合同执行中的有关技术、工程进度、现场管理、质量检验、结算与支付等方面的工作。根据本项目实际情况，实行"项目经理部-施工班组"的管理模式。

项目经理部领导班子由项目经理和技术负责人组成。项目经理代表法人负责全面履行合同，按合同约定组织工程实施、完工及缺陷修复。项目经理部采用大部制管理模式，下设"四部"即建设管理部、财务会计部、计划合同部、综合保障部，其中工程管理部、安质部、实验室、测量队统一编制为建设管理部，物资采购部及综合办公室编制为综合保障部。

项目经理部及承担施工的专业施工班组，从全公司抽调具有丰富的工程施工经验、专业技术能力强、综合素质高的工程管理和技术人员参与项目管理、施工。按专业化的原则组织施工，施工人员进场先进行安全生产、质量意识、施工规范、操作规程、验收标准、治安消防、法则法规、文明施工、安全维护、环境保护等教育。

## （三）主要岗位管理职责

### 1. 项目经理

主持全面工作，全面履行项目合同，对工程质量、安全、工期和成本控制全面负责；

负责项目经理部内部行政管理工作。贯彻执行国家和地方政府的有关法律、法规和政策，建设单位的各项管理制度。项目经理要向项目管理人员解释和说明项目合同、项目设计、项目进度计划配套计划、协调程度等文件。

2. 技术负责人

技术负责人是本项目技术工作的主要组织者，对本项目技术工作负领导责任。负责组织编写"施工组织设计"，组织技术人员进行图纸汇审，提出设计变更。组织施工并组织解决施工中遇到的技术难题，确保按质、按量、按期完成合同任务；主管技术管理工作，积极采用"四新"成果，推进技术进步与提高工程质量相结合；定期组织施工检查，对施工进度、质量和现场管理存在的问题及时采取措施，并验证效果。负责组织并督促在工作项目上贯彻执行国家及上级有关技术政策、技术标准及技术管理制度。

负责建立健全工作项目技术工作岗位及责任制，建立健全技术管理制度，有切实可行的保证措施，将科技工作纳入领导议事日程。

3. 后勤保障部

① 负责物资供应和设备管理。主要职责是：建立物资、机械设备、零配件供应保障系统，并负责物资的采购、看管与运输。负责汇总和编制材料采购计划，明确采购产品和技术标准的性能，并签订采购合同。对购进的材料质量负责，验收材料质量保证书、合格证，并配合试验室进行抽检。负责工程施工所需物资的采购、供应工作。对现场材料进行产品标识。参与设备的调遣、安装、检验、验证、标识及记录，定期向项目经理和质检工程师提供有关机械完好率、技术条件状况的报告。参与工程项目验工计价，对各施工单位的材料消耗和机械使用费用情况提出意见，评价各单位机械设备管理情况。负责处理项目部一切日常工作，负责党政、文秘、接待及对外关系协调等工作。下设治安室配合当地公安部门做好项目部的安全保卫工作；卫生所负责工地的消毒、员工医疗、事故救治及流行病的预防。做好群众宣传，深入细致地做好群众工作。

② 全面负责征地拆迁及对外协调工作，负责与业主、地方各级政府及其相关部门进行沟通、对接，协调解决征地拆迁及施工中遇到的需协调的相关工作。

4. 建设管理部

① 负责组织编制施工进度计划、劳动力、材料、设备、资金、技术等生产要素需用计划。负责项目的施工生产调度及现场管理，主管施工组织设计的实施及调整，负责协调各部门、各施工班组的关系，组织召开工程例会，及时沟通与业主、监理的联系，解决好施工生产的协调与调整工作。全面负责项目的技术管理工作，主管图纸审核、岗前培训、技术交底，进行临时工程设计，制定施工技术方案、工艺细则及应急方案等。保证各项技术工作规范、科学、正确、有序开展，为每道工序生产合格产品提供可靠的技术保证，参与工程质量的评定与验收，对各种工程技术问题的准确性、完整性负责。推广新材料、新技术、新工艺、新设备的应用等。负责工程全部施工图纸及技术资料的收集、管理、归档、保存，以及竣工文件的编制等工作。负责施工信息的收集、传递，负责项目信息系统的建设与维护。

② 负责工程的测量工作，负责施工前接桩复测和控制点位测量网布设。负责工程项目控制贯通测量和所有分项工程定位测量和竣工测量。落实项目测量设备的请领、维修、送

检、填写台账及按时上报有关资料。组织本级测量设计，编制测量组织方案、技术保障措施。负责项目工程原始资料的整理、保管，按要求及时整理竣工资料。协同技术安质人员进行项目工程质量控制与检测，按要求进行项目其他相关测量工作。指导和检查队级测量工作，并对队级测量结果进行复核检查确认。

③ 依据安全目标制定本项目的安全管理规划，负责安全综合管理，编制和呈报安全计划、安全技术方案等具体的安全措施，并认真贯彻落实。组织定期安全检查和安全抽查，发现事故隐患，及时监督整改。负责安全检查督促，对危险源提出预防措施，制定抢险救灾预案。定期组织对所有参建员工进行安全教育。依据质量方针和质量目标，制定质量管理规划，负责质量综合管理，行使质量监察职能。按照质量检验评定标准，对本项目全部工程质量进行检查指导；负责全面质量管理，负责本项目环境保护和水土保持工作。建立健全环境保护责任体系。制定具体详细的环保、水保规划与措施，并督促各施工班组抓好贯彻落实，确保施工不对当地环境造成任何损害。负责本项目施工过程中的文物保护工作。

④ 负责工程项目检验、试验、交验及不合格产品的检验控制，按检验评定标准对施工过程实施监督并对检验结果负责。负责现场各种原材料试件和混凝土试件的取样和测试。负责工程项目的计量测试工作，并负责工程项目的检验测量和试验仪器的核定、校准及使用管理。组织落实工程施工观测和数据处理。配合各科研项目完成试验工作，做好资料整理及分析。

5. 计划合同部

依照合同法负责劳务合同、内部承包合同的制定、签定和管理。负责本项目进度目标的分析和论证、编制进度计划、定期跟踪进度计划的执行情况、采取纠偏措施，并根据施工进度计划和工期要求，适时提出计划修正意见报项目经理批准执行。负责验工计价工作，指导开展责任成本核算工作。及时汇总，向业主报送有关报表和资料。

6. 财务会计部

负责本工程项目的财务会计、承包合同、成本控制、成本核算工作。参与合同评审，组织开展成本预算、计划、核算、分析、控制、考核工作。按照财务法负责本项目资金管理，确保项目建设资金专款专用。

（四）劳动力配置计划

根据本工程专业特点及施工内容，选择高素质的施工作业队伍进行该工程的施工。选择劳务队伍时优先采用具有类似工程丰富施工经验的劳务队伍。另外，根据专业技术特点，将由公司选拔抽调技术水平高的人员加入到项目部，所有参加人员都必须参加过类似工程的施工，确保优质、高效、安全地完成施工任务。

（五）项目过程管控措施

1. 阶段控制质量措施

根据项目特点由项目经理主持编制项目质量计划，质量计划体现从工序、分项工程、分部工程到单位工程的过程控制，且体现从资源到完成工程质量最终检验和试验全过程控制。在实施过程中，项目质量管理严格执行三阶段控制质量程序，即事前控制、事中控制、事后控制，通过三阶段控制，确保工程质量控制始终处于监控状态。

（1）施工准备阶段的质量控制

施工合同签订后开工前，依据 ISO9000-2000 标准，结合工程特点，收集图纸、技术资料和相关工程技术标准等规范，指定专人管理；制订项目质量计划，做好机构设置、建立试验室、配备专业人员、对施工材料进行调查和检验、施工设备选型、场地布置、技术交底、规范标准和图表选定等工作。编制测量控制方案，经项目技术负责人复核、批准后方可实施，之后依据合同要求、设计文件和设计技术交底以及工程控制要点、重点、难点进行复测，当发现问题时，应与设计单位协商处理，并应形成会议纪要；组织相关部门及相关人员对图纸进行审核，对测量控制点进行复测，发现有差错或与现场实际情况不符的，提出书面意见，及时通知监理、勘察设计和建设单位，并应形成会审记录；按质量计划中工程分包和物资采购规定，按照企业《程序文件》等相关规定选择并评价专业施工班组和供应单位，并应保存评价记录；对全体施工人员分专业、分工种进行质量知识教育培训，并应保存培训记录。特殊作业、关键工序要编制作业指导书。

## （六）主要进度指标及分项工程施工进度计划

① 本工程计划竣工日期为 2020 年 9 月 30 日（与金台铁路工程同步完工），根据工期安排，目前桩基进度在可控范围内。

② 剩余主要工程及计划安排时间：

分部分项名称起止时间—结点时间

地下室桩基工程 4 月 30 日—6 月 10 日

基础承台 5 月 24 日—6 月 25 日

地下室底板混凝土浇筑 6 月 20 日—7 月 14 日

站场地下室顶板施工 7 月 10 日—8 月 11 日

地下室砌体结构施工 7 月 25 日—8 月 20 日

地下室回填 8 月 14 日—8 月 22 日

箱涵工程 5 月 15 日—6 月 29 日

排水工程 6 月 29 日—8 月 10 日

金岭路路面基础 6 月 29 日—7 月 15 日

金岭路路面施工 7 月 17 日—8 月 10 日

地下室装修 8 月 14 日—8 月 22 日

绿化及铺装 8 月 22 日—9 月 21 日

水电安装 8 月 14 日—9 月 15 日

地下室涂料 9 月 14 日—9 月 26 日

工程扫尾 9 月 21 日—9 月 27 日

竣工验收 9 月 27 日—9 月 30 日

## （七）施工总平面图布置

### 1. 施工平面图布置原则

尽量减少用地，布置紧凑；合理组织运输，减少运输费用，保证运输通畅；符合施工流程要求，减少交叉影响；利用已有设施，减少临时设施投入；便于生产生活；满足安全要求。

2. 施工现场总平面布置图概括

已建及拟建构筑物、市政道路、地上地下管线位置及尺寸；垂直运输设备布置及作业覆盖范围；临时设施布置位置，包括用地范围、施工通道、加工场地、设备位置、材料堆场、水源及管线布置、电源及管线布置、行政办公用房、生活用房、消防等；场内控制测量点位置等。

3. 施工现场总平面布置图内容

（1）项目经理部办公用房

项目经理部拟设于场区西北侧，沿金岭路布设，采用集装箱式活动板房，板房材料采用岩棉夹芯材质，其芯材的燃烧性能为 A 级。共建 1 栋集装箱式活动房，分为办公、会议、卫生间。办公楼为两层结构，会议室及办公室设在一层、二层；卫生间为一层结构。办公条件基本满足试验段施工管理人员使用，场内空地处种植花草，场内地面采用混凝土进行硬化，硬化厚度 250mm。

办公区主要设综合保障部、建设管理部、计划合同部、财务会计部、项目经理、技术负责人及会议室等。

各办公室门口应设名牌。房间净空高度应控制在 2.5m 以上，室内具备办公条件，岗位职责、有关制度图表上墙，设施良好，文件资料归档整齐。项目经理部人均办公用房面积一般不小于 8m²。

会议室一般情况下不小于 30m²，配备必要的会议桌和椅子。项目部组织机构和质量、安全保证体系组织机构、创优和创精品工程规划、重点工程形象进度图等制度要上墙。

（2）垂直运输

施工现场根据本项目具体情况配置 3 台塔吊，组织整个现场的垂直运输工作。

塔吊均布在地下室内侧，在开始施工基础时安装，便于安装使用。

（3）加工场地及材料堆放场地

钢筋加工场：根据本项目现场情况，布置 2 处钢筋加工场，采用标准定型化钢筋加工棚。

堆放场所：在塔吊覆盖范围内，设置各种堆放场地，以塔吊能直接吊运所辖分区需用的各种周转料具，原材料、成品和半成品为原则，分设各种堆放点。

（4）围墙、道路护栏

本项目施工围挡沿用地红线布置，修建临时围墙作场地维护，外涂刷宣传性标语或企业标志。本项目设置二个大门，位于设计规划临时道路与金岭路交叉口，便于土石方及施工材料的运输，并在大门一侧设置单位铭牌，门口处设置门卫值班室。

（5）道路、通道

从工地大门引入主要通道，穿越整个场地，基础施工阶段引入基坑道路。施工道路 6m 宽，其做法为：基层夯实、上铺 300mm 厚碎石层碾压密实、面层为 200mm 厚 C30 素混凝土清光，基坑内道路 5m 宽，其做法为：基层夯实、上铺 300mm 厚碎石层碾压密实。

（6）基坑围栏和防护棚

① 基坑围栏：桩基、地下室工程施工期间，沿基坑四周布设一道封闭的防护围栏，用

φ48×2.7 钢管搭设，围栏高度 1.5m，设置两道水平栏杆，满挂密目安全网。

② 塔吊基础周边防护，采用 2.9m×2.9m，高度 1.8m，并设门。

③ 防护棚：±0.00 以上施工阶段，在钢筋制作场、人货电梯口、通道口均搭设双层钢管防护棚。

（7）绿化

① 在进入场内的大门处开始至项目部办公区，按 3m 间距摆放花卉。

② 办公区域空地进行全面绿化。

③ 根据现场实际情况，规划布置固定绿化区域及绿化带，同时根据迎检等要求规划临时绿化区域。

（8）施工临时用水

建筑工地临时供水主要包括：生产用水、生活用水和消防用水三种。

生产用水包括工程施工用水、施工机械用水。

生活用水包括施工现场生活用水。

根据总平面图布置和用水情况，自水源用 DN75 干管做环行布置，接至养护室、厕所、现场材料仓库、木工加工棚、钢筋加工棚以及建筑物附近。

市政水有时候难免供水不足或出现故障断水，因此在现场预备一个轻型胶质水桶，平时装满水，以防停水时救急使用。

（9）施工临时用电

施工用电以采取地方电网供电为主，柴油发电机组为辅的供电方式；根据施工用电高峰期用电量，结合现场功能区域的划分，设置 1 个配电室，由甲方提供的电源引接，现场配电箱的数量和位置将根据不同施工阶段进行配置。用电设备严格执行"三级配电、两级漏电保护"，做到"一机一闸一漏一箱"，即每台用电设备设置专用开关箱。

提前编制详细的临时用电专项方案，用来指导临时用电施工、维护、拆除等。临时用电设施安装完毕必须进行验收，合格方可投入使用。

4. 施工平面管理办法

① 施工平面管理由项目经理总负责，由建设管理部、综合保障部组织部门实施，按平面分片包干管理措施进行管理。

② 施工现场按照总公司 CI 标准设置"八牌二图"。即工程概况、施工进度计划、文明施工分片包干区、质量管理机构、安全生产责任制、施工总平面图等。

③ 按照总体规划要求做好平面布置，切实做到工完场清，施工垃圾集中堆放，及时清运，以保持场容整洁。

④ 施工围墙严格按照 CI 标准修建，高度不低于 2.5m，并按公司 CI 标准进行粉刷。

⑤ 大门整洁醒目，形象设计有特色，"八牌二图"齐全完整。

⑥ 材料堆放场地

a. 施工及周转材料按施工进度计划分批进场，并依据材料性能分类堆放，标识清楚。做到分规格码放整齐，稳固，做到一头齐、一条线。

b. 施工现场材料保管，将依据材料的性质采取必要的防雨、防潮、防晒、防火、防爆、防损坏等措施。

c. 贵重物品，易燃、易爆和有毒物品及时入库，专库专管，加设明显标志，并建立严格的领退料手续。

d. 材料堆放场地设置得力的消防措施，消防设施齐全有效，所有施工人员均会正确使用消防器材。

e. 施工现场临时存放的施工材料，须经有关部门批准，材料码放整齐，不得妨碍交通。堆放散料时进行围挡，围挡高度不得低于 0.5m。

⑦ 钢筋加工场地

a. 钢筋加工场地力求原材料堆放场地，钢筋加工场地、半成品堆放场地布置合理，方便加工，方便堆场。

b. 钢筋原材料及加工好的半成品必须分类、分规格散开堆放于场地，钢筋加工场地、半成品堆放场地布置合理，方便加工，方便堆场。

c. 各种钢筋加工机械前必须悬挂安全操作规程。

d. 钢筋加工场地必须硬化，要求场地平整无积水，并做好明沟排水措施。

⑧ 施工现场设立卫生医疗点(综合保障部)，并设置一定数量的保温桶和开水供应点。

⑨ 场内道路的清洁由专人负责。排水沟及沉淀池定期清理。

⑩ 办公室布局合理，形象良好，各办公室设轮流清洁值班表，定期检查。

# 五、施工进度网络计划

## (一) 施工总进度计划

根据施工现场条件和施工总体部署，按照生产均衡连续的原则，进行施工进度计划安排。

根据项目的工程特点，将工程施工过程分为 4 个阶段：

① 地下室施工阶段(含降水施工、基坑开挖、基础施工等)；

② 主体结构施工阶段(包含各地下室框架结构、±0.00 以上钢筋混凝土框架结构、钢结构预埋及砌体结构施工)；

③ 装饰装修、设备安装施工阶段(包含各楼装饰、安装工程、室外附属等)；

④ 竣工验收阶段(包括联动调试、竣工清理、竣工验收等)。

本工程的总体施工程序为："先地下，后地上；先主体，后装饰；先土建，后安装；先建筑，后绿化"。主体施工期间安排安装预留预埋配合，安装与土建穿插配合。

## (二) 基坑降排水工程施工方案

1. 基坑排水

(1) 工艺流程

根据本工程建筑物布局及现场场地移交情况，拟定施工顺序为：根据土方开挖完成情况，开挖前逐一修建降排水设施。

(2) 操作工艺

① 由于地下水，结合后期施工需求(注意标高、位置)，布置排水沟位置，作为永久性排水暗沟，具体施工方法如下：

排水沟做法：基坑开挖完成后，综合考虑后期施工需要，在建筑施工图中永久排水沟位置进行开挖、布置排水沟（注意标高控制，满足排水沟不影响后期基础施工，沟底放0.5%坡）→沟底五眼砂找平→标准砖砌筑120mm厚沟壁。排水沟两侧进行初步找坡，往沟里排水，坡度按1%比例进行。在涌水量较大的地方，采用PPR管暗埋，导入排水沟的做法。

② 基坑内集水井处做法：按照建筑施工图中永久集水井的位置，进行初步开挖（开挖深度、宽度比永久集水井宽约50cm）→100mm厚C15混凝土垫层→水泥标砖砌筑集水井（具体尺寸详见建筑施工图）→井内壁水泥砂浆抹光→在集水井内安装2台7.5kW80mm口径潜水泵（一台为工作泵，另一台为备用泵）→将开关箱及水袋接在相应位置。

（3）施工技术措施

按照基础施工平面布置图开挖水池到位→100mm厚C15混凝土垫层→水泥标砖砌筑尺寸2.0m×2.0m×1.5m集水井→井内壁水泥砂浆抹光→在集水井内安装2台7.5kW口径为80mm潜水泵（一台为工作泵，另一台为备用泵）→水池用标准防护栅栏覆盖、周边采用钢管扣件进行防护，并悬挂警示牌→将开关箱及水袋接在相应位置。

在基坑周边，砌筑截面0.2m×0.2m的排水沟，将边坡顶的雨水搜集后排入水池，并防止边坡外地表水冲刷边坡、加大基坑排水压力。

2. 轻型井点降水

（1）施工工艺

放线定位→铺设总管→冲孔→安装井点管、填砂砾滤料、上部填黏土密封→用弯管将井点管与总管连通→安装集水箱和排水管→开动真空排气，再开动离心泵抽水→测量观测井中地下水位的变化。

（2）操作工艺

① 轻型井点的安装。用钻孔法成孔，孔深比滤管底部深0.5m；洗井用水泵将井内的泥浆抽出；然后倒入5~25mm的石子，使管底有500mm高，再沿井点管四周均匀投放24mm的中粗砂，上部1m范围内，用黏土填实以防漏气。井点管埋设完毕后，接通总管，总管设在井点管外侧500mm处，出口在基坑的外面；铺设总管前，先挖沟槽，平整槽底，将配好的管子放入沟内，在端头用法兰连接；再用吸水管将井点管与总管连接，管路完成后，与抽水设备连接，接通电源，即可进行试抽水，检查有无漏气、淤塞情况，出水是否正常，如有异常情况，要立即进行检修。

② 井点的使用。使用前，要进行试抽水，无异常情况后要保证连续不断抽水，备双电源，以防止断电。同时单双号井尽可能不设在同一泵上，且电闸应分开设置。

（3）施工技术措施

抽水开始后，做抽水试验，检验单井出水量、出砂量渗透系数。单个井检查后再联网抽降。

## 六、基础施工方案

本工程地下室为"桩承台+防水板"基础，桩基采用GPS-18型工程钻机成孔工艺施工。

### （一）桩基础施工方案

1. 操作工艺

（1）钻孔灌注桩成孔工艺

成孔的操作要求和要点如下：

① 开钻前，钻具应对准桩位，钻头距底面 5~10cm 时启动泥浆泵，观察泥浆泵及循环系统工作正常后，再开动钻机，慢慢将钻头放到孔底，先轻压慢转，然后逐渐加大转速。

② 初始钻进时泵量要小一些，根据不同土层及钻进速度，随时调节泵的供水量。施工过程中要随时检查和调整钻压、钻进速度及泵量，防止发生孔内事故。

③ 初始钻压控制在 5kN 左右，待钻到 7m 以下时逐渐增大。钻杆垂直度应控制在允许范围内，一旦钻孔倾斜就立即分析原因，并采取往复扫孔进行纠正。如纠正无效，应于孔中填土至斜孔 0.5m 以上，重新钻进，以保证桩孔垂直度符合规范规定。

④ 该工程除能自行造浆的黏性土层外，应制备泥浆。泥浆制备选用膨润土，设计配合比根据施工现场穿越土层情况进行配比。将膨润土、水、纯碱等按比例制成原浆，制浆前，先把制作原浆的材料打碎，使其在搅拌中容易成浆，缩短成浆时间，提高泥浆质量。制浆时，可将打碎的制浆材料直接投入护筒内，使用钻机制浆，待黏土成泥浆时，泥浆配比经实验确定，满足性能指标要求，即可进行钻孔（泥浆可按性能指标制备）。

施工期间护筒内的泥浆面应高出地下水位 1.0m 以上，在受水位涨落影响时，泥浆面应高出最高水位 1.5m 以上；在清孔过程中，应不断置换泥浆，直至灌注水下混凝土；灌注混凝土前，孔底 500mm 以内的泥浆相对密度应小于 1.25；含砂率不得大于 8%；黏度不得大于 28s；在容易产生泥浆渗漏的土层中应采取维持孔壁稳定的措施。

循环使用的泥浆由高压泥浆泵向孔内供浆，使用 11kW 泥浆泵排浆。沉淀在泥浆池内的废浆及时运出，同时作固化处理后及时运出。

⑤ 在钻孔过程中，应及时量测在不同土层的孔口泥浆相对密度。在黏性土中成孔时，泥浆相对密度应 1.10~1.25；钻进不同土层就应对泥浆相对密度进行适当调整。在松软土层钻进应根据泥浆补给情况调整钻进速度，在硬层中钻进应以钻进不发生跳动为准。钻进到淤泥层时应放慢钻进速度并适当加大泥浆相对密度，以防止塌孔和缩径。

⑥ 钻进至变层时，应吊紧机上钻杆慢速钻进，待进入下层土 1m 以后恢复正常转速。一旦中途停钻，应将钻具提高到距孔底一定高度；若停泵时间较长，应拔出孔口，以防止塌孔或沉渣埋住钻具。

⑦ 成孔直径必须达到设计桩径，要随时检查钻头磨损情况，保证成孔直径不小于设计直径。当发现上下钻具阻力大或钻到容易缩孔段时，应适当加大泵量，采用上下反复扫孔措施，用以保证成孔直径达到设计要求。

⑧ 经过对钻孔取样与地勘报告中描述的勘察孔取样颗粒型状、颜色和强度等对比分析判断是否进入设计要求持力层，当判断已经进入持力层并会同监理工程师、勘察单位、设计单位确认后并即办理签证，待嵌入持力层深度达到设计要求时，再经监理工程师、勘察单位、设计单位确认签证。

⑨ 当孔深达到设计要求时，采用正循环清孔方式进行第一次清孔，调节泥浆浓度换取孔内浓泥浆，第一次清孔时，要逐步更换泥浆，用以清除沉渣，使孔底沉渣厚度不大于

30cm，其时间不得少于30min。第一次清孔完成后须经监理工程师认可方能进行提钻、下钢筋笼、下导管、第二次空压机反循环清孔。当第二次反循环清孔孔底沉渣厚度符合设计要求，孔内泥浆相对密度小于1.25时，再会同监理工程师检查验收后，方可进行下道工序施工。

清孔结束后孔内应保持水头高度，并应在30min内灌注砼，若超过30min，在灌注砼前应重新测定孔底沉碴厚度，如超过规定应重新清孔。

⑩ 成孔施工应不间断地连续完成，不得无故停钻，施工过程中应做好原始记录。

成孔后孔身的垂直度偏差不得大于1%，桩径和桩位偏差不得超过规范的允许值。成孔完工后应抓紧下道工序施工，至灌注砼的间隔时间不应大于24h。

孔底沉碴厚度计算的起点位置，宜以孔底锥体的1/2高度处计。

⑪ 钢筋笼的制作与安装：

a. 钢筋笼制安之前，首先由技术员依照设计图，对制作人员进行技术交底。

b. 钢筋笼制作按《建筑地基基础工程施工质量验收标准》（GB 50202—2018）和设计图纸（详见基础工程施工图）要求进行控制；制作偏差：主筋间距±10mm，箍筋间距±20mm；钢筋笼直径±10mm；钢筋笼长度±100mm。

c. 在大批量钢筋笼加工之前，要制作出钢筋笼样板，经各方检验人员验收认可后，方可大量制作钢筋笼。单孔配笼在每个孔终孔后，质检员根据实际终孔深度和设计图纸进行配置，交付钢筋笼制作班组临时加工制作。

b. 钢筋笼存放、搬运时要采取切实可行的措施，防止钢筋笼扭曲变形和污染。

e. 为了保证钢筋笼主筋的保护层厚度，钢筋笼焊接完毕后，要在主筋外安装5cm厚定位钢筋环，使钢筋笼与孔壁隔开。

f. 钢筋笼吊安入孔时，应对准钻孔中心，缓慢下放，当前一段放入孔内后，用钢管搁支在孔口方木上，再吊起另一段，上下节对正并垂直，钢筋采用单面搭接焊，焊接后逐段放入孔内。每根桩钢筋笼应布置不少于2组、每组至少4个5cm厚定位钢筋环，应均匀分布在同一截面上，保证钢筋笼中心与钻孔中心重合。整笼焊接完毕后，应用吊筋将钢筋笼悬垂于设计标高。吊放过程中不允许左右旋转，若遇阻应停止下放，查明原因进行处理，严禁高起猛落，碰撞和强行下压。

d. 若因桩孔缩径或其他原因导致钢筋笼无法下入，应拔起全部钢筋笼，重新将钻机移至该孔位处扫孔，扫孔验收合格后方可重新安装钢筋笼。

⑫ 导管安装及混凝土灌注

a. 本工程所使用砼为水下C35商品混凝土，采用导管灌注。

b. 灌注桩混凝土强度检验的试件应在施工现场随机抽取。来自同一搅拌站的混凝土，每浇筑50m³必须至少留置1组试件；当混凝土浇筑量不足50m³时，每连续浇筑12h必须至少留置1组试件。对单柱单桩，每根桩应至少留置1组试件。

c. 浇注砼应连续进行，一气呵成，开灌前做好现场准备及机具检修，防止产生故障。第一斗混凝土砼灌量要严格控制（一般为3m³），通过计算，保证导管口离孔底距离控制在0.3~0.5m将孔底泥浆冲起，达到第一斗混凝土浇筑后要求导管口应低入混凝土面，随着浇筑的进行不断抬高，但保证混凝土的自由下落高度不大于2m。整桩砼浇注时间控制在第一盘砼初凝时间内。一般条件下，浇注时间不宜超过 8h。分层浇筑高度不大于 1.5m，振动棒振捣一次，确保密实。

d. 控制最后一斗的砼灌量，为保证设计要求的桩顶砼的质量，桩实际混凝土灌注高度应保证凿除桩顶浮浆后达到设计标高时的混凝土符合设计要求，根据本工程情况，实际灌注高度应高出设计桩顶标高 200～500mm。

e. 在浇灌施工过程中可能发生导管挂笼或导管埋深过大而导致钢筋笼上浮现象，为保证钢筋笼顶标高，通常可采取以下措施：

（a）严格控制成孔垂直度，防止孔斜偏大。

（b）钢筋笼应防止翘曲变形，下入孔内后可用二根 $\phi22$ 吊筋将其悬垂于孔中，严禁单吊侧。

（c）当第一斗混凝土浇筑完毕后，适当放缓混凝土入孔浇筑速度，以防止钢筋进入混凝土深度不足时产生顶托上浮。当钢筋笼进入混凝土深度超过 3m 以上后，混凝土浇筑速度恢复正常。

（d）导管埋入砼面下深度不能超过 6m。

（e）经常检查导管接头，防止挂笼。

2. 承台施工方案

（1）施工工序

承台施工工序主要为：测量放样→基坑开挖→凿桩头封底→垫层浇筑→钢筋安装→模板安装→浇筑砼→砼养护→拆模→承台回填。

（2）承台基础施工工艺

1）基坑放样

根据承台平面尺寸及开挖深度、预留工作面宽度、集水沟宽度、汇水井设置、地下水埋深、机具布置等确定基坑开挖的尺寸。具体步骤为：根据承台及基坑底平面尺寸，将基坑底平面轮廓线测设到原地面上；沿地面上的基坑平面轮廓线的四条边方向进行断面测量；确定开挖边桩，按照下挖深度确定放坡的宽度；将开挖边桩测设到地面上，并撒上白灰线连结各边桩，此封闭线即为开挖边线。

2）基坑开挖

根据本工程地质情况，基坑开挖主要采用无支护加固坑壁的形式，地下室南侧靠中铁北京局一侧，由于基坑深度超过 5m，与业主方沟通，现让设计院出基坑维护图，待基坑维护图出来以后，再进行编制地下室开挖专项施工方案。基坑采用反铲挖掘机开挖，自卸车配合运输。基底平面尺寸按基础平面尺寸四周各边增宽 50～100cm，以便在基础底面外安置模板及设置排水沟和集水坑之用。基坑的形式采用斜坡式，坑壁坡度根据土类情况和基坑顶有无荷载确定，根据相关规定，在基坑开挖时采用 1∶0.75 的坡比对基坑分层进行开挖，挖至设计标高时要保留不小于 10～20cm 的厚度，人工挖至基底高程，严禁超挖。用人工清理，凿除桩头进行检测。基坑开挖前，首先要做好地面排水工作，在基坑顶缘四周向外设置排水坡，以免影响坑壁的稳定。开挖过程中和开挖以后，应注意观察坑缘地面有无裂缝、坑壁有无松散塌落现象发生，否则应及时采取措施，按支护坑壁的形式施工。

3）凿桩头与封底及排水

按测量提供的标高，组织空压机及风镐将桩顶多浇的 0.5～1m 砼凿除，凿好的桩要求桩顶平整，断面碎石出露均匀，桩径范围外凿平至承台底，桩周围含泥及杂质砼必须凿除。然后凿出声测管待声测。

基坑开挖完成以后，坑底找平夯实，采用 10cm 厚 C15 素混凝土垫层找平，且其顶面应不高于基底高程，混凝土垫层边缘要伸出承台 10cm。

在基坑开挖完毕后，粗略定出承台的边线，留出工作面后即可沿基坑四周人工开挖集水沟、汇水井，集水沟采用梯形截面形式，以利于边坡稳定。开挖集水沟时，应注意沟底标高的控制，便于水顺利汇于汇水井中。待水沿集水沟汇于汇水井后，用水泵把汇水井中的水抽出坑外排出，排水管口应在基坑边缘 5m 以外，以防水再次渗回基坑，致使边坡坍塌。抽水时需有专人负责汇水井的清理工作，根据汇水井的汇水多少，采取相应的抽水频率，直至承台施工完毕。

4）绑扎钢筋

进场钢筋必须报请监理现场取样做钢材复检实验，合格后，方可使用。

钢筋下料前，首先对施工图中各种规格的钢筋长度、数量进行核对，无误后方可进行下料，根据钢筋原材长度与图纸设计长度并结合规范要求，在满足设计、规范要求的同时，尽量减少钢筋损耗，合理搭配钢筋，错开接头位置，确定钢筋的下料长度。

钢筋绑扎前，对基坑进行清扫，对桩头清洗，桩基钢筋嵌入承台部分按设计要求做成喇叭形，底层、顶层及四周钢筋要进行点焊，加强骨架的稳定，钢筋间距、搭接长度均要符合规范要求，钢筋绑扎完后经监理工程师检查签证，方可封模。同时应注意准确预埋墩柱钢筋，并保证其相邻接头相互错开 1m 以上。

5）安装模板

侧模采用大面竹胶板以钢管为加劲肋，人工或吊车吊入基坑进行安装，根据承台的纵、横轴线及设计几何尺寸进行立模。安装前在模板表面涂刷脱模油，保证拆模顺利并且不破坏砼外观。安装模板时力求支撑稳固，以保证模板在浇筑砼过程中不致变形和移位。由于承台几何尺寸较大，模板上口用对拉杆内拉并配合支撑方木固定。承台模板与承台尺寸刚好一致，可能边角处容易出现漏浆，故模板设计时在一个平行方向的模板拼装后比承台实际尺寸宽出 10cm，便于模板支护与加固。模板与模板的接头处，应采用海绵条或双面胶带堵塞，以防止漏浆。模板表面应平整，内侧线型顺直，内部尺寸符合设计要求。

模板及支撑加固牢靠后，对平面位置进行检查，符合规范要求报监理工程师签证后方能浇筑砼。

6）浇注砼

钢筋及模板安装好后，现场技术员进行自检，各个数据确认无误，然后报验监理，经监理工程师验收合格后方可浇筑砼。砼浇注前，要把模板、钢筋上的污垢清理干净。对支架、模板、钢筋和预埋件进行检查，并做好记录。

砼浇注采用商品砼。

浇筑的自由倾落高度不得超过 2m，高于 2m 时要用流槽配合浇筑，以免砼产生离析。砼应水平分层浇筑，并应边浇筑边振捣，浇筑砼分层厚度为 30cm 左右，前后两层的间距在

1.5m 以上。砼的振捣使用时移动间距不得超过振捣器作用半径的 1.5 倍；与侧模应保持 5~10cm 的距离；插入下层砼 5~10cm；振捣密实后徐徐提出振捣棒；应避免振捣棒碰撞模板、钢筋及其他预埋件，造成模板变形，预埋件移位等。密实的标志是砼面停止下沉，不再冒出气泡，表面呈平坦、泛浆。

浇筑砼期间，设专人检查支撑、模板、钢筋和预埋件的稳固情况，当发现有松动、变形、移位时，应及时进行处理。砼浇筑完毕后，对砼面应及时进行修整、收浆抹平，待定浆后砼稍有硬度，再进行二次抹面。对墩柱接头处进行拉毛，露出砼中的大颗粒石子，保证墩柱与承台砼连接良好。砼浇筑完初凝后，用草毡进行覆盖养护，洒水养生。

7）养护及拆模

混凝土浇注完成后，对混凝土裸露面及时进行修整、抹平，待定浆后再抹第二遍并压光或拉毛。收浆后洒水覆盖养生不少于 7 天，每天撒水的次数以能保持混凝土表面经常处于湿润状态为度，派专人上水养生。

混凝土达到规定强度后拆除模板，确保拆除时不损伤表面及棱角。模板拆除后，应将模板表面灰浆、污垢清理干净，并维修整理，在模板上涂抹脱模剂，等待下次使用。拆除后应对现场进行及时清理，模板堆放整齐。

8）基坑回填

拆除侧模并经监理工程师验收合格签认后，方可进行基坑回填，回填时应分层进行。

## 七、道路工程施工方案

### （一）路床修整

1. 施工准备

（1）施工测量

按监理工程师批复的路线导线点、水准基点复测成果及增设的主要控制转点桩橛技术资料，恢复路线中桩，道路边线、分车带等的具体位置，同时对纵断面和横断面进行复测，测量完成后，汇总测量记录，编制测量成果资料以及绘制纵、横断面图，工程量计算表报监理工程师审批。尤其对实测结果与设计图不符的路段，未经监理工程师、业主或设计部门现场核实确认，不得擅自开始施工，破坏原地面。

（2）现场调查

在施工放样测量的同时，对施工范围的地质、水文、障碍物、文物古迹、坑穴及各种管线等进行徒步踏勘调查，并详细记录其具体位置、范围。汇总调查结果，初拟处理方案或保护措施后，报监理工程师审批。

（3）临时防、排水

根据测量放样及现场调查结果，本着防、排水工程永久、临时相结合的原则，采取截、引、排水措施，保持施工场地处于良好的排水状态。在施工过程中，派专人对排水系统进行维护和清淤，严禁引起淤积、阻塞和冲刷，保持综合排水系统排水畅通。

（4）清理掘除

根据施工放样测量的路线施工场地范围，对用地范围内的垃圾、有机物残碴、腐殖土、原有路面、桥梁及地面的铺砖等予以全面的挖除和清理，并将路基范围内的坑穴按监理工程师指令，分层回填夯实至原地面。

对线路范围的其他障碍物，在维持其原有正常交通和排水的情况下，随施工进展按施工设计图纸和规范规定的拆除程度予以挖掘拆除。废渣随挖随运（用自卸车运至弃土点），不得长时间留置施工现场以便保护环境。

2. 路堑土方开挖

路堑开挖应自上而下进行，汽车运输，移挖作填地段，运距在 200m 以内时，采用推土机推运、整平；运距在 200m 以上时，采用挖掘机、装载机挖装，自卸汽车运输；边坡采取预留土层机械分层刷坡，人工修整至设计坡度；挖至路床顶面标高时，取其以下 80cm 的土样做重型击实试验，测定路槽底 0~80cm 范围内的压实度，如果达不到设计要求，则从路床顶面再往下采取翻挖重新压实或换填的措施，分层整平压实，用灌砂法检测其压实度，确保零填及挖方路床（030cm）≥95%，零填及挖方路床（3080cm）≥93%。

3. 路堤填筑

设计范围内填方路基，施工前应清除地表草皮、树根、淤泥等，地面横坡如大于 1∶5，应挖成宽度不小于 2.0m 的台阶，台阶表面做向内倾的 3% 的横坡。

（1）施工准备

按监理工程师批复的路线导线点、水准基点复测成果及增设的主要控制转点桩橛技术资料，恢复路线中桩，道路边线、分车带等的具体位置，同时对纵断面和横断面进行复测，测量完成后，汇总测量记录，编制测量成果资料以及绘制纵、横断面图，工程量计算表报监理工程师审批。尤其对实测结果与设计图不符的路段，未经监理工程师、业主或设计部门现场核实确认，不得擅自开始施工，破坏原地面。

临时防、排水：路堤排水沟按设计放样开挖，对低洼地、水田地段，采取截、引、排和降低地下水位措施，保持施工场地处于良好状态。在排水沟出口处设置沉淀池，使施工场地的排水不直接排入农田、耕地或污染自然水源。施工过程中，专人对排水系统进行维护和清淤，始终保持排水畅通无阻。

清理与掘除：对路堤范围内的树木、灌木丛、杂草、砖石等构造物，按规定进行砍伐或移植和拆除，对路堤填筑范围的垃圾、有机物残碴及地面的草皮、农作物根系、树根等予以全面的挖除和清理。

清理、掘除完成、路堤填筑前，采用挖掘机将路堤范围内原地面下挖，并将基底平整，碾压至密实。

（2）试验路段施工

首先进行试验路段施工。通过压实试验确定填料松铺厚度、不同压实机械组合，达到设计和规范要求的密实度所需的压实遍数。通过归纳、分析、整理，确定填料的最佳压实厚度、虚铺厚度和碾压遍数及劳动力组织等施工参数，报监理工程师批准后作为施工控制的依据。

（3）路堤填筑

土石方回填采用分层填筑、分层碾压工艺，填料由推土机摊铺，平地机整平，直线由路两侧向路中心进行，曲线地段由低的一侧向高的一侧刮平，做好填层顶标高控制，每层填筑的横坡度控制在 24%，以利于排水。

碾压时，遵循先两侧后中间，先低侧后高侧的碾压顺序，采用重型振动压路机从路基低侧向高的一侧，采用直线进退法进行碾压，压路机的错轮宽度每次重叠 1/2 钢轮宽，相邻两区段纵向搭接 23m，每层碾压遍数以试验路段取得的数据为依据控制，以现场的压实度检测结果来判定压实质量，为保证路堤边缘有足够的压实度，路基每侧铺设宽度要超过设计宽度 30cm，且压路机与路线方向成 45°角进行路基边缘碾压，压实度采用核子密度仪和灌砂法对比检测。

路基压实过程中应采取措施保护地下管线、构筑物安全。管道、地道等结构物顶面 50cm 范围内不得使用压路机压实，当管道、地道等结构物顶面至路床的覆土厚度在 50～80cm 时，路基压实过程中应对管道、结构物采取保护措施。

（4）路基纵向填挖过渡段施工

路基纵向填挖交界处，路床范围挖方段土工合成材料铺设长度不宜小于 8m，填方段土工合成材料长度应铺过渡区，延伸至一般填方区的长度不宜小于 5m。

格栅纵向搭接距离 5cm，横向搭接 10cm。施工时严格按照设计图纸施工。

（5）涵背回填处理方案

涵背回填采用透水性较好的材料，涵背结构物回填与路基之间挖台阶进行衔接，台阶宽度 2m，高度为 2m，分层填筑、分层压实，每层摊铺厚度不超过 20cm，压实度不小于 95%。

（6）路堤整修

当路基工程填筑完毕，开始路基整修工作。整修前首先测量放样中桩，检测路基中线位置、宽度、纵坡、横坡、边坡坡率及相应的标高，依据检测结果，对路基进行全面整修。对路基两侧超宽填筑的部分，在整修时一并刷坡切除。在整修过程中，逐段清除堆于路基范围内的废弃土料。在路面铺筑前，将路基顶面严格按设计标高、宽度采用平地机整平，并补充压实至规定密实度。

施工期间经常对路基进行维修养护，并保证路基排水设施完好，及时清除排水设施中的淤积杂草等。

**（二）路面工程**

1. 施工方案

机动车路面工程在交验合格的路基上首先进行铺设级配碎石垫层，级配碎石下基层和水泥稳定碎石上基层施工，然后进行沥青砼面层施工。

匝道路面工程在交验合格的路基上首先进行水泥稳定碎石下基层和上基层施工，然后进行沥青砼面层施工。

水泥稳定碎石基层采用厂拌法拌和，摊铺机摊铺。采用振动压路机和光轮压路机压实。沥青砼面层采用场拌沥青混合料，大吨位自卸车运至现场，二台摊铺机摊铺，双钢轮压路机碾压密实。呈梯队单幅全宽铺筑，铺筑中的调平方法采用基准钢丝绳法和平衡梁法。

黏层、透层、下封层沥青采用洒布车洒布。

施工时各层按混合料拌和→运输→摊铺→碾压→接缝处理→养生的工序进行。

人行道料块、平石、路缘石安装采用人工挂线安装。

2. 施工方法

（1）级配碎石底基层

铺筑碎石层前，先对压实后的土路基弯沉值进行检测，弯沉值达到设计要求后方可进行垫层铺筑。

碾压前应洒水，洒水量应使全部碎石湿润，且不导致其层下翻浆，碾压过程中保持碎石湿润。

碾压时应自路边向路中倒轴碾压，碎石初步稳定后，碾压速度宜控制在 $30\sim40m/min$，碾压至轮迹不应大于 5mm，碎石表面应平整、坚实、无松散和粗、细集料集中等现象。

碎石层铺筑后应禁止车辆通行。

（2）水泥稳定碎石基层

1）施工准备

路基的压实度、平整度、纵断高程、宽度、厚度、横坡及颗粒组成经监理工程师检查验收签认合格后，恢复路线中桩和边桩，直线路段 10m，曲线路段 5m。水泥稳定碎石的混合料组成，由试验室在监理工程师在场的情况下进行选配，其混合料颗粒组成、重型击实的最大干容重、最佳含水量、无侧限抗压强度、水泥剂量、液塑限等符合设计及规范要求后，报监理工程师批准。

2）试验路段施工

水泥稳定碎石基层大面积铺筑前，先铺筑 $100\sim200m$ 试验路段。按监理工程师批准的试验路段施工方案、质量控制方法，选择具有代表性的路段铺筑试验路段。通过试验段的铺筑，获得最优化的生产配合比、合适的拌和时间、摊铺速度、压实机具的组合及碾压工艺、摊铺系数的确定及合适的作业长度、劳力组织、工艺的适应性、生产效率等一系列控制参数，提出标准施工方法。除试验段强度及几何尺寸满足要求外，现场钻芯取样的完整性及强度也是控制的关键环节，试验时宜选用两种或多种不同的碾压组合，必要时可进行调整水泥用量及含水量试验。最后形成最佳施工方案书面报告，报监理工程师批准作为大面积施工的控制依据。

3）施工方法

① 混合料运输。混合料采用自卸车运输。

在卸料和运输过程中尽量避免中途停车和颠簸，以确保混合料的延迟时间和混合料均不产生离析，此时，还要根据运输距离和天气情况，考虑混合料是否采用苫盖（备足防雨、防晒的苫盖工具），以防水分过分损失及表层散失过大。混合料在卸入摊铺机喂料时，要避免运料车撞击摊铺机。

② 混合料摊铺。开始摊铺时，要在下承层上洒水使其表面湿润；拌合好的成品料运至现场应及时按确定的松铺厚度均匀、匀速地摊铺，摊铺过程中尽可能少收料斗，严禁料斗内混合料较少时收料斗。为确保摊铺机行走方向的准确性，可在下承层上洒白灰线，以控制摊铺机行走方向，摊铺机要保持适当的速度均匀行驶，不宜间断，以避免摊铺层出现"波浪"和减少施工缝，如因故中断 2h 时应设置横向接缝，摊铺机应驶离混合料末端，按接茬进行处理。施工过程中要有专人消除粗细骨料离析现象，如果发现粗集料窝应予以铲除，并用新拌混合料填补，此项工作必须在碾压之前进行，严禁薄层贴补；若由于宽度较宽或

级配原因为防止离析分两幅摊铺时，宜采用两台摊铺机（尽可能同型号）一前一后相隔约 5～10m 同步向前摊铺混合料，为保证标高和平整度，纵向接合部采用移动式基准线，并一起进行碾压，尽可能避免纵向接缝。在不能避免纵向接缝的情况下，纵缝必须垂直相接，严禁斜接。上下层纵向结合部位置应错开距离不小于 1m，尽可能避开行车道位置。

③ 压实混合料摊铺后，当混合料的含水量等于或略大于最佳含水量时，应及时根据试验段确定的碾压工艺进行碾压。碾压段长度根据试验段确定的长度及气温情况确定，气温高时，水分蒸发快，缩短碾压段长度，反之，可适当延长碾压段长度，以 40～50m 为宜，过短则易造成平整度较差。碾压方式初压一般采用钢轮压路机静压 12 遍，复压采用振动压路机弱振强度 24 遍，终压采用钢轮压路机 12 遍，碾压速度初、终压宜为 1.5～1.7km/h，复压宜为 2.0～2.5km/h，直线和不设超高的平曲线段，由两侧路肩向路中心碾压，设超高的平曲线段，由内侧路肩向外路肩进行碾压。碾压时，轮迹应重叠 1/2 轮宽。相邻两段的接头处，应错成横向 45°的阶梯状碾压。严禁压路机在已完成或正在碾压的路段上"调头"和急刹车。自拌和至碾压结束原则控制在 2h 以内。碾压过程中，水稳层的表面应始终保持潮湿，如表面水蒸发得快，应及时补洒少量的水分。

④ 压实度检测及无侧限抗压强度试验。水泥稳定碎石基层在铺筑过程中，由试验室负责在摊铺现场随机按规定频率取样，进行级配筛析、水泥剂量试验和制备无侧限抗压强度试件并养生 7 天进行强度试压。压实度采用灌砂法在压实过程中检测，压实度达到设计密实度后，方停止碾压。

⑤ 接茬处理。接茬采用挖除法，即当天铺筑的水泥稳定碎石和第二天的接缝处或因故中断施工与后续施工的接缝处，在当天碾压结束，立即测量其接缝处的标高、横坡度和平整度，沿横断面人工挖除其不合格部位。第二天铺筑前，将挖除的废料清理干净，再将接缝修凿垂直，适量洒水湿润后摊铺新混合料，混合料摊铺后，在接缝处采用人工平整，压路机沿路中心 45°方向静压慢慢从已铺筑路段逐步过渡至新铺筑路段，直至过渡到压路机全宽后，压路机横向行进开启振动沿接缝压实，在压实过程中随时检查接缝处的平整度，保证接缝平整密实。

⑥ 养生及交通管制。碾压结束，立即进行养生。养生宜采用不透水薄膜、湿砂、草袋、棉毯覆盖并洒水保湿养生，采用水车洒水，洒水次数以保持基层表面湿润为原则。在养生期间除洒水车外封闭交通禁止车辆通行。不能封闭交通时，派专人负责管制交通，禁止重载车辆通行，限制行车速度在 30km/h 以下。

（3）沥青砼路面

1）施工准备

根据设计文件及规范要求，在沥青混凝土各层施工前至少 28 天，监理工程师在场的情况下，进行原材料和混合料配合比设计；在正式施工前至少 14 天，在监理工程师批准的地点，并在监理工程师的严格监督下，按批准的方案进行试验路段铺筑，以确定合理的施工机械配套数量及组合方式，沥青或黏层油的喷洒方式及喷洒温度，摊铺机的摊铺速度、方式、温度及自动找平方式，确定压路机的压实顺序、程序、碾压温度、碾压速度及碾压组合方式和遍数以及压实工艺等。基层表面要清扫冲洗干净，下封层施工前要保持整洁、干燥，下面层铺筑前，表面封层要完好无损，路缘石与沥青混合料接触面要事先涂刷黏层沥青。

施工前，对拟施工路段进行测量放样，作为铺筑挂准线的依据。

2）洒透层油、稀浆封层及洒布黏层油

将基层表面用水车浇适量水冲洗干净，使表面整洁、无尘埃，封闭交通凉干后，采用沥青洒布车，均匀地将透层油，之后是乳化沥青稀浆进行封层，局部未洒均匀的地方采用人工补洒，施工中，在每层面层间洒布黏层油，确保施工质量。

3）沥青混凝土拌合

沥青混凝土混合料采用外购，采购的混合料必须符合设计要求质量。沥青在拌和站按经监理批准的配合比拌和，并由专职试验员跟踪检测拌和质量。

4）混凝土运输

混合料采用自卸汽车运输，车槽密封牢固、内壁洁净，不得沾有有机物质，并涂刷一薄层油水(柴油：水为1∶3)混合液，并用蓬布遮盖严密。

5）沥青混凝土铺筑

采用自动找平摊铺机呈梯次、分别对左、右幅一次性整幅全宽摊铺。摊铺机按照试验路段施工测定的、经监理工程师批准的松铺系数，行驶速度和操作方法，将混合料平整、均匀地摊铺在待铺筑层面上，并不得产生拖痕、断层和离析现象。为确保摊铺机行走方向的准确性，可在下承层上洒白灰线，以控制摊铺机行走方向，摊铺机要保持适当的速度均匀行驶，不宜间断，以避免摊铺层出现"波浪"和减少施工缝，如因故中断2h时应设置横向接缝，摊铺机应驶离混合料末端，按接茬进行处理。施工过程中要有专人消除粗细骨料离析现象，如果发现粗集料窝应予以铲除，并用新拌混合料填补，此项工作必须在碾压之前进行，严禁薄层贴补；若由于宽度较宽或级配原因为防止离析分两幅摊铺时，宜采用两台摊铺机(尽可能同型号)一前一后相隔约5~10米同步向前摊铺混合料，为保证标高和平整度，纵向接合部采用移动式基准线，并一起进行碾压，尽可能避免纵向接缝。在不能避免纵向接缝的情况下，纵缝必须垂直相接，严禁斜接。上下层纵向结合部位置应错开距离不小于1m，尽可能避开行车道位置。

在摊铺过程中，派专人随时检查铺筑宽度、厚度、平整度及混合料温度并记录。对外形不规则，人工构造物接头等无法用摊铺机摊铺的地方，及时用人工配合铺筑混合料。下面层摊铺采用挂基准线，即摊铺机传感器走"钢丝"参考线的方法控制下面层铺筑厚度和标高，上面层采用"浮动基准梁"方式，控制摊铺厚度和平整度。

6）沥青混凝土压实

按试验路施工总结的、经监理工程师批准的压实设备的组合及程序和遍数进行。对压路机碾压不到的窄狭地点，采用手扶振动夯实机具夯实。

压实作业分初压、复压和终压三个阶段。初压：采用双钢轮压路机，必须紧接摊铺进行，初压温度不低于110℃，碾压时驱动轮面向摊铺机，从低侧向高侧进行，碾压路线及方向不得突然改变而导致混合料产生推移。复压：紧跟初压，使用轮胎式压路机碾压，复压工作的终止温度不得低于90℃，碾压遍数按试验路总结的经监理工程师批准的遍数进行控制，复压终了必须使其铺筑层压实度达到规定标准。终压：采用钢轮压路机进行，以消除所有压痕，终压工作的终止温度不得低于70℃。无论初压、复压还是终压，压路机均低速行进，初压速度控制在 1.5～2.0km/h，复压速度控制在 3.5～4.5km/h，终压速度控制在 2.53.5km/h。压路机在行进过程中，中途不得停留、转向或刹车，碾压终了压路机不得停留在未冷却的路面上。

7）接缝处理

接缝采用挖除法。每日工作缝或因故中断摊铺作业的横向施工缝，在压实作业完成后，用 3m 直尺检查其接缝处的标高、横坡度和平整度，划线后采取切割机切割，人工挖除端部铺筑层，彻底清扫，并在接缝处涂刷适量黏层沥青，铺筑碾压时，压路机采用横向逐步从已铺筑的面层向刚摊铺的混合料过渡碾压，压路机重心不超过接缝，并随时检查接缝平整度，确保接缝平整密实。

8）交通管制

沥青混合料各层铺筑摊铺、碾压过程中，碾压终了到沥青冷却前，在该路段设置路障封闭交通，待铺筑成型的路面完全冷却后，方可开放交通。

9）质量检查验收

在施工过程中，严格按规范规定的质量检测项目和检测频率对原材料、混合料、成型的路面，逐日进行取样试验检测，确保各项质量指标满足规范和设计标准。

（4）平石、侧石

平石、侧石采用花岗岩，施工时缺角、倒边的产品不得用于工程中。平石、侧石铺砌时应注意以下事项：侧石排砌前先放样，在侧石边线处每隔 20m 钉立铁杆，无波浪，曲线圆润，无折角。侧石基础与侧石排砌应结合进行，以确保稳固；接校准的路边线进行刨槽，然后在刨好的槽面上铺 2cm 砂浆，按放线位置和高程安砌侧石，用橡皮锤敲打牢固平稳，线型直顺，弯度圆润，缝宽均匀，顶面平顺并符合高程。排砌时用 3m 直尺靠量侧石顶面和侧面的平整度，使其直顺美观；安砌好侧石，对侧石外侧坞膀应用土方人工夯实，使侧石稳固。平面铺设时，先在侧石上弹出墨线，然后在平石宽度位置钉立铁桩，标出平石面标高，以便拉线，控制平石的坡度及高程，然后铺砌。

（5）人行道块料

人行道块料采用透水砖。块料下水泥砂浆应饱满，厚度满足设计要求。

铺砌时采用"挂线定位法"即以一条横缝为基线向前或双向铺筑。

在人行道内外侧道牙每砌块之间拉线与基线横线平等，沿挂放的横线从侧石边起逐排顺序铺砌。纵向每隔 1m 拉设一根直线，以控制纵向直顺。道板平后应用丁字镐轻轻敲打，使其平整、稳定并与挂线齐平。

块料铺砌时，出现不符合要求的地段及时整修。块料铺砌必须平整稳定，不得有翘动现象。块料底面不得有虚角、虚边等"搁空"现象。

（6）立、平缘石

基层验收合格后，将路缘石运送至准备安装的地点。

测量放样：首先按照图纸设计用全站仪测量放出安装路缘石的边线，用水准仪放出高程线。

安装：根据测量放线的点挂好施工线，开始安装路缘石，保证线型顺直、曲线圆滑。安装路缘石，路缘石必须用靠尺或水准尺边安装边检测，使之横平竖直，保证圆顺、平直。

安装好的路缘石每 20m 直顺度不超 10mm，相邻两块高差不超过 3mm。

灌缝、勾缝：安装完毕，检查合格后，用砂浆灌缝，砂浆必须饱满，密实。然后用水泥砂浆勾缝，缝为凹缝，缝深为 10mm。

## 八、雨污水工程

### (一) 施工方案

槽道开挖采用人工配合机械进行开挖，人工进行槽道清理。管道安装用吊车进行安装，回填采用规定的填料按要求回填。

1. 施工放线及准备工作

雨(污)水管中心线严格按标准横断面管位排列图放线定位，检查井按道路桩号定位，转弯或道路横断渐变段处按检查井坐标定位。为了避免截断管材，检查井井位可沿道路纵向移动不超过 1.0m。

雨水检查井井口方向为靠中线一侧。

施工前首先核对与本工程相交(或相接)的外部道路排水管平面位置与高程，确保管线衔接平顺。施工时需复核管道之间的平面位置及高程，以免发生冲突。

施工前了解、探测清楚现状管线位置，并采取相应保护措施，避免施工时对其他已有管线产生破坏。

管道两侧同时均匀回填，以免管道及构筑物发生移位。若需分段施工，加强管理，严格控制管底高程及管道设计纵坡，满足设计要求。

2. 管槽开挖

① 管槽开挖前做好临时排水，解决排水出路。开挖前拟在沟槽顶部土筑成小坎，或挖设 30cm×20cm 截水沟，防止地表水流入沟槽中。开挖后，在沟内每隔 50m 设一集水井，并在沟槽一侧挖排水小沟，将沟槽内积水引入集水井，以便将沟槽内积水排净。

② 为确保管道施工质量，当设计管道处于路基填方段时，必须采用反开挖的施工方式，即先填路基夯实后，再下行开挖管槽，在有放坡开挖条件的地段原则上采用放坡开挖施工，如无条件放坡，可视土质情况采用钢板桩支护或其他支护措施，具体支护措施见岩土专业。开挖时，应保留基底设计标高以上 0.20.3m 的原状土，待铺管前用人工开挖至设计标高。如果局部超挖或发生扰动，应换填 100~150mm 天然级配砂石料或 50~400mm 的碎石，整平后夯实。沟槽开挖时应做好排水措施，防止槽底受水浸泡。沟槽开挖的宽度、边坡坡度、分层开挖每层深度应根据施工规范并结合实际清况确定。管道沟槽开挖后检验地基承载力，当小于 100kPa 时，经监理、业主、设计、地勘单位形成会议纪要后方可施工。

③ 排水沟槽拟采用人工配合小型履带式挖掘机进行开挖，排水沟槽位于旧混凝土路面上的，先根据测量放样的管道中心线按照管道基础宽度在混凝土旧板上弹两条线，然后采用切缝机将旧混凝土板沿两条线进行切割，切割后采用液压破碎机破除混凝土板，再用挖掘机开挖。当开挖至基底 20cm 时，用人工对余土进行开挖，以保证在开挖过程中不扰动基层土，如有超挖扰动，需用天然级配的砂石回填，并用平板振动器振捣密实，沟槽开挖后应立即铺筑砂石基础，基底不得受水浸泡。沟槽开挖后，及时申请验槽，合格后方能进行

下道工序的施工。

④ 沟槽开挖主要由小型履带式挖掘机进行；局部地段沟槽深度超过规定深度且受平面地形限制，在开挖时考虑设置挡土板支撑，挡土板采用木板，横撑采用圆木，每间距 1.5m 左右设置一道横撑。

⑤ 沟槽开挖以每三个检查井为一个开挖段，开挖段两侧当采用机械开挖时不允许堆土，做到随挖随运，以保证槽壁的土体稳定和不影响施工。当采用人工进行清理及人工开挖沟槽时，其两侧尽量减少土方的临时堆放。沟槽每侧临时堆土或施加其他荷载时，应符合下列规定：

a. 不得影响建筑物、各种管线和其他设施的安全；

b. 不得掩埋消火栓、管道闸阀、雨水口、测量标志以及各种地下管道的井盖，且不得妨碍其正常使用；

c. 人工挖槽时，堆土高度不超过 1.5m，且距槽口边缘不宜小于 0.8m。

⑥ 土方开挖后应将余土用自卸车及时清运，尽量减少临时堆土体积和占地面积，原则上不得占用车行道及施工范围以外的场地进行堆土。沟槽两侧临时堆土多于两农用车时应及时将其运至填土场。

⑦ 在已有地下管线处施工时，事先应与有关主管部门联系，商讨保护措施或拆迁改建方案，在得到同意后方可施工。

⑧ 中线测设后，沿沟槽路线做水准测量，并每隔 30m，增设一临时水准点。

⑨ 每隔 10~20m 在槽口上设置一坡度板，在坡度板上标明沟槽的中心线及槽底的底宽线，并在中线上钉上中心钉。作为施工中控制沟槽中线和位置，掌握沟槽设计高程的标志，以确保沟槽开挖符合设计要求。

⑩ 沟槽开挖后应有足够的底宽，既符合设计要求，又能满足施工需要。

**（二）管基施工**

管道基础应落在有一定承载能力($f_{ak} \geqslant 100kPa$)的原状土层上，如开挖沟槽至设计标高为淤泥、耕植土等不良状况，必须清理至原土后，回填碎石至设计标高后再做管道基础。

钢筋混凝土管采用带型混凝土基础，支承角度为 120°。塑料管道采用砂碎石垫层基础，上部砂垫层厚度为 100mm，下部碎石垫层厚度为 200mm（粒径 3~5cm），表面应平整，其密实度应达到 90%。

① 验槽合格后，及时铺筑砂碎石平基，减少地基扰动的可能。

② 由于沟槽开挖严格按照设计要求宽度施工，未考虑工作面，故砂碎石应填满沟槽宽度，同时将临时排水沟也一并用砂碎石回填。沟槽内积水以盲沟的形式排出。

③ 砂碎石铺筑到位后，采用振动棒加水对砂砾石进行震捣，以使其充分密实，然后采用平板振动器将表面振平。振平后复测平基表面高程，对不符合要求的部位采用人工进行适当修整，直至满足设计及规范要求。铺筑砂碎石平基时应严格控制平基顶面高程，不能高于设计高程，低于设计高程不得超过 15mm。

④ 由于排水管道采用承插口接口形式，为方便管道安装时高程就位，在铺筑砂碎石平基时，按照管节长度将接口处的砂碎石预留 30cm 长度人工挖槽，待管节安装就位后采用人工将预留处用中粗砂灌实并振捣。

### （三）运管、下管

① 雨水、污水排水管必须具有出厂合格证，符合质量标准，待用的管节应逐节进行检查，按施工布置图进行堆放，并用垫块垫塞稳定。对有裂纹或管口残缺等不符合标准的管节，应挑出做好记号，分堆另行处理。

② 施工时采用汽车吊下管，在对管道吊卸的过程中，仍需对管道加以控制，严禁使用没有衬垫的钢丝绳或其他硬质物起吊，拟使用 $\phi$44 软绳吊装。吊装时采用两个支撑点，严禁用绳子贯穿其两端来装卸管道。吊装时由专人进行指挥，吊装应缓慢进行，轻吊轻放，严禁抛投。

### （四）管节安装

管节下至沟槽内后，应从下游向上游进行安装，并按设计规定定位排放并加以固定，施工时应做到：

① 基础表面无杂物、积水，并划出管道中心线。

② 排管时应以管底标高为准。管节就位后应用垫块垫塞固定。

③ 管道安装将承口向上游摆放，后一节管道必须待前一节管道安装完毕后方可进行安装。

④ 当安装第二节管道前，应先将插口端套上橡胶圈，橡胶圈安装应平顺，不得扭曲，然后采用吊车进行安装，安装就位后采用两个 5t 手动葫芦配钢丝绳在接头处管道两侧将管道拉紧，即插口端进入承口端并紧密结合。

⑤ 在井位处的管节，应控制好井的内净尺寸。

### （五）管道材质

本工程排水管道主要采用 DN400 HDPE 双壁波纹管，局部采用钢筋混凝土排水管。

材质应满足《埋地排水聚乙烯（PE）结构壁管道系统》GB/T19472.2—2004 的要求，施工应满足《埋地聚乙烯排水管管道工程技术规范》CECS164：2004。

### （六）管道接口

① 采用砂石基础的承插式管道采用橡胶圈接口。其施工程序为：

a. 清理管材插口外侧和承口内侧表面，并检查胶圈位置及质量。胶圈坐落应正确妥贴，不得扭曲。

b. 准确测量承口深度和胶圈后部到承口根部的有效插入长度，在插口部位做出标记。

c. 将插口端对准承口，并使两条管道轴线保持在一条平直线上，将其一次插入，直至标志线均匀外露在承口端部。

d. 管道插入时采用吊车将管道插口端直接插入承口端。然后采用两个 5t 手动葫芦配钢丝绳在接头处管道两侧将管道拉紧，即插口端进入承口端并紧密结合，通过插口部位做出的插入深度标记检查管道接口是否到位。应检查胶圈是否扭曲，不得强行插入。

e. 管道插入时可涂刷润滑剂，涂刷润滑剂时，应先将润滑剂用清水稀释，然后用毛刷将润滑剂均匀地涂在胶圈和插口外表面上，不得将润滑剂涂在承口内。

② 采用混凝土基础的钢筋混凝土管每隔 20～25m 设现浇混凝土套环接口，接口处混凝土基础分缝，缝内填 2cm 厚沥青木板。

③ HDPE 缠绕增强管。

a. 工艺流程：施工准备→测量放线→管沟、井室开挖→沟槽验收→管沟垫层（井室施工）→管道敷设→管道连接→管道与井室间密封→部分回填→闭水试验→隐蔽验收→全部回填。

管沟开挖后，混凝土检查井的施工贯穿于整个管线施工过程，工期相对较长，所以管线敷设和井室施工一般同时进行，没有严格的先后顺序，但应保证井室墙体钢筋绑扎前，管线已敷设到位，避免因预留孔洞造成位置偏差。

相对于钢筋混凝土管道，HDPE 管质量轻，装卸方便，安装简单，可大大降低劳动强度。由于采用电热熔连接方式，接口处有效熔为一体，更不易渗漏。

b. 管材检验：HDPE 管作为一种新型管材，对其质量应严格进行把关。对于到场管材，可先采用目测法，如发现管道有损伤应将其与其他管道分开，并立即通知管道供应厂家进行检查，分析原因并做出鉴定以便及时妥善处理。

HDPE 管材生产标准为企业标准，应复测其各项数据以符合出厂标准。工程中实际遇到的问题是，HDPE 管两端接口处无法反映真实壁厚，且因有加强肋，必须采用专用工具方能测其壁厚。最初厂家未提供专用测量工具，致使到场材料的验收工作一度停滞。经各方协商，前期采用切割管段的方法测量其壁厚。但不能从根本上解决问题，一旦壁厚不合格，必将影响施工进度。后厂家提供自制工具一套，此问题才得以解决。后续工程中，对于类似的特殊材料问题，在提供的采购技术规格书中应明确由厂家提供专用测量仪器、施工机具以及技术指导等，以避免出现责任的真空。

c. 储存、运输与吊装：在夏季高温季节，储存时应按要求进行苫盖，避免管材长期曝晒，并保持管间空气流通，以免温度过高对管道质量造成不良影响。雨季时做好防水措施，承插口保持清洁。

管道主要采用机械装卸，因其材质为聚乙烯塑料，装卸时应采用柔韧性好的非金属吊带进行绑扎，不宜采用钢丝绳或链条，以免对管道造成损伤。

管道吊装是管道施工过程中一个独立的操作工序，起吊时应按照相关规程采取合理的保护措施，采用两个支撑点起吊，保证管道在空中的均衡与稳定，若操作不当就很可能造成不必要的管道损坏。避免这种情况发生的唯一途径，就是严格遵守起重操作规程。

dHDPE 管承插电热熔连接：电热熔连接时，首先清除承插口对接面的污垢，并检查焊线是否完好，对接好以后先用卡具在承口外压紧，然后根据不同型号的管道设定电流及通电时间。具体操作流程应严格执行厂家技术说明，厂家代表应现场进行技术指导。此时要特别注意防止接口合拢时的变形，同时为防止已敷设管道轴线位置移动，应采用稳管措施，可将装满砂土的编织袋封口后压在管道顶部，具体数量视管径大小而定。管道连接完成后，应及时复核管线标高和轴线位置以使其符合要求。

e. 防止回填变形与漂浮：HDPE 管属柔性材料，回填时应严格按照规范和厂家技术要求，从管底基础至管顶以上 500mm 范围内，必须采用人工回填，防止其发生变形。

雨季施工时，采取施工措施防止管材漂浮。管沟开挖一次不应过长，保证开挖一段及时回填一段，可先回填至管顶以上一倍管径的位置。管道安装完毕尚未回填时一旦遭到雨水浸泡，进行管线坐标的复测和外观检查，如果发现位移、漂浮和拔口现象，应立即返工处理。

### （九）集水井、检查井、跌水井

1. 基坑支护

（1）坡顶护栏安装

采用 C20 现浇混凝土护杆基础，基础尺寸为 0.3m×0.3m×0.3m，护栏采用 2m×2m 间距 $\phi48\times3.5$ 钢管搭设的护栏，具体见设计图，钢管上刷红白相间油漆。

（2）基坑开挖

基坑开挖全部采用机械分层开挖，部分采用人工进行，所有土石方用机械运输出场。基坑开挖的原则应侧壁土方四周先开挖再退中间的土方，基坑侧壁土方必须分层分段均衡开挖，严格做到开挖一层支护一层，上层未支护完，不得开挖下一层。

（3）基坑防护

支护方式为铺设 $\phi8@150\times150$ 钢网，采用 1.0m 长 $\Phi16@1.0\times1.0m$ 钢筋固定钢网，后采用 10cm 厚 C25 喷射混凝土支护。

喷射机安装好后，先注水、通风、清洁管道内杂物。同时用高压风吹扫受喷面，清除受喷面上的尘埃。

喷射时采用人工撑握喷头，由两人共同操作喷头进行喷射。

喷射砼的混合料采用强制式砼搅拌机拌和，搅拌时间不少于 2min，出料坍落度控制在 10～18cm 为宜，应保证连续供料。

喷射时喷头距围护桩面控制在 1.0～1.2m 范围内，风压控制在 0.3～0.5MPa，喷射嘴 $\alpha=90°$ 最佳。喷头作连续不断的圆周运动，并形成螺旋状运动，后一圈压前一圈三分之一，喷射线路要自下而上，呈现"S"形运动。

混凝土喷射分两次进行，第一次喷射厚度 57cm，第二次喷至设计厚度 10cm。后一层喷射应在前一层混凝土终凝后进行，两次间隔时间控制在 40～60min，操作时严格控制风压，喷射作业后及时清除反弹溅落的混凝土，对喷射表面进行湿润养护，在混凝土达到设计强度后割除检验钢筋条的外露部分。喷头与受喷面保持垂直，如遇受喷面覆盖，可将喷头稍微偏斜 10°～20°。

喷射厚度受砼进入喷射机的坍落度、速凝剂的效果、气温的影响，湿喷机喷射时，一次喷射厚度不超过 10cm。喷射混凝土的厚度检验采用埋设钢筋标尺的方法，围岩粘结力的检验采用埋设拉环法进行抗拉试验。

2. 井体施工

检查井内采用塑钢爬梯。设在路面上的检查井，要求井盖面与路面平齐，设在绿化带上的检查井，要求井盖面高出地坪 50mm，并在井口周围做好护坡。一般情况下，雨、污水预留管检查井超出红线 1.0m 处布设。

雨水口：本道路采用海绵城市设计，机动车道雨水主要通过路缘石开口，排至下沉式绿地。仅路口及无侧分绿化带处设置雨水口。雨水口采用环保型双箅雨水口，详见大样做法。连接管采用 $DN300$，均以 $i=0.01$ 坡向干管雨水检查井。雨水口井圈表面应比该处道路路面低 30mm，并与附近路面接顺。

进行基底处理，按规范进行高程、平整度、地基承载力等项目的检查。地基承载力特征值符合设计要求。垫层注意控制高程和平面位置。

井基础采用 10cm 厚混凝土硬化，井身采用现浇混凝土浇筑（见图），规范采用 06MS201-3。

3. 管道与检查井衔接

检查井与管道连接一般采用管顶平接，用 1:2 防水水泥砂浆或聚氨酯搅和水泥砂浆嵌缝封堵。

具体做法为：在管道伸进井室前，在管道下部 120° 范围内灌防水砂浆，挤压管道使防水砂浆与管道连接密实，以砂浆外溢为宜。将管道两侧和上部分别以防水砂浆填满，插捣防水砂浆，直至完全饱满，最后抹出三角状防水砂浆，宽度保持在 56cm。

4. 沟槽及井室回填

混凝土强度达到 85% 后，方可进行检查井井周回填，回填压实度满足有关设计要求。井周采用合格填料回填，回填时夯实两边填料，每层回填不超过 20cm，动作不能过猛，以免挤坏管道接口，而且应尽量沿管对称填筑，该部分的密实度应达到设计及规范要求。

5. 井口处理

井口采用反做法。回填井室到路基标高后，进行基层施工，这时需用 2cm 厚钢板覆盖井孔，钢板与路基持平。待沥青下面层碾压成型后，刨除如设计图的倒梯形圆环状基层料，然后安装井筒及调节环，浇筑加强井圈至沥青下面层底，浇筑后表面拉毛。

6. 井盖安装

检查井安装就位后，保证高程差控制在 1cm 以内，要及时安装井圈，盖好井盖。

10. 闭水试验

① 闭水试验应在沟槽回填之前进行。施工时应由现场监理工程师确定进行闭水试验的井段。

② 闭水试验应在管道灌满水，经 24h 后进行，其水位为试验段上游管道内顶部以上 2m，当井高度小于 2m 时水位至井口为止。

③ 管道闭水试验操作顺序为：

a. 在试验段井外侧用砌砖封堵管头。

b. 向管内注水，使井内水位达到比管内顶高 2m 或至井口高度。

c. 待灌水浸泡 24h 后，在井内水位达到标准水头时，开始计时，观察管道的渗水量，此间应不断地向井内补水，保持标准水头为一恒值，观测时间应大于 30min，观察结束时测定渗水量。

d. 当实测渗水量超标，闭水试验不合格时，应查明原因，及时修补，再按上述要求重做试验，直至闭水试验合格为止。

e. 闭水试验合格后，方可拆除封堵和进行沟槽土方回填。

（11）沟槽回填

① 管道安装好，闭水试验合格后应及时进行沟槽回填，排水管道沟槽内回填中粗砂至管顶以上 0.5m 后再回石渣至路面结构层下。

② 在两井位间回填时，从中间向两端延伸进行，管道两侧应同时进行回填，两侧填方高度差不得超过 30cm，以防管道位移，检查井沿四周同时进行回填，回填时应注意保护抹带接口，填土不得直接砸在接口上。

③ 沟槽回填压实度严格按照《给水排水管道工程施工及验收规范》的要求实施。沟槽土方采用小型压路机碾压或汽夯夯实，碾压时其碾轮重叠宽度应大于 20cm，夯实时应夯夯相接，不得漏压漏夯。管顶以上 40cm 范围内不得用夯实机具夯实。

## 九、涵洞工程

### （一）施工方案

基坑采用挖机整平后，及时浇注基础。基础施工完成后，钢筋在加工场进行加工，平板车运至现场进行绑扎，涵洞按两次进行混凝土浇筑，第一次先浇筑底板（含下梗肋），第二次浇筑边墙及顶板；现浇混凝土集中拌合，混凝土输送车运输，机械振捣。沉降缝处用防水涂料浸制木板断开。

过水箱涵施工程序：基础开挖→钢筋绑扎→基础坼工→涵身坼工→入口坼工→防水及沉降缝施工→出入口铺砌→涵背基坑回填。

涵台背采用设计要求的填料回填，靠近涵背边墙及边角等不易压实部位采用小型机具夯实。

### （二）施工方法

**1. 地基评价和检测**

施工前换填后的涵洞地基进行地基承载力检测，合格后进行混凝土基础施工。

**2. 箱涵主体施工**

（1）混凝土浇筑次序

箱涵涵身断面按二次进行混凝土浇筑，第一次先浇筑底板混凝土（含下梗肋），第二次浇筑边墙及顶板混凝土。

（2）模板及支撑

施工用模板，其内模采用定制大块钢模板，外模采用组合钢模拼装而成，并通过水平、竖向工字钢、对拉钢筋及底板预埋钢筋构成支撑体系。在模板支立时，对上下梗肋的模板要加固牢靠，模板接缝处要紧塞较厚的双面胶带，慎防漏浆影响混凝土内实外美效果。

（4）涵身混凝土浇筑

箱涵每 10m 设置一道施工缝。

当基础砼强度达到设计强度 90% 以上时，重新对涵位涵身进行测量放样，进行箱涵底板及下梗肋高度范围内边墙混凝土的浇筑，同时，预留与边墙连接钢筋。待其混凝土强度达到设计强度的 90% 后，方可支立加固边墙内模和顶板底模、绑扎侧墙及顶板钢筋，再支立加固边墙外模，最后进行边墙及顶板混凝土的浇筑。底板与边墙施工缝处理，应预埋接缝钢筋，同时在接茬表面凿毛，将浮浆、浮碴清除，并用清水冲洗干净，然后浇筑边墙及顶板混凝土。混凝土捣固过程采用插入式振捣棒振捣，确保砼密实。

（5）养护及模板拆除

混凝土浇筑后，应根据气候条件，对所浇筑混凝土进行覆盖洒水养护，其养护时间不得少于 14 天。底模板拆除应在混凝土强度达到 85% 后方可进行，侧模应在混凝土强度达到 2.5MPa 以上，且其表面及棱角不因拆模而受损失时，方可拆除。

3. 涵背回填

涵身两侧墙背后填土，应在箱身混凝土强度达到 100% 设计强度时方可进行。要求分层对称回填夯实，不得采用大型机械推土机筑高一次压实，也不得只在一侧夯填，须两侧对称进行。每层厚度不超过 30cm，压实度不小于 96%。应采用砂砾、砂石、稳定土（石灰或水泥土）等填料。对填土高度大于 0.5m 的箱涵，在箱顶覆土厚度小于 0.5m 时，严禁任何重型机械和车辆通过。

# 十、夏季施工措施

## （一）做好防暑降温和饮水、饮食卫生工作

认真执行《建筑施工现场环境与卫生标准》，做好施工现场作业人员的饮水、饮食卫生和防暑降温、防疫、防中毒等工作。

布置施工作业时，妥善安排高温期间施工人员的作息时间，避开高温时段施工，室内的高温作业场所及办公室和宿舍，加强通风降温措施。

对高温作业人员进行作业前和入暑前的健康检查，凡检查不合格者，均不得在高温条件下作业。炎热天气组织医务人员深入现场巡回观察，防止施工人员中暑。

## （二）加强施工现场临时用电安全管理

严格按照《施工现场临时用电安全技术规范》，加强现场用电管理，杜绝电线乱接、乱搭、接头松动、裸露现象，严禁电气设施超负荷运行。

## （三）深化现场消防管理，严防火灾事故发生

夏季高温，极易发生火灾，加强对易燃易爆物品的管理，严格执行消防制度、动火审批及监护制度，严禁在施工区域内吸烟。现场必须配备足够的灭火器材，组织现场作业人员开展灭火器材使用的培训，并制定应急措施，消除火灾隐患。

### （四）加强安全教育，强化人员安全意识

认真组织开展防暑降温与中暑急救知识的宣传教育活动。同时，加强从业人员的安全生产教育培训工作，提高从业人员的安全技术水平和安全意识，杜绝违章指挥、违章作业和违反劳动纪律等现象的发生。

### （五）开展检查，及时、有效消除事故隐患

针对夏季施工特点，开展自查自纠工作，严格按照建筑施工安全技术规范标准抓施工安全。对存在的重大隐患，要坚决予以停工整改。同时，要加大事故的查处力度，对造成事故的责任部门和责任人，按"四不放过"的原则进行查处，绝不姑息迁就。

## 十一、雨季施工措施

### （一）雨季期间现场布置

进入雨季期施工前认真查看现场布置情况、临水临电布置情况，做好现场临时排水沟，保证现场雨水的顺利排除。根据现场施工的实际情况，以方便施工为原则，对雨季施工期间进行合理布置。

### （二）雨季施工前检查

雨期施工前现场经理组织建设管理部、综合保障部等部门对雨期施工准备情况及现场场地条件进行检查，检查排水管、集水井是否畅通，发现堵塞及时清理，保证排水管和集水井能够正常使用。检查内容还包括：检查各种场地的排水状况；对雨期施工用各种机械设备(包括电焊机、电缆)等进行详细检查。对于在检查过程中发现的问题立即组织人员进行整改。

### （三）质量保证措施

对现场使用的配电箱、闸箱、电缆、电线等临时支架等进行仔细检查，及时加固检修；保证电气设备线路的防护完好无损以及其接地、接临保护和绝缘装置的灵敏可靠性，并对其采取必要的防雨、防风、防潮和防淹措施；手持电动工具一律安装漏电保护器，且漏电保护装置一定要安全可靠。

对所使用的机械设备、电气设备进行全面的清理，认真做好防雨、防潮、防淹措施，对于检查中遇见问题及时处理。

大风及雨天天气禁止材料及设备的吊运工作和室外高空作业。

## 十二、文明施工、安全措施

① 现场施工人员、安全员、技术人员在雨期来临前对现场进行雨期安全检查，发现问题及时处理，并在雨期施工期间定期检查。

② 雨期要经常检查现场电器设备的接地、接零保护装置是否灵敏；雨期使用电器设备和平时使用的电动工具应采取双重保护措施，注意检查电线绝缘是否良好，接头是否包好，严禁把电线泡在雨水中。

③ 要做好塔吊的防雷接地干燥，并注意检查。

④ 塔吊操作人员班前作业必须检查机体是否带电，漏电装置是否灵敏，各种操纵机构是否灵活、安全、可靠。如遇暴雨或 6 级以上强风等应停止起重。

⑤ 在第一次大雨过后，应对塔吊进行观测，检查塔基是否沉降、塔身是否倾斜。在雨期施工过后必须对塔吊再次进行观测，防止塔吊出现倾斜而存在安全隐患。

⑥ 进出施工现场的车辆，尤其在雨后，必须对车子和轮胎进行清洗后方可出场。

⑦ 施工现场设专人对现场进行清理工作，洒水、扫地，防止尘土飞扬，清除污泥、雨水，保持现场整洁。

⑧ 密切注意天气变化，了解近期天气情况，合理安排施工工期。

⑨ 上架操作人员注意穿防滑鞋，防止滑倒。

⑩ 雨季来临前认真对管理人员和操作工人分级进行雨季施工的培训工作，加强个人的安全意识和质量意识。

⑪ 设专人对生活区进行定期清理消毒，消灭四害，不吃腐烂变质的食物和污染的水，防止疾病蔓延。

⑫ 防汛抢险器材不得挪作它用。

# 第八章

# 深基坑监测

## 第一节　概述

深基坑在开挖与支护过程中，设计人员一般以土的物理力学性质试验、现场原位试验、工程地质勘察资料、基坑支护工程设计理论、工程经验和同类工程的类比来提高安全系数，进而设计支护体系。尽管如此，深基坑在开挖过程中仍常出现事故，这主要是因为：

① 从岩土工程勘察上来看，由于岩土性质、工程地质和水文地质条件的复杂性，使得勘察所得的数据离散性较大，往往难以代表土层的总体情况，另外，勘察报告所提供的场地地质信息也十分有限。

② 从基坑周围环境条件上来看，基坑往往位于市区，基坑周围建筑物、构筑物、道路和地下管网、管线等设施密集，加大了基坑支护工程的施工难度。

③ 从设计计算上来看，设计所选用计算假定与工程实际不一致，如土中侧压力和支护结构简化的计算假定，不能准确预测支护结构的稳定性和变形性。

④ 从气候环境的影响来看，经过雨水的冲刷、浸泡和地下水的渗透等因素的影响，基坑边坡容易失稳。

⑤ 从现场的施工质量上来看，基坑在开挖过程中，常会遇到一些突发或不可避免的问题，对支护工程产生不良的影响，如人为的超挖、支撑不及时和排水不畅通等。

值得一提的是，近年来我国各城市地区相继编写并颁布实施了各种基坑设计、施工规范和标准，其中都特别强调了基坑监测与信息化施工的重要性，甚至有些城市专门颁布了基坑工程监测规范，如《上海市基坑工程施工监测规程》（DGT 108—2001—2006）等。国家标准《建筑基坑工程监测技术规范》（GB 50496—2009）也已颁布，其中明确规定"开挖深度超过 5m 或开挖深度未超过 5m 但现场地质情况和周围环境较复杂的基坑工程均应实施基坑工程监测"。经过多年的努力，我国大部分地区开展的城市基坑工程监测工作，已经不仅仅成为各建设主管部门的强制性指令，同时也成为工程参建各方诸如建设、施工、监理和设计等单位自觉执行的一项重要工作。

# 第二节 深基坑监测存在的问题

近年来我国基坑工程监测技术取得了迅速的发展，受重视程度也得到了充分的提高，但与工程实际要求相比还存在较大的差距，问题主要表现在以下几个方面。

## 一、现场数据分析水平有待提高

现场监测的目的是及时掌握基坑支护结构和相邻环境的变形和受力特征，并预测下一步的发展趋势。但由于现场监测人员水平的参差不齐以及对实测数据的敏感性差异，往往使基坑监测工作事倍功半。目前，大部分现场监测的模式停留在"测点埋设—数据测试—数据简单处理—提交数据报表"阶段，监测人员很少对所测得的数据及其变化规律进行分析，更谈不上预测下一步发展趋势及指导施工。与大型水电工程相比，一般城市基坑工程由于施工持续时间相对较短、投资规模相对较小，设计人员很少常驻现场。由于现场监测人员更熟悉整个工程施工和监测情况，现实要求监测人员也要具有一定的计算分析水平，充分了解设计意图，并能够根据实测结果及时提出设计修改和施工方案调整意见，这就对监测人员提出了更高的素质要求，而目前国内大多数监测人员还达不到这样的水平。

现场监测是岩土工程学科一个非常重要的组成部分，是联系设计和施工的纽带，是信息化施工得以实施的关键环节，也是多学科、多专业的交叉点。从事基坑监测工作需要掌握工程测量、土力学、基坑施工、工程地质与水文地质、概率统计、数据库、软件编程等相关的知识，所以需要广大监测人员付出更多的辛勤劳动，努力提高自身水平，才能把基坑监测工作做得更深入、更有效、更务实。

## 二、现场监测数据的可靠性和真实性的问题

在实际基坑监测过程中，数据的可靠性和真实性是我国基坑工程界目前面临的一个非常严肃的问题。从某种意义上来说"失真"的监测数据非但不会起到指导施工的作用，甚至会"误导"施工，起到相反的效果。例如，某基坑周边道路已经明显开裂，现场监测数据反映路面沉降尚不到 1cm，由于数据误导，各方麻痹大意，最终导致该工程发生严重事故，事后调查该现场监测工作极不正规，甚至存在篡改、乱编数据现象。基坑监测的误差主要来源于以下两个方面。

### （一）现场监测设备和测试元件是否满足实际工程监测的精度、稳定性和耐久性要求

目前，有些国内的传感器和测量仪器难以满足实际工程的精度和稳定性要求，有些测试数据的精度距实际工程需求竟然相差 1~2 个数量级，误差本身已经超过了实测数据变化量；国外虽有较高精度的元件，但是价格昂贵，不适应我国国情。同时，基坑施工现场条件一般都比较恶劣，大部分监测设备和传感器都要经受施工周期内的风吹日晒和尘土影响，仪器设备的磨损和破坏也是不可避免的现象。另外，工程现场条件，尤其是城市基坑现场施工场地往往十分狭小，可供监测使用的场地就更有限，测点和基准点遭受破坏的现象也屡见不鲜。所以，在基坑监测过程中应该尽量采用经过鉴定的、满足精度的、性能稳定的

仪器，监测过程中应定期校正和标定，注意对测点的保护，以满足保证施工安全的基本要求。

### （二）现场数据采集和处理过程是否满足监测技术要求

在实际监测过程中，由于监测项目多、监测工作量大、监测人员的个体差异，在监测点埋设、数据采集和数据处理过程中会出现各种误差；在监测成果的整理上，目前多数监测单位忽视了数据的可靠性检验和分析，导致实测数据"真假并存"。所以，应由具有丰富现场监测工作经验的技术人员主持监测设计和施工工作，增加监测数据的检验程序；对于各项监测成果，必须首先进行统计检验或者稳定性分析，评价其精度和可靠程度。只有可靠的数据才能进入报表，指导设计和施工。

### （三）监测数据警戒值标准的问题

设定基坑监测警戒值的目的是及时掌握基坑支护结构和周围环境的安全状态，对可能出现的险情和事故提出警报。但目前对于基坑警戒值和控制值的确定还缺乏系统的研究，大多数还是依赖经验，而且各地区差异较大，很难形成量化指标；即使形成量化指标也很难实际操作。例如，在现场监测过程中，有时候会发现即使在基坑规程允许范围内的支护结构变形也会引起相邻建筑物、道路和地下管网等设施的破坏；而有时候，基坑支护结构变形相当大，远远超过报警值，周围相邻建筑物、道路和地下管网却安然无恙。这些都是值得探讨的问题。

由于目前基坑工程监测的警戒值设置存在不合理现象，很多现场监测人员发现实测数据超过警戒值后，很少分析是否真的存在隐患或者数据下一步的发展趋势，而是盖上红章以示报警了事。这样的后果导致报警次数增多而未发生险情，产生麻痹思想，反而忽视真正险情而错过了最佳抢险时机导致事故发生。所以，基坑工程警戒值的合理性值得探讨，如何提出一套合理有效的报警体系成为基坑工程师关注的热点问题。

### （四）监测数据的利用率和经验积累的问题

现场监测除了作为确保实际施工安全可靠的有效手段外，对于验证原设计方案或局部调整施工参数、积累数据、总结经验、改进和提高原设计水平具有相当的实际指导意义。但目前我国有关各基坑工程监测项目资料的汇总与总结尚无统一规划和系统收集，建立地区性的数据网络和成果汇集，对于资源共享、提高水平将有着不可估量的积极作用。

综上所述，针对目前基坑监测工作中存在的种种问题，本章将在简单介绍监测基本情况的基础上，重点对监测方法、各监测项目的数据特征、数据与工况的结合、警戒值的确定方法等各方比较关注的内容进行探讨。

## 第三节　深基坑监测的重要性

深基坑工程监测是指在基坑开挖施工过程中采用科学仪器设备和手段对支护结构、周边环境的位移和变形以及地下水位的动态变化、土层孔隙水压力变化等进行综合观测。通过对支护结构的监测，测到一系列的岩土变形数据，为施工期间支护结构的优化设计和施工方案的合理组织提供可靠的信息保障，也能够对后续开挖方案的实施提出建议，做好及时预报施工过程中出现险情的工作，继而采取积极主动的应对措施。深基坑工程的监测既是检验基坑设计的正确性的唯一途径，又是检验基坑发展理论的重要手段，它能够及时地指导施工，有利于保证围护结构在整个施工过程中的安全性，及时地预报有利于控制结构的变形，有利于控制周围建(构)筑物和地下管线的安全，有利于达到优化施工方案和避免重大事故发生的目的。

概而言之，通过现场监测，可以达到以下目的：

① 由于土体成分和结构的不均匀性、各向异性和不连续性决定了土体力学性质的复杂性，加之自然环境的不可控影响，在认识上，人们还有一定的局限性，借助监测手段是必不可少的补充，以便采取补救措施，确保基坑稳定安全，减少和避免不必要的损失。

a. 通过将监测数据与预测值作比较，判断上一步施工工艺和施工参数是否符合或达到预期要求，同时实现对下一步的施工工艺和施工进度进行控制，从而切实实现信息化施工；

b. 通过监测及时发现围护施工过程中的环境变形发展趋势，及时反馈信息，达到有效控制施工对建(构)筑物、道路、管线影响的目的；

c. 通过监测及时调整支撑系统的受力均衡问题，使得整个基坑开挖过程能始终处于安全、可控的范畴内；

d. 通过监测及早发现基坑止水帷幕的渗漏问题，并提请施工单位进行及时、有效的堵漏准备工作，防止施工中发生大面积涌砂现象；

e. 将现场监测结果反馈给设计单位，使设计能根据现场工况发展，进一步优化方案，达到优质安全、经济合理、施工快捷的目的；

f. 通过跟踪监测，在换撑和支撑拆除阶段，施工科学有序，保障基坑始终处于安全运行的状态。

② 目前深基坑工程的设计尚处于半理论半经验状态。通过监测，可以了解周边土体的实际变形和应力分布，验证设计和实际符合程度。通过监测，掌握周边建筑物和管线的变化趋势，根据基坑变形和应力分布情况为施工步骤的实施、施工工艺的采用提供有价值的指导性意见。

③ 通过对围护结构、周边建筑物和周边地下管线等监测数据的分析、整理和再分析，了解监测对象的实际变形情况及施工对周边环境的影响程度，分析区域性施工特征，为类似工程积累宝贵经验。现场监测也是一次 1：1 的实体试验，所取得的可靠数据是基坑自身和周边土体在施工过程中的真实反映，对于基坑工程设计水平的提高和进步大有裨益。

# 第四节　深基坑监测的技术要求

## 一、深基坑监测的基本原则

### (一) 系统性原则

① 所设计的监测项目有机结合，并形成有效四维空间，测试的数据相互能进行校核。

② 运用、发挥系统功效对基坑进行全方位、立体监测，确保所测数据的准确、及时。

③ 在施工过程中进行连续监测，确保数据的连续性。

④ 利用系统功效减少监测点布设，节约成本。

## （二）可靠性原则

① 设计中采用的监测手段是已基本成熟的方法。

② 监测中使用的监测仪器、元件均通过计量标定且在有效期内。

③ 在设计中对布设的测点进行保护设计。

### （三）与结构设计相结合的原则

① 对结构设计中使用的关键参数进行监测，达到进一步优化设计的目的。

② 在结构设计中，对专家审查会上有争议的方法、原理所涉及的受力部位及受力内容进行监测，作为反演分析的依据。

③ 依据设计计算情况，确定围护结构及支撑系统的报警值。

④ 依据业主、设计单位提出的具体要求进行针对性布点。

## （四）关键部位优先、兼顾全面的原则

① 对围护体及支撑系统中相当敏感的区域加密测点数和项目，进行重点监测。

② 对勘察工程中发现地质变化起伏较大的位置、施工过程中有异常的部位进行重点监测。

③ 除关键部位优先布设测点外，在系统性的基础上均匀布设监测点。

## （五）与施工相结合的原则

① 结合施工实际确定测试方法、监测元件的种类、监测点的保护措施。

② 结合施工实际调整监测点的布设位置，尽量减少对施工质量的影响。

③ 结合施工实际确定测试频率。

## （六）经济合理的原则

① 监测方法的选择，在安全、可靠的前提下结合工程经验，尽可能采用直观、简单、有效的方法。

② 监测元件的选择，在确保可靠的基础上择优选择国产及进口的仪器设备。

③ 在确保全面、安全的前提下，合理利用监测点之间的联系，减少测点数量，提高工作效率，降低成本。

## 二、深基坑监测的内容

基坑开挖施工的基本特点是先变形，后支撑。在软土地基中进行基坑开挖及支护施工过程中，每个分步开挖的空间几何尺寸和开挖部分的无支撑暴露时间，都与围护结构、土体位移等存在较强的相关性。这就是基坑开挖中经常运用的时空效应规律，做好监测工作可以可靠而合理地利用土体自身在基坑开挖过程中控制土体位移的潜力，从而达到保护环境、最大限度保护相关方面利益的目的。监测项目主要包括以下几部分。

## （一）周边环境监测

① 地下综合管线垂直位移监测。

② 周边既有建筑垂直位移、水平位移及裂缝监测。

### （二）基坑围护监测

① 围护顶部垂直、水平位移监测。

② 围护结构侧向位移监测。

③ 坑外土体侧向位移监测。

④ 支撑轴力监测。

⑤ 坑外潜水水位监测。

⑥ 立柱桩垂直位移监测。

### （三）基坑巡视检查

① 边坡有无塌陷、裂缝及滑移。

② 开挖后暴露的土质情况与岩土工程勘察报告有无差异。

③ 基坑开挖有无超深开挖。

④ 基坑周围地面堆载是否有超载情况。

⑤ 基坑周边建筑物、道路及地表有无裂缝出现。

## 三、施测位置与测点布置原则

测点布置涉及各监测内容中元件或探头的埋设位置和数量，应根据基坑工程的受力特点及由基坑开挖引起的基坑结构及周围环境的变形规律来布设。

### （一）桩墙顶水平位移和沉降

桩墙顶水平位移和垂直沉降是基坑工程中最直接、最重要的监测内容。测点一般布置在将围护桩墙连接起来的混凝土圈梁上，水泥搅拌桩、土钉墙、放坡开挖时的上部压顶。采用铜钉枪打入铝钉，或钻孔埋设膨胀螺丝，也有涂红漆等作为标记的。

测点的间距一般取为 8~15m，可以等距离布设，亦可以根据现场通视条件、地面堆载等具体情况合理布置。测点间距的确定主要考虑能够据此描绘出基坑围护结构的变形曲线。对于水平位移变化剧烈的区域，测点可以适当加密，有水平支撑时，测点布置在两根支撑的中间部位。立柱沉降测点应直接布置在立柱桩上方的支撑面上，对多根支撑交会受力复杂处的立柱应做重点监测，用作施工栈桥处的立柱也应重点监测。

### （二）桩墙深层侧向位移

桩墙深层侧向位移监测，亦称桩墙测斜，通常在基坑每边上布设 1 个测点，一般应布设在围护结构每边的跨中处。对于较短的边线也可不布设，而对于较长的边线可增至 2~3 个。原则上，在长边上应每隔 30~40m 布设 1 个测斜孔。监测深度一般取与围护桩墙深度一致，并延伸至地表，在深度方向的测点间距为 0.5~1.0m。

### （三）土体分层沉降和水土压力测点布设

土体分层沉降和水土压力监测应设置在围护结构体系中受力有代表性的位置，土体分层沉降和孔隙水压力计测孔应紧邻围护桩墙埋设，土压力盒应尽量在施工围护桩墙时埋设于土体与围护桩墙的接触面上。在监测点的竖向位置上主要布置于：计算的最大弯矩所在的位置和反弯点位置，计算水土压力最大的位置，结构变截面或配筋率改变的截面位置，结构内支撑及拉锚所在位置。这与围护桩墙内力测点布设的位置基本相同。土体分层沉降还应在各土层的分界面上布设测点，当土层厚度较大时，在土层中部增加测点。孔隙水压力计一般布设在土层中部。

### （四）土体回弹

回弹测点宜按下列要求在有代表性的位置和方向线上布设：

① 在基坑中央和距坑底边缘 1/4 坑底宽度处及特征变形点必须设置，方形、圆形基坑可按单向对称布点，矩形基坑可按纵横向布点，复合矩形基坑可多向布点，地质情况复杂时应适当增加点数。

② 基坑外的观测点，应在所选坑内方向线上的一定距离（基坑深度的 1.5~2.0 倍）布设。

③ 当所选点遇到地下管线或其他建筑物时，可将观测点移到与之对应方向线的空位上。

④ 在基坑外相对稳定或不受施工影响的地点，选设工作水准点，以及为寻找标志用的定位点。

### （五）坑外地下水位

施筑在高地下水位地区的基坑工程，围护结构止水能力的优劣对于相邻地层和房屋的沉降控制至关重要。开展基坑降水期间坑外地下水位的下降监测，其目的就在于检验基坑止水帷幕的实际效果，必要时适当采取灌水补给措施，以避免基坑施工对相邻环境的不利影响。坑外地下水位一般通过监测井监测，井内设置带孔塑料管，并用砂石充填管壁外侧。监测井布设位置较为随意，只要设置在止水帷幕以外即可。如能参照搅拌桩施工搭接、相邻房屋与地下管线相对密集位置布设则更能满足环境保护的要求。监测井不必埋设很深，管底标高一般在常年水位以下 4~5m。

### （六）环境监测

环境监测应包括基坑开挖 3 倍深度以内的范围，建筑物以沉降监测为主，测点应布设在墙角、柱身（特别是能够反映独立基础及条形基础差异沉降的柱身）、门边等外形凸出部位，除了在靠近基坑一侧要布设测点外，在另外几侧也应设测点，以作比较。测点间距应以能充分反映建筑物各部分的不均匀沉降为宜，不同的基坑交接处的两侧也应布置测点。管线上测点布设的数量和间距应听取管线主管部门的意见，并考虑管线的重要性及对变形的敏感性，如上水管承接式接头一般应按 2~3 个节度设置 1 个监测点，管线越长，在相同位移下产生的变形和附加弯矩就越小，因而测点间距可大些。在有弯头和丁字形接头处，对变形比较敏感，测点间距就要小些。

在测点布设时应尽量将桩墙深层侧向位移、支撑轴力和围护结构内力、土体分层沉降和水土压力等测点布置在相近的范围内，形成若干系统监测断面，以使监测结果互相对照，相互检验。

## 四、测试方法原理

为保证所有监测工作的统一，提高监测数据的精度，使监测工作有效地指导整个工程施工，监测工作采用整体布设，分级布网的原则，即首先布设统一的监测控制网，再在此基础上布设监测点（孔）。

在远离施工影响范围以外布置 3 个以上稳固高程基准点，这些高程基准点与施工用高程控制点联测，沉降变形监测基准网以上述稳固高程基准点作为起算点，组成水准网进行联测。

### （一）观测措施

为确保观测精度，观测措施制定如下：

① 作业前编制作业计划表，以确保外业观测有序开展。

② 观测前对水准仪及配套因瓦尺进行全面检验。

③ 观测方法：往测奇数站"后—前—前—后"，偶数站"前—后—后—前"；返测奇数站"前—后—后—前"，偶数站"后—前—前—后"。往测转为返测时，两根标尺互换。

④ 两次观测高差超限时重测，当重测成果与原测成果分别比较其较差均没超限时，取三次成果的平均值。

垂直位移基准网外业测设完成后，对外业记录进行检查，严格控制各水准环闭合差，各项参数合格后方可进行内业平差计算，高程成果取位至 0.01mm。

### （二）监测点垂直位移测量

按国家水准测量规范要求，历次垂直位移监测是通过工作基点间联测一条二等水准闭合或附合线路，由线路的工作点来测量各监测点的高程，各监测点高程初始值在监测工程前期两次测定（两次取平均），某监测点本次高程减前次高程的差值为本次垂直位移，本次高程减初始高程的差值为累计垂直位移。

### （三）监测点水平位移测量

采用轴线投影法。在某条测线的两端远处各选定一个稳固基准点 $A$、$B$，经纬仪架设于 $A$ 点，定向 $B$ 点，则 $A$、$B$ 连线为一条基准线。观测时，在该条测线上的各监测点设置觇板，由经纬仪在觇板上读取各监测点至 $AB$ 基准线的垂距 $E$，某监测点本次 $E$ 值与初始 $E$ 值的差值即为该点累计水平位移，各变形监测点初始 $E$ 值均取两次平均的值。

### （四）围护结构侧向位移监测

在基坑围护地下钻孔灌注桩的钢筋笼上绑扎安装带导槽 PVC 管，内壁有两组互成 90° 的纵向导槽，导槽控制了测试方位。埋设时，应保证让一组导槽垂直于围护体，另一组平行于基坑墙体。测试时，测斜仪探头沿导槽缓缓沉至孔底，在恒温一段时间后，自下而上逐段（间隔 0.5m）测出 $X$ 方向上的位移。同时用光学仪器测量管顶位移作为控制值。在基坑开挖前，分两次对每一测斜孔测量各深度点的倾斜值，取其平均值作为原始偏移值。"+"值表示向基坑内位移，"−"值表示向基坑外位移。

测斜仪工作原理如图 8-1 所示，测斜管安装照片如图 8-2 所示。

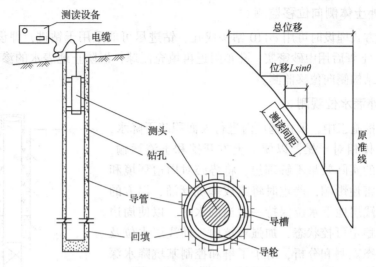

图 8-1　测斜仪工作原理示意图

图 8-2　测斜管安装照片

计算公式为

$$X_i = \sum_{j=0}^{i} L\sin\alpha_j = C \sum_{j=0}^{i} (A_j - B_j) \tag{8-1}$$

$$\Delta X_i = X_i - X_{i0} \tag{8-2}$$

式中　$\Delta X_i$——$i$ 深度的累计位移，mm（计算结果精确至 0.1mm）；

　　　$X_i$——$i$ 深度的本次坐标，mm；

　　　$X_{i0}$——$i$ 深度的初始坐标，mm；

　　　$A_j$——仪器在 0°方向上的读数；

　　　$B_j$——仪器在 180°方向上的读数；

　　　$C$——探头标定系数；

　　　$L$——探头长度，mm；

$\alpha_j$——倾角，（°）。

### （五）坑外土体侧向位移监测

采用钻孔方式埋设时可用 $\phi110$ 钻头成孔，钻进尽可能采用干钻进，埋设Ⓒ 70 的专用监测 PVC 管，下管后用中砂密实，孔顶附近再填充泥球，以防止地表水的渗入。测试方法和原理同围护结构侧向位移监测。

### （六）坑外潜水位观测

在基坑开挖施工中，须在基坑内进行大面积疏干降水，保持基坑内土体相对干燥，以便于土方开挖和土渣运输，如果止水帷幕的实际效果不够理想，将势必对周边环境和建筑物造成危害性影响，严重时将造成基坑管涌、塌方的危害。为了使浅层地下水位保持一适当的水平，以使周边环境处于相对稳定可控状态，加强对坑内、外浅层水位及承压水位的动态观测和分析，对于了解和控制基坑降水深度、判定围护体系的隔水性能，分析坑内、外地下水的联系程度具有十分重要的意义。

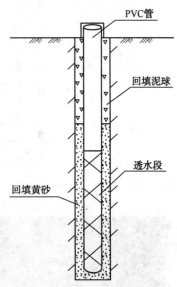

图 8-3　水位孔剖面示意图

对于水位动态变化的量测，可在基坑降水前测得各水位孔孔口标高及各孔水位深度，孔口标高减水位深度即得水位标高，初始水位为连续二次测试的平均值。每次测得水位标高与初始水位标高的差即为水位累计变化量，水位孔剖面如图 8-3 所示。

基坑内水位变化观测一般由降水单位实施，可采用降水井定时停抽后量测井内水位的变化。

# 第九章

# 厦门市轨道交通1号线一期工程土建施工管理

## 第一节　厦门市轨道交通1号线概况

① 工程名称：厦门市轨道交通1号线一期工程土建施工 TJ03-1 工区。

② 监督单位：厦门市建设工程质量安全监督站。

③ 建设单位：厦门轨道交通集团有限公司。

④ 地勘单位：中铁大桥勘测设计院集团有限公司。

⑤ 设计单位：中铁第四勘察设计院集团有限公司。

⑥ 监理单位：铁四院(湖北)工程监理咨询有限公司。

⑦ 总承包单位：中国交通建设股份有限公司。

⑧ 施工单位：中交第四航务工程局有限公司。

⑨ 合同开工日期：2013 年 10 月 20 日(暂定)。

⑩ 合同工期：2013 年 10 月 20 日开始，2018 年 04 月 29 日完成，共 1653 日历天。

⑪ 关键工期控制点：

a. 塘火区间：2016 年 05 月 25 日须提供铺轨条件。

b. 火炬园站：2016 年 05 月 31 日须提供 1 号线铺轨条件；2018 年 04 月 29 日须完成 3 号线。

c. 火高区间：2016 年 05 月 25 日须提供铺轨条件。

d. 高殿站：2016 年 05 月 31 日须提供铺轨条件。

⑫ 合同价：511822560 元，最终以厦门市财政审核中心的审定金额为准。

⑬ 承包方式：土建施工总承包

## 第二节　厦门市轨道交通1号线工程简介

### (一) 工程范围

厦门市轨道交通1号线沿城市重要的南北向发展轴建设，起点设在镇海路，途经文园路、湖滨中路、湖滨南路、嘉禾路出岛；在高集海堤、集杏海堤则探出地面，以高架和地面方式跨海；过海后又重新"钻"入地下，沿杏锦路、诚毅大街、规划中的珩山路，最终到达厦门北站北广场。线路总长 30.3km，其中地下线 25.6km，高架线 2.8km，地面线

1.9km。设站 24 座，另设车辆段（厦门北）停车场（高崎）各 1 座，控制中心 1 座（全网共用），主变电所 2 座（火炬园、董任）。

  TJ03-1 工区位于厦门市湖里区，施工范围为：塘边站火炬园站区间、火炬园站、火炬园站高殿站区间和高殿站，共两站两区间，线路总长约 2400m。

  轨道交通 1 号线线站及 TJ03-1 工区位置如图 9-1 所示，虚线圆圈为本工区位置。

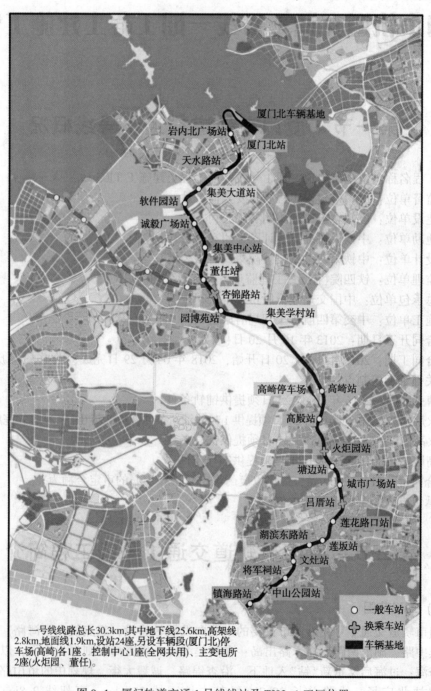

一号线线路总长30.3km,其中地下线25.6km,高架线2.8km,地面线1.9km,设站24座,另设车辆段(厦门北)停车场(高崎)各1座。控制中心1座(全网共用)、主变电所2座(火炬园、董任)。

图 9-1   厦门轨道交通 1 号线线站及 TJ03-1 工区位置

## （二）工程结构

TJ03-1工区工程规模及工法见表9-1。

**表9-1　工程规模及工法**

| 工区 | 车站、区间 | 建设规模（面积、长度） | | 工法及说明 | 说明 |
| --- | --- | --- | --- | --- | --- |
| | | 单位 | 数量 | | |
| TJ03-1 | 塘边站火炬园站 | m | 左：632.059<br>右：622.384 | 矿山法施工 | |
| | 火炬园站（1号线地下三层站） | m² | 20888 | 明挖法（局部盖挖法）施工，灌注桩（吊脚桩）+内支撑+岩石锚杆 | |
| | 火炬园站（3号线部分，T形换乘） | m² | 15376 | 明挖法（局部盖挖法）施工，灌注桩（吊脚桩）+内支撑+岩石锚杆 | |
| | 联络线 | m | 293 | 暗挖法施工 | |
| | 火炬园站高殿站 | m | 左：1251.577<br>右：1244.579 | 矿山法施工 | |
| | 高殿站（地下三层） | m² | 24912 | 明挖法+半盖挖法施工，灌注桩（吊脚桩）+内支撑 | |

## （三）设计标准

1. 车站设计标准

① 地下结构的桩墙式围护结构（除围护桩、抗拔桩和压顶梁外）在施工阶段按临时构件进行设计，设计使用年限2年；围护桩、抗拔桩和压顶梁作为永久结构的一部分，其设计使用年限为100年。

② 地下结构中主要构件的安全等级为一级。按荷载效应基本组合进行承载能力计算时重要性系数取 $r_0 = 1.1$，其他构件取 $r_0 = 1.0$。

③ 按抗震烈度7度进行抗震计算，设防分类为重点设防类（乙类），并按8度采取抗震构造措施。场地类别属Ⅱ类，抗震等级为三级。

④ 车站主体基坑侧壁安全等级为一级，基坑变形控制保护等级为特级，重要性系数 $r_0 = 1.1$。地面最大沉降≤0.10%$H$（$H$为基坑开挖深度）；围护结构最大水平位移≤0.10%$H$，且不大于20mm。

⑤ 车站结构需考虑地下水浮力的影响，进行抗浮验算。抗浮安全系数在不计入侧壁摩阻力时取1.05，计入侧壁摩阻力时取1.15。

2. 区间设计标准

① 区间隧道设计应能满足城市规划、施工、运营、人防、防水、防火、防迷流等要求；结构设计应保证具有足够的强度和耐久性，以满足运营的需要。结构安全等级为一级，主体结构设计使用年限为100年，重要性系数取为1.1。

② 区间隧道及联络通道等附属的隧道结构防水等级为二级，结构防水应满足国家现行

的《地下工程防水技术规范》的有关规定。

③ 当隧道位于有地下水侵蚀性地段时，应根据地下水腐蚀类型及腐蚀等级采取相应的抗侵蚀措施。

④ 结构设计应按最不利地下水位情况进行抗浮稳定验算，在不考虑侧壁摩阻力时，其抗浮安全系数不得小于1.05，当计及侧壁摩阻力时，其抗浮安全系数不得小于1.15。

⑤ 钢筋混凝土结构的最大裂缝宽度允许值应根据结构类型、使用要求、所处环境条件等因素确定，对于一般环境中的结构，在永久荷载和可变荷载组合作用下的最大裂缝宽度允许值为：外侧0.2mm，内侧0.3mm。

⑥ 区间结构的震设防裂度为7度，按7度采取抗震措施。

⑦ 6级人防设防，并采取相应的构造措施，防范等级不低于丁级。

⑧ 区间隧道耐火等级为一级，为满足消防疏散要求，区间设置侧向疏散平台。

⑨ 结构设计应采取防止杂散电流腐蚀的措施；钢结构及钢连接件应进行防锈和防水处理。

⑩ 遂道施工引起的地面沉降和隆起均应控制在环境条件允许的范围内。应根据周围环境、建筑物基础和地下管线对变形的敏感程度，采取稳妥可靠的措施。采用暗挖法施工时，地面沉降量一般宜控制在30mm以内，隆起量控制在10mm以内；在靠近房屋、人行天桥基础及管线的差异沉降最大值按有关部门的要求确定。对于空矿地区可适当放宽。

2. 工程内容

工程内容包括但不限于：车站围护结构、主体结构及出入口、风亭等附属结构、接地及杂散电流防护、土石方开挖及外运、前期准备工作(包括并不限于管线综合、管线迁改、临时保护、交通疏解及辅助设施工程等)、矿山法区间隧道及其联络通道、废水泵房、工作井等附属结构、道路破除及路面恢复工程等。

3. 主要工程数量

主要工程数量见表9-2。

表9-2  主要工程数量

| 项目名称 | 单位 | 数量 | 项目名称 | 单位 | 数量 |
|---|---|---|---|---|---|
| 各类钢筋 | t | 34958 | 混凝土 | m³ | 236590 |
| 喷射混凝土 | m³ | 24815 | 钢绞线(不含相关配件) | m | 16650 |
| 超前小导管 | m | 165100 | 锚杆 | m | 156870 |
| 车站及附属土石方开挖 | m³ | 534493 | 区间土石方开挖 | m³ | 168374 |
| 车站及附属土方回填 | m³ | 139765 | 钢支撑 | t | 4563 |
| 冲孔灌注桩 | 根 | 2728 | 高压旋喷桩 | 根 | 2701 |
| 防水卷材 | m² | 66200 | 防水板 | m² | 98300 |
| 钢管柱、混凝土柱内插型钢 | t | 684 | | | |

(三) 项目实施条件及实地调查勘察

1. 自然条件

(1) 工程地理位置、周边环境

本工区位于厦门市湖里区，沿嘉禾路主干设置，包括塘火区间、火炬园站、火高区间、高殿站。火炬园站、高殿站周边环境主要风险源对工程的影响如图9-2~图9-4所示。

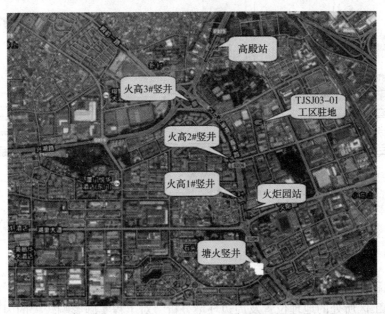

图9-2 TJ03-1各工点位置图

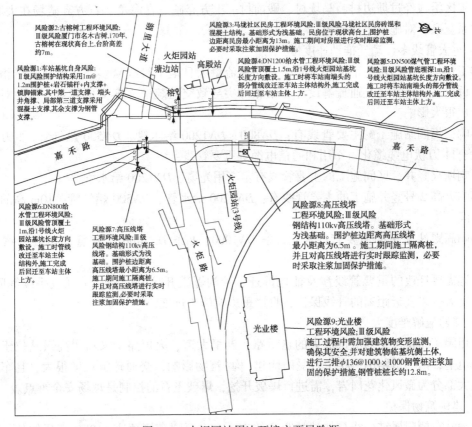

图9-3 火炬园站周边环境主要风险源

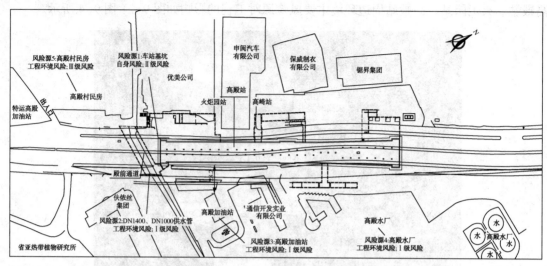

图9-4　高殿站周边环境主要风险源

（2）对工程实施影响较大的因素

通过对本工区所处的地理位置及周边环境分析，对工程实施影响较大的因素如下：

1）社会关系复杂

本工区沿线经过塘边村、马垅村、殿前村、土方弃碴点在海沧、石方弃碴场在大厝山，社会关系复杂，对施工阻挠较大。

2）重大管线多，动迁推动速度慢

本工程位于厦门市主干道嘉禾路上，交通流量大且地下管线众多，用地及管线相关产权单位诉求多，经常与交通疏解设计方案相冲突导致交通疏解方案变更频繁，从而对施工进度造成很大影响。

影响火炬园站施工的主要管线有：$DN800$、$DN1200$ 给水管、$DN500$ 燃气管、1 万伏电缆缆化、11 万伏电缆缆化、军用和通信电缆等重要管线；

影响塘火竖井、区间施工的主要管线有：军用光缆、$DN1200$ 给水管；

影响火高 2 号竖井施工的主要管线有：$DN1200$ 给水管、$DN500$ 燃气管、10m 高的 1 万伏高压线。

影响高殿站施工的主要管线有：2 条 $DN1000$、1 条 $DN1400$ 给水管等重要管线需要保护。

上述需要迁改的重要管线涉及征地拆迁、管沟爆破开挖及办理相关迁改手续等问题，协调难度大，以及近距离的管线保护，将严重影响施工进度。

3）交通疏解难度大

火炬园车站位于交通流量极大的嘉禾路、湖里大道、火炬路交叉口，高殿站位于嘉禾路主干道上，由于道路两侧狭窄且受两侧建（构）筑物影响，交通疏解难度很大，且车站范围地质大部分为微风化花岗岩，需进行爆破开挖，爆破飞石的控制是现场安全重点。

4）建构筑物保护

高殿站东侧附属结构线与加油站距离约 50m、火炬园东侧两座 110kV 高压铁架、区间下穿兴隆路人行天桥及马垅人行天桥，以及线路附近两侧建筑物需进行保护，对施工产能、安全影响大。

5）高边坡的影响

火炬园站西南角交叉路口两端紧临山坡、2号风亭所在地为现状山体，需进行山体爆破开挖，山体开挖顶边线与现状道路高差达到20多米，高殿站西侧现状路面与殿前村高差达到10m，西北角有小山坡，给施工安全带来极大的挑战。

2. 水文气象

（1）地下水

地下水的动态变化受年降水量变化规律的控制，地下水位一般3月开始上升，9月逐渐下降，5~6月为最高水位，12月至翌年2月为最低水位，其变化幅度又因地形、含水层的不同而有差异，总体上基岩裂隙水和风化残积孔隙裂隙水水位随降雨变化较大，第四系松散层地下水变幅较小，年变化幅度35m。勘察期间地下水位埋深0.85~6.30m。

地下水位较高的季节，对区间隧道和基坑的止水施工影响较大。

（2）气候、台风、洪水

厦门地区属热带、亚热带海洋性季风气候区，冬季无严寒，气温的年差和日差都较小，年平均气温为22℃，气温变化对冬季施工影响不大，无需采取特殊的施工措施。且在冬季期间主要为干旱少雨季节，在冬季增加劳、材、机的投入，确保各项施工顺利进行。

厦门地区夏季湿热多雨，台风影响重，暴雨强度大，灾害性天气较多。海洋对本区气候的影响大，雨季为5~9月，年平均雨日为144.7天，平均每年7.3天，以6~10月较多，尤以7~9月为盛期。

台风、下雨、洪水对基坑的施工影响大，需重点做好防台防洪工作。项目部将根据厦门市台风、洪水的特点，编制专项应急预案，落实应急物资设备，降低台风季节、暴雨期对本工程尤其是深基坑施工的影响，确保工程施工安全。

3. 工程地质条件

（1）区间地质

本工区隧道存在软硬不均地层，均一性差且存在较多孤石，施工地质条件较差，加大了施工难度。

（2）车站地质

火炬园站、高殿站岩面高，岩石硬，孤石多，且存在多层孤石的情况，大部分采用吊脚桩且最短桩约5m，格构柱桩需穿微风化1123m，基坑开挖以石方爆破开挖为主，此种地质严重制约工程的进度和增大了成本压力。

4. 市场条件

① 本标段的主要材料包括：钢筋、镀锌钢板、预埋铁件、超前小导管、钢绞线、锚杆、混凝土、水泥、砂、碎石、防水材料、钢结构周转材料等

② 钢筋(车站、区间及上述部分的附属结构中构成永久结构的所有钢筋，结构部位包括但不限于主体结构、围护结构、附属结构、支护、衬砌、联络通道、防护工程等钢筋原材)、镀锌钢板(镀锌钢板止水带原材)、超前小导管、钢绞线(不含相关配件)、锚杆(不包括锁脚锚杆)等采用甲方供应方式；预埋钢铁件、植筋钢筋、锁脚锚杆(管)、预埋注浆管

所需钢材不在甲供范围内，项目部根据实际施工情况和用量采购。

③ 防水材料：PVC 防水卷材、高分子（HDPE）预铺反黏自黏防水卷材、单组分聚氨酯防水涂料等采用甲控乙供采购方式。

④ 混凝土：主体部位混凝土采用（甲控三家项目部自购）预拌商品混凝土。

### （五）项目特点及工程重点、技术难点

1. 项目特点

① 本项目为厦门市第一条轨道交通工程，工程位置突出、建设意义重大。

② 本工区正线有 2 站 2 区间（其中火炬园站为换乘站）。车站均为地下 3 层站，区间工法为矿山法，提供铺轨条件的节点工期不因各工点开工时间推迟而调整，施工组织较复杂、要求高。

③ 本工区隧道存在软硬不均地层、均一性差，施工地质条件较差，部分区段需采取降水配合施工。

④ 厦门属于台风多发地区，台风季节施工易受影响，尤其是深基坑施工更是要做好防台防汛工作。

⑤ 线路情况复杂。本工区主要沿嘉禾路（厦门主干道）施工，地面交通繁忙，地下管线众多，交通疏解和管线迁改工作量大。

⑥ 文明施工要求高。厦门是著名的旅游城市、国家卫生城市，轨道交通工程必需做好围挡封闭工作、文明施工，尽可能减少污染。

2. 重、难点分析及对策

（1）分析

本工区总工期 1653 日历日，1 号线在 2016 年 5 月 31 日必须提供铺轨条件，火炬园站 3 号线要求 2018 年 4 月 29 日完成，通过进度计划编排分析，车站的工期非常紧迫。

影响工期的主要几个因素：

① 节点工期紧。

② 动迁推进速度慢。

③ 车站所在位置岩面高且硬，灌注桩为吊脚桩，且需嵌入微风化 1.5~2.0m、中风化 2.5m，且冲孔过程遇到孤石多，同孔几层孤石的情况也较多，导致围护桩施工难度大，且进度慢，基坑需进行爆破开挖，产能低。

④ 车站要分多期实施才能完成，火炬园站分 7 期实施（1 号线分 5 期，3 号线分 2 期），高殿站分 4 期实施，施工场地小，难于形成大的作业面。且火炬园站采用明挖，局部盖挖，高殿站采用半盖挖，盖挖段的产能更低；

⑤ 施工需考虑周边环境的影响，受到限制多。

（2）对策

① 通过施工准备期的快速适应，尽快熟悉地铁施工，涉及手续办理流程、加大投入、配合业主动迁部进行征地拆迁、管线迁改、树木和绿化迁移，只要拆迁一段、就围挡一段，为快速施工创造条件。

② 对于桩长小于 15m 的桩，采用人工挖孔桩，铺开作业面，通过设计优化，人工挖孔

桩在入岩、终孔、沉碴判定更准确，优化挖孔桩入微风化只需 1.0m、中风化 2.0m。成孔长于 15m 的桩采用冲孔、旋挖工艺，加快桩的施工速度。

③ 采用控制爆破，多开作业面，增加基坑爆破开挖量。

④ 对于车站分多期实施，通过精心合理的组织，尽量将交通疏解工作安排在一期结构施工之前完成。

⑤ 利用好夜间的施工时间，允许夜间施工的工序必须抢时间施工。

⑥ 通过对周边环境的调查，提前做好相关保护措施和房屋鉴定，降低施工过程与周边居民发生争议，以保证施工不中断。

3. 深基坑施工

（1）分析

本工区车站深基坑开挖深度深，火炬园站基坑深约 26.9m、高殿站基坑深约 26.5m，且周边环境复杂。

火炬园站 1 号线与高殿站为地下三层结构，基坑岩面高低起伏变化大，岩石硬，需采用爆破开挖施工。如何确保基坑安全顺利施工是本工区施工的重点。

（2）对策

① 编制深基坑开挖、爆破施工专项方案，组织专家进行评审，按评审意见完善相关方案，并在施工中严格按批准的方案实施。

② 确保围护结构的质量。围护结构的抗侧压能力、抗渗能力、插入比是基坑稳定的关键，施工过程中将对灌注桩混凝土质量、旋喷桩水泥质量、钢筋质量进行严格的检测和控制，确保围护结构的质量。

③ 确保基坑降水的质量。基坑降水质量是保证基坑开挖和基坑稳定性的关键之一，尤其是在人工填筑土、粉质黏土、残积砂质黏性土及风化层，通过降水改善基坑开挖条件和保证基坑开挖安全。要切实做到：每个井点承担的降水面积不得过大，开挖前提前降水，并通过观测井进行水位观测，确认基坑内地下水位已降至基坑底面以下 1m 后才能进行基坑开挖。

④ 处理好开挖和支撑的关系。在开挖过程中掌握好"分层、分步、对称、平衡、限时"五个要点，遵循"竖向分层、纵向分段、先支后挖、随挖随撑、快速封底"的原则，处理好开挖和支撑的关系，严格按照"时空效应原理"组织施工。

⑤ 爆破控制。经多方比选确定采用小药量浅眼松动爆破开挖，加强爆破震速和其他震动较大的施工操作控制，对地面现有建筑物震动的最大震速应小于 20mm/s，对地下管线的最大震速应小于 15m/s。

针对硬质岩体采用小药量浅眼松动爆破，爆破前先在靠近围护结构处，人工辅以液压锤先开挖一道"V"形槽，对既有围护结构形成保护的同时为后续浅眼松动爆破增加临空面，"V"形槽深始终超深于炮眼深度。

利用已开挖形成和沿围护结构先开挖"V"形隔离槽形成的临空面，沿基坑纵向推进，炮孔为平行于临界面的斜孔，平面呈梅花形布置，小药量，浅孔台阶松动爆破，靠近围护结构预留台阶采用人工凿除，同时为减少爆破震速，严格控制炸药量，降低对周边房屋的震动影响。

⑥ 确保围护结构防水施工质量，及时抽排基坑内的明水。加强围护结构的防水施工质量，在基坑开挖过程中随时观察坑壁的表面渗漏水情况，对出现的渗漏水要及时封堵、疏干，以免水流过大引起墙后土体流失现象，影响基坑外土体的稳定。基坑内地表的明水随时抽排干，防止地表水渗入土中软化土体。

⑦ 及时施作垫层和底板封闭土体尽早形成支撑受力体系。基坑开挖到底后应及时施作垫层混凝土封底，缩短土体暴露时间，并在最短的时间内将结构底板施作完毕，形成基坑支撑体系，增强基坑安全。

⑧ 处理好拆支撑和结构混凝土施工的关系。结构钢筋混凝土按照底板—立柱—侧墙、中板—侧墙、顶板的顺序从下至上逐层施工，为配合结构施工，支撑也需从下至上逐层拆除，此时应处理拆支撑和结构混凝土施工的关系。施工中应注意：必须待结构混凝土有了足够的强度后才能拆除。

⑨ 加强监测，及时反馈信息指导施工。"监测是施工的眼睛"，深基坑施工的全过程在严密的监测下进行，以便及时发现问题及时处理，将事故控制在萌芽状态。拟进行支撑轴力、围护结构位移、土体位移、地下水位、地表沉降、周围管线、建筑物的沉降和变形等多项监测，在雨季等特殊施工情况加强监测频率，确保基坑和周边环境的安全。

⑩ 编制"深基坑施工应急预案"，备好应急物资，做到有备无患。为了确保深基坑施工的安全，做到万无一失，在施工前，项目部编制详尽的"深基坑施工应急预案"，备好各种应急物资，成立抢险应急分队，时常组织抢险演练，做到有备无患。一旦发生险情时便可以做到"发现早，反应快，处理及时"，把损失降低到最小。

⑪ 对周边建筑物(如高压铁塔和大榕树)按照设计进行保护，爆破施工尤其注意对高殿加油站、燃气管的保护。

4. 重大管线迁改及保护

（1）分析

各工点需保护的重要管线如下：

① 火炬园站施工涉及 $DN1200mm$、$DN800mm$ 的给水管、$DN500mm$ 燃气管、军用光缆、通信管线、110kV、10kV 高压线的迁改及迁改后在施工过程中的保护；

② 高殿站施工涉及 2 条 $DN1000mm$、$DN1400mm$ 给水管的保护，这几条重要给水管供应厦门岛内 67% 居民的用水，离施工边线最近只有 4.5m，施工过程必须高度重视保护工作。

③ 塘火区间下穿 $DN500mm$ 燃气管、$DN1200mm$ 给水管。

（2）对策

① 对于需迁改的管线，积极配合业主主动迁部及其他单位，尽早迁改到位，以便各工点尽快开展施工。

② 与产权单位对接，商量保护措施，并编制详细的管线保护方案，在施工前做好安全交底。

③ 对于爆破施工，请燃气管线单位到现场值班，以防万一。

④ 重要管线没有设计保护方案的，提请业主、设计出专项设计方案，并按方案实施保护。

5. 防水施工质量的控制

（1）分析

近年来，地铁工程施工完成后，漏水越来越普遍，维修难度大，成本高，防水施工的质量是本工程控制的重点。

（2）对策

① 对车站外防水按设计要求精心组织，认真施工，同时做好主体结构变形缝、施工缝、车站与附属接口处的防水工作，确保防水工作质量。

② 加强现场管控，成立防水施工质量专项QC活动小组并有效实施，提高防水的施工质量。

③ 加强防水材料的质量控制，不合格的材料杜绝用于施工。

④ 在结构砼施工时，首先从砼的配比、运输、入模振捣、综合控温和及时养护方面，防止砼开裂。

6. 竖井进横通道、横通道进正洞马头门施工

（1）分析

竖井进横通道、横通道进正洞马头门是应力较集中处，同时也是围岩开始释放应力的部位，所以马头门处理不当，容易发生掌子面坍塌等险情。

（2）对策

① 做好超前地质预报，详细了解掌子面前方地质、水文情况，采取降水措施配合施工。

② 加强超前支护，通过注浆做好前方地层加固、止水。

③ 破除洞门时，围护桩采用水钻打孔抽芯方式，格栅采用风镐+气割方式。严禁采用爆破施工，减少对周边岩体的扰动。

④ 洞门围护桩或拱架破除时，预留足够长的围护桩钢筋或拱架钢筋，与洞内拱架连接成整体。

⑤ 洞口初期支护采用并排三榀格栅钢架加强措施。

7. 区间施工时保证路面结构安全及减小对地面交通的影响

（1）分析

嘉禾路为厦门岛内主要交通道路，机动车道为双向六车道，两侧为5.5m宽机动车辅道，日常交通流量较大。塘火区间、火高区间位于嘉禾路正下方，隧道拱顶埋深约1020m，如何保证路面结构安全及减小对地面交通的影响，是项目控制的重点。

（2）对策

① 上、下台阶初期支护尽快封闭成环。

② 加强对锁脚锚管的打设质量控制，以减少拱部开挖时拱顶下沉。

③ 随隧道开挖进度相应在地面做好标识，安排专人路面巡查，发现路面异常等情况及时处理。

④ 对隧道拱顶埋深较浅或围岩较差的地段，减少每循环开挖进尺数，加快封闭成环速度，二衬及时跟进。必要时采取加密格栅钢架、架设临时仰拱、地面钢板防护等措施。

⑤ 爆破采用精准控制爆破施工，振速控制在20mm/s内。

⑥ 加强对未封闭成环段的隧道拱顶、地面沉降监控量测，及时反馈数据。

8. 减小施工对桥桩的影响，以及保证对天桥的结构安全和安全施工

隧道下穿兴隆路口人行天桥、马垅人行天桥，如何减小施工对桥桩的影响，以及保证对天桥的结构安全和安全施工，是项目的控制重点。

（1）分析

塘火区间在线路 YDK10+215 处下穿兴隆路口人行天桥，隧道埋深 17.8m，自上而下处于素填土、粉质黏土、凝灰岩残积土、全风化凝灰岩、强风化凝灰岩等岩层中，围岩为 V级，隧道与兴隆路口人行天桥关系立面图如图 9-5 所示。

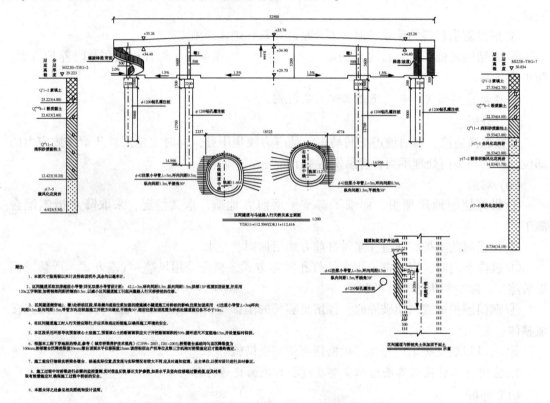

图 9-5　隧道与兴隆路口人行天桥关系立面图

火高区间在线路 YDK11+111 处下穿马垅人行天桥，隧道埋深 13.17m，自上而下处于素填土、粉质粘土、全风化花岗岩、微风化花岗岩等岩层中，围岩为 V级，隧道与马垅人行天桥关系立面图如图 9-6 所示。

（2）对策

① 前期对照设计图纸，对隧道与桥桩位置关系进行实地调查、复核、测量。

② 施工前对桥桩承台基础采用袖阀管注浆进行预加固，施工过程中根据沉降监测结果采取动态跟踪注浆。

③ 上台阶开挖后拱部增设临时仰拱，以控制因围岩收敛导致的拱顶下沉。同时加密钢架间距，控制在 0.5m，加密区段长度为桥桩沿隧道纵向前后 20m。发现沉降异常等紧急情况时，必要时在隧道中间增加临时型钢立柱。

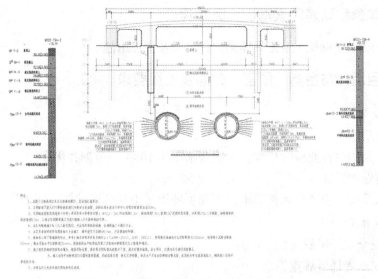

图 9-6　隧道与马垅人行天桥关系立面图

④ 爆破该段时，降低爆破震速，控制在 1cm/s，以减少爆破震动对桥桩的损坏。

⑤ 安排专人对桥面、桥桩等地面结构的巡查。同时增加对人行天桥主体结构的裂缝监测项目。

⑥ 隧道通过该段时对天桥进行全程监控，加密监测频率，数据及时反馈。

# 第三节　质量、环境和职业健康安全

### 一、质量要求

符合国家及相关行业验收标准，一次合格率达 100%，争创省优。

### 二、环境保护要求

符合国家及厦门市环保条例要求，不发生环境污染和环境破坏责任事故。

### 三、职业健康安全要求

① 不发生因工死亡事故；

② 不发生重大施工机械设备损坏事故；

③ 不发生坍塌(土方、模板架、脚手架、设备)事故；

④ 不发生重大火灾、食物中毒事故；

⑤ 不发生重大环境污染事故；

⑥ 做到安全管理到位、防护设施标准、人员行为规范、现场施工有序、环境卫生整洁，力争做到：零损失、零事故、零伤亡，争创市安全文明标准化工地。

## 四、危险源和环境因素辨识、风险评价

本工区危险源分析及对策见具体重大危险源及预控措施。

## 五、项目目标与合同、顾客、政府及上级要求

1. 项目目标

（1）质量目标

符合国家及相关行业验收标准，一次合格率达 100%，争创省优。

（2）环境保护目标

符合国家及厦门市环保条例要求，不发生环境污染和环境破坏责任事故。

2. 职业健康安全目标

① 生产安全责任事故死亡率：0；

② 生产安全责任事故重伤率：0；

③ 较大及以上生产安全责任事故：0；

④ 重大及以上道路交通责任事故：0；

⑤ 一般及以上火灾责任事故：0；

⑥ 职业病：0。

3. 文明施工目标

争创市安全文明标准化工地。

4. 工期目标

本工区计划工期 1653 日历日，关键节点目标如下：

① 塘火区间：2016 年 05 月 25 日须提供铺轨条件。

② 火炬园站：2016 年 05 月 31 日须提供 1 号线铺轨条件；2018 年 04 月 29 日须完成 3 号线。

③ 火高区间：2016 年 05 月 25 日须提供铺轨条件。

④ 高殿站：2016 年 05 月 31 日须提供铺轨条件。

5. 合同、顾客的特殊要求

① 根据厦门市的有关规定，本工程必须使用商品混凝土(除喷射混凝土外)，由承包人自行采购，但供应商的资质必须为厦门市预拌商砼专业企业二级或以上资质。承包人在签订商砼供货合同前，必须将商砼企业资质及相关材料报监理人审核，经发包人同意后方可签订供货合同。

② 涉及市容市貌及轨道建设整体形象的施工围挡必须统一，由承包人自行采购。承包人在签订围挡供货合同前，必须将生产厂企业资质及相关材料报监理人审核，经发包人同意后方可签订供货合同。涉及施工安全的主要设施材料钢支撑由承包人自行采购、租赁，但其生产厂和供应商必须使用符合国家标准的材料生产，承包人在签订供货或租赁合同前，必须将相关材料报监理人审核，经发包人审核同意后方可签订供货或租赁合同。

③ 涉及结构安全及重大质量影响的防水材料实行甲控乙供。甲控材料由发包人经考

察、审核确定3家或以上具有一定生产规模且参与过其他城市轨道工程项目供应的生产厂家做为防水材料供应商名录,承包人必须在此范围内选择供应商。高分子(HDPE)防水卷材颜色应为白色,其他防水卷材颜色应为浅色,不得使用黑色、套牌产品。承包人报价已充分考虑现场卸车、清点、验收、加工、安装、储存、保管、移运、损耗、附属配件、采保费、检验试验等费用。

④ 钢筋(车站及上述部分的附属结构中构成永久结构的所有钢筋,结构部位包括但不限于主体结构、围护结构、附属结构、支护、衬砌、联络通道、防护工程等钢筋原材)、镀锌钢板(镀锌钢板止水带原材)、超前小导管、钢绞线(不含相关配件)、锚杆(不包括锁脚锚杆)等采用甲方供应方式。

## 六、质量管理及技术措施

### (一)质量管理策划

**1. 质量目标**

符合国家及相关行业验收标准,一次合格率达100%,争创省优。

**2. 创优计划**

建立健全四标管理体系,工程质量验收合格,并在此基础上争创优质工程,使本工程在结构的细部处理上一个档次,具有超前、合理、节能、美观实用的特点,用户满意度高。做到高质量意识、高质量标准、高质量目标;严格管理、严格控制、严格检验各项质量指标,以实现创优目标。推广使用新材料、新设备、新工艺、新技术。

(1)现场管理计划

现场质量、安全、环保管理体系健全。四标体系程序文件齐全有效。质量、安全、环保机构健全,职责明确、制度齐全。技术标准等有效文件配备齐全,满足使用需要。施工组织设计及时编审、内容齐全、工艺合理,能有效指导施工。图纸会审、各项设计变更均有正式手续。典型或样板施工有计划、有实施、有总结。检查考核制度能够在实际中有效执行、落实,能有效地保证工程质量、安全、环保。严格审查协作单位经营能力情况,将协作单位纳入管理体系统一管理,做好施工方案技术交底和人员培训工作,做好对协作单位过程控制,严格奖惩罚制度。

(2)施工质量控制资料计划

施工基线、水准点和主要放线有检查验收并定时复核。原材料、构配件质量证明齐全。试块、试样按规定取样检验。主要施工记录齐全、准确、有效。隐蔽工程验收及时,手续齐全。工程质量检验评定符合相应标准规定,并及时准确。沉降、位移观测有计划、有观测、有分析,能述到指导施工目的。质量事故、问题调查处理资料齐全、真实。竣工资料整理符合规定。

(3)施工质量水平计划

基础工程未发生不允许的沉降、位移。主体结构施工质量优良。工程细部处理仔细、几何尺寸符合标准。工程观感质量良好。文明施工,成品保护完善。

（4）为用户服务情况计划

与用户有良好的联系渠道。定期对用户进行回访。认真对待用户的意见，最大限度满足用户的合理要求。施工质量和服务令业主满意。

（5）成本管理计划

编制《项目施工策划书》，进行项目管理总体实施计划方案策划，对工程全过程、全方位安排；根据公司下达的《项目管理经济责任制》，进行项目管理责任目标策划，明确并量化管理目标与责任；进行项目管理经营策划，实现工程成本的计划性控制，以实现成本管理规范，经济效益明显。

（6）工期计划

项目部制定一个完善可行的目标计划并进行动态管理，注重施工设备、人员、材料等资源的配置，施工资源的合理配置是实现目标进度计划的保证。注重工程前期政府相关部门手续的办理，与政府机关的充分沟通与良好关系，保证项目顺利实施。提前进行协作单位的选择，材料、设备的供货合同的签订，保证后续工序的良好衔接。对施工进度的执行情况进行动态检查并分析进度偏差产生的原因，确保实际工期满足合同要求。

3. 质量管理体系

（1）质量管理组织机构和保证体系

为了加强工程的质量管理，项目部设立施工质量管理领导小组，负责项目部施工质量管理工作。施工质量管理领导小组由经理、总工、副经理、安全质量环保部、工程技术部、物资设备部等人员组成。项目部工程质量管理领导小组的主要责任包括：贯彻国家有关工程质量的方针政策、法律法规，制定项目部施工质量管理的有关计划和办法；制定工程质量目标，负责工程施工过程、结构材料、半成品、成品质量控制验证工作；参加隐蔽验收工程、分项、分部工程验收；负责工程检验资料的收集、竣工资料的整理统计评定、归档；定期和不定期组织工程施工质量检查；参加工程质量事故调查处理，协调解决质量事故和争端；考核和评价项目部工程质量管理工作；认真做好优质工程的申报工作。

质量管理组织机构见图 9-7、质量保证体系见图 9-8。

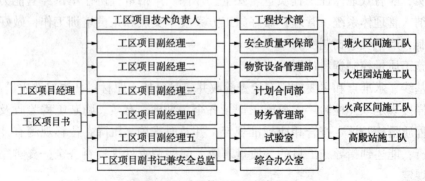

图 9-7　质量管理组织机构图

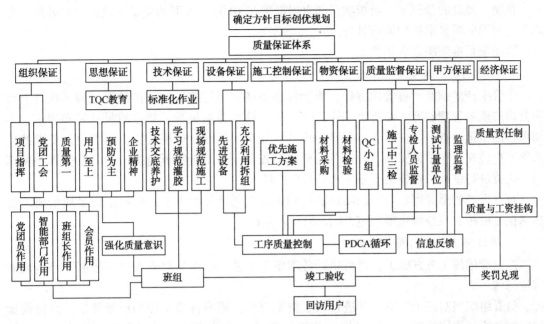

图9-8　质量保证体系图

## （二）质量管理体系主要岗位及部门质量职责

1. 项目经理质量责任

项目经理是工程项目施工质量的第一责任人，对项目施工质量负主要的领导责任。项目部应建立并健全项目部质量管理体系，并确保质量管理体系在项目部得到有效实施；负责贯彻落实公司（或子分公司）下达的经济责任制所规定的质量目标和创优目标。

设置项目部专职质检部门，配置满足行业要求和生产需要的质检人员。

根据有关规定，细化项目部岗位责任，明确质量责任人。当人员发生变动情况时，应及时完善变更手续，重新调整质量责任。

建立和落实施工质量检查制度。

参加项目部质量检查。

建立项目部质量奖惩制度并组织实施。

对质监局、业主、监理、上级等单位的质量投诉、质量检查发现的问题制订各项措施，及时作出整改。

根据质量优劣决定奖惩。

2. 项目总工质量责任

贯彻执行质量法律、法规和上级的各项施工质量管理制度。负责施工质量管理工作，对施工生产过程的质量监管负综合管理责任，对产品质量负直接技术责任；组织编制创优计划和制定项目部质量责任制、协助项目经理制订质量奖惩制度。

领导项目部质检部门，组织进行质量检查，并提出整改计划及方案。

领导试验室、测量班处理解决日常试验、测量的技术问题。

在项目经理的授权下，组织项目部直接损失在 10 万元以下的质量事故的调查处理，参加上级组织的质量事故的调查处理。

协助项目经理决定质量奖惩。

3. 项目副经理质量责任

主管生产的副经理将管理方针、质量目标贯彻到项目施工和生产的全过程，执行上级和公司的质量管理制度。安排施工生产进度时，检查质量情况，提出质量意见和要求，参加项目部质量检查，负责施工过程满足设计、规范、标准、规程及施工组织设计要求的技术保证措施在工序中的实施。针对各级质量检查和顾客质量投诉所提出的问题安排相关部门、人员进行整改，对施工质量负直接领导责任。

负责生产的副经理参与编制项目实施的施工工艺及技术方案，并提出满足质量要求的技术保证措施，参与解决项目施工的一般技术问题。

4. 项目部工程部门质量责任

按批准的施工方案施工，严格执行各项施工工艺、标准，对施工过程控制不当造成的质量问题负责。

负责组织编写施工方案，并进行施工技术交底，明确各道工序的质量要求，并督促做好班组自检、交接检工作，按时编制施工过程检查验收资料，并对资料的真实、准确性负责。

组织隐蔽工程验收，督促不满足要求的工序返工、整改。

负责对各级质量检查组发现的施工质量问题组织整改。

参加项目部质量事故调查，提出事故的技术原因和技术补救措施。

参加工程质量检查。

解决项目施工中工序质量的常规性技术问题。

5. 项目部质检部门质量责任

按照公司、子(分)公司的质量管理要求，制定本项目的质量管理制度，并监督实施。

按设计、规范、标准和规程的要求，对施工过程各工序、隐蔽工程进行检查、验收，履行签认手续，做好企业自检，对施工质量负确认责任。

加强与总承包、监理、业主和质监局等单位的沟通，配合做好社会监理、业主审核和政府监督工作。

对分项、分部及单位工程进行划分并上报；负责制订对结构材料、半成品、分项、分部及单位工程的质检计划并组织实施。

参加项目部质量事故的调查、处理，及时报送事故快报和调查报告。

收集整理交、竣工资料，参加交(竣)工验收工作；按时报送项目月、季、年度质量统计报表及总结。

对发现的项目质量隐患(问题)，有权越级向上级和政府有关部门报告，并要求停工整改。

6. 项目部试验室质量责任

合法合规开展试验、检测工作。对送检样品准确性、真实性负责。

配合工程部门进行新技术、新工艺、新产品的开发和技术检测、鉴定工作。

对检测试验设备定期检查、维修，保证设备完好，并做好计量检定工作。

7. 项目部测量班质量责任

结合项目的特点和工艺要求，负责编制项目施工测量方案，并计算有关的放样数据，经报审后组织实施。

负责复测业主提供的首级施工控制网，并进行严密平差计算，加密控制网并定期复测，确保控制网满足精度要求。

做好工程测量放样工作，对建筑物变形、沉降、位移进行观测，提供真实、可靠的测量数据，对测量数据、报告负直接责任；配合工程部门、质检部门做好工程质量检查、验收工作。

定期做好仪器设备的保养、计量检定，定期对仪器设备进行性能指标检查。

8. 项目部物资部门质量责任

对所采购的材料、设备、器具的质量负直接责任。

及时收集和提交所采购材料、设备、器具的质量合格证书。

执行材料进场验收的相关规定。

9. 项目部技术人员质量责任

认真执行上级规定的各项施工质量管理制度，严格按照设计、规范、标准和规程的要求以及施工组织设计和施工方案所规定的工艺和技术要求组织施工，对所承担的分项、分部工程质量负直接责任。

认真编写施工组织设计和专项方案，并对作业班组进行技术交底。技术交底应明确提出具体的质量要求，并在施工中督促执行。

负责组织班组之间的自检、交接检工作。组织隐蔽工程检验验收，认真填写隐蔽工程验收记录、分项工程质量检验表等资料，完善签字手续。

负责所施工的分项、分部工程的质量记录积累，检查班组原始记录，并及时移交。

发生质量事故时，应及时报告质量事故并填写质量事故快报。

10. 项目部质检员质量责任

按设计、规范、标准和规程的要求，对施工过程各工序、隐蔽工程进行检查、验收，履行签认手续，做好自检，对经检验签字后的工程(产品)或分项(工序)负质量确认责任。

对分项、分部及单位工程进行划分并上报；负责制订对结构材料、半成品、分项、分部及单位工程的质检计划并组织实施。

参加项目部质量事故的调查、处理，及时报送事故快报和调查报告。

认真填写质量工作日志；收集整理交、竣工资料，参加交、竣工、验收工作；按时报送项目月、季、年度质量统计报表及总结。

对发现的项目质量隐患(问题)，有权越级向上级和政府有关部门报告，并要求停工整改。

11. 项目部班组长质量责任

认真贯彻执行质量管理制度和技术规范，按照设计、规范、标准、规程以及技术交底的要求组织分项、分部工程施工，协助技术人员做好工序检查验收工作。

组织本工序人员练好基本功，不断提高操作技能水平。

对不合格的材料有权拒绝使用。不合格的上道工序或半成品不得流入下道工序。

接受质检员的检查，对质检员提出的问题，组织作业班组人员及时整改。

配合技术人员填写各种质量记录。

## 七、施工质量管理

### （一）施工准备阶段的质量控制

① 项目经理按质量计划中工程采购的规定，选择并评价协作队伍，并应保存记录。

② 项目部总工在设计交底会议前组织有关施工技术人员、质检人员熟悉图纸，具体要求：理解设计意图，收集并查阅相应的法规、规范、标准、规程及标准图纸；检查图纸与设计说明书是否齐全，有无矛盾之处，与有关规范、标准是否一致；检查图纸之间结构尺寸是否一致，轴线是否一致；核对图纸是否与现场实际情况一致；将设计中存在的问题由技术负责人整理成书面记录。

③ 施工组织设计、专项方案经公司、监理、业主审批，经各级审批并按审批意见进行修改完善后方可进行施工。根据合同约定，施工方案提前提交监理审批。按施工方案落实场地、道路、水电、消防、临时设施规划，设置材料堆放场地，并进行平整硬化。

④ 完善开工报告手续，核查单位分部分项工程划分表、测量控制网布设及验收、施工手续、材料设备、砼配合比设计、现场准备等已经监理、业主审批。

⑤ 进行三级技术交底，在各分项工程开工前，项目部必须组织有关施工人员进行施工技术交底，详细说明施工方法和进度要求，验收标准，明确所要控制和监视的过程参数并说明监控方法、要领、标准，重要部位、文字难以表达的项目附上草图。施工技术交底填写技术交底卡。

⑥ 对施工人员进行质量教育培训，组织学习规范、管理体系等相关质量规定。

### （二）现场施工过程的质量控制

从施工准备开始到工程结束，使施工全过程的"人、机、料、法、环"处于受控状态，以确保完成合同全部内容。

① 班组自检、项目部专检、工序间交接检。现场施工人员要有相应的专业技术知识，技术工人要有相应的操作技能，无专业知识和操作技能人员不予使用，各技术工种均须持证上岗。

施工人员严格按有关操作规程和技术交底要求进行施工，本道工序完成后，按要求进行自检，发现不合格情况，及时处理不留质量隐患。自检完成后，认真填写检查表，符合规定要求后才能进行下道工序施工。项目部将组织施工人员对重点工程，关键部位和容易犯质量通病的施工项目进行重点控制。

进行不定期的巡检和抽检，并形成书面检查报告。工序间交接办理交接验收手续，并报送监理工程师验收，取得同意后方进行下道工序施工。整个过程中，加强班组的质量意识，在班组间实行自检、互检、交接检"三检制度"，坚持执行"上一工序不合格，下一工序不得施工"的制度。

② 施工中应严格要求，注意对过程参数和数据的收集，以检验过程能力。首次施工完成后，项目部将组织有关施工人员进行检验及总结分析，提出整改意见和注意事项，在下次施工中改进。如表明过程能力不足，应找出主要原因，对操作人员，施工设备，结构材料做出调整，直至有效地控制工序过程，满足规定的质量标准。

③ 在施工过程中严格按照施工组织设计进行施工，变更方案须重新通过审批。

④ 建设单位或设计单位提出的设计变更，项目部将及时根据变更程度、范围及时调整或重新策划施工方案和计划。在接到变更通知后，在原设计文件上做修改或标明作废，以防误用。

⑤ 工程施工质量记录由施工现场技术主管负责随施工进度及时收集、整理、保存、汇集。工程质量记录真实地反映出工程实际情况，填表人按有关规范、规定的相应表格认真填写，做到字迹清楚规范，项目齐全，无未了事项。写好施工日志，做好一切施工技术原始资料的记录工作。

⑥ 项目部负责人根据生产施工情况经常召开生产会，及时解决质量问题。

⑦ 在关键部位、关键工序和一些特殊工序实行技术人员旁站制度，例如钢筋连接、防水板的铺设，混凝土的浇筑等工序，都要求现场技术人员进行旁站监督。按《福建省城市轨道交通工程关键节点施工前条件验收暂行规定》组织关键节点施工前验收。

施工过程控制程序见图 9-9 所示。

⑧ 在最终工程移交前，对产品采取防护措施。

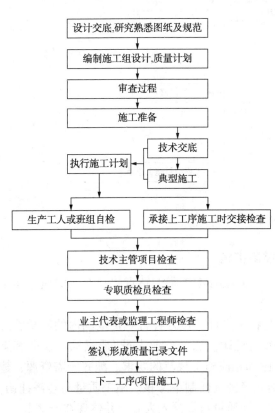

图 9-9　施工过程控制程序

## （三）竣工验收阶段的质量控制

① 单位工程交工前，及时编制、归档竣工资料。

② 项目部总工组织有关专业技术人员按最终检验（或试验）规定，根据合同要求进行全面检查、验证。

③ 对所查的施工质量缺陷进行处理。

④ 工程保修期内，施工单位应组织回访，若发现有因施工而造成的质量缺陷须按建设部颁发的《建筑工程保修办法》进行保修。

竣工验收程序见图 9-10 所示。

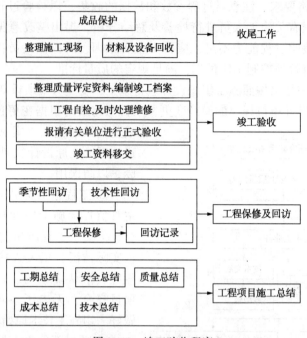

图 9-10　竣工验收程序

### （四）质量控制点及关键点、质量保证控制措施

① 施工过程严格按照局管理体系文件执行，并结合本工程的特点建立有效的质量体系并使之有效运行。

② 项目部管理人员按照项目部岗位职责与权限文件，做好各自职责范围内的质量管理工作。坚持以人为本，先培训后上岗，严肃劳动纪律，加强作业人员"质量第一、顾客至上"的质量意识教育，让施工人员理解设计意图和相应施工规范的要求。配齐所需资源，建立健全质量责任制，职工工作质量的好坏，纳入经济责任制中考核。施工质量与经济挂钩，充分调动施工人员的劳动积极性和主观能动性，让质量目标深入人心，并体现在行动上。

③ 根据工程施工特点，制定切实可行的质量策划、质量控制和改进措施等，编制质量控制点一览表(详见表 9-3)、各分项质量检验试验计划和质量通病治理实施方案等，并组织落实，持续改进。

表 9-3　质量控制点一览表

| 序号 | 工程项目 | 控制点 | 备注 |
|------|----------|--------|------|
| 1 | 冲(钻)孔灌注桩 | 原材料(钢筋、混凝土配合比及强度)成孔(桩位、桩径、垂直度、岩样、深度、沉渣、泥浆性能)，钢筋(加工尺寸、安装尺寸规格数量间距、连接质量、表面、保护层)，监测，浇筑(导管密水及埋深、混凝土、浇筑时间、标高、检测) | GB50202 |

续表

| 序号 | 工程项目 | 控制点 | 备注 |
|---|---|---|---|
| 2 | 挖孔桩 | 成孔(桩位、桩径、垂直度、护壁强度、岩样、深度、沉渣)，钢筋(原材、尺寸、保护层、连接质量)，监测，浇筑(导管密水及埋深、混凝土配比及强度、浇筑时间、标高、检测) | GB50202 |
| 3 | 旋喷桩 | 成孔(桩位、桩径、垂直度、深度、桩体搭接)，水泥浆(水泥原材、配比及强度、时间、压力、检测) | GB50202 |
| 4 | 深孔注浆 | 成孔(桩位、垂直度、深度、桩体搭接)，水泥浆(水泥原材、配比及强度、时间、压力、检测) | GB50202 |
| 5 | 钢管柱 | 原材料(钢材、焊材)，加工(尺寸)，沉桩(停锤标准、垂直度、桩位、标高) | GB50202 |
| 6 | 钢结构(支撑、格构柱、主体) | 原材料(钢材、焊材)焊接，(工艺、尺寸、缺陷、检测)涂层(除锈等级、涂层厚度、附着力、外观)，紧固件(紧固程度、外观)零部件加工(尺寸)组装(尺寸、垂直、预拼装)，安装(构件及支撑面尺寸、强度、轴线、垂直度、标高、位置) | GB50205 |
| 7 | 混凝土结构(冠梁、腰梁、支撑、主体) | 原材料(钢筋、混凝土配合比及强度)模板(强度、刚度和稳定性、脱模剂、平整度、尺寸、垂直度、标高、轴线、前沿线)、钢筋(加工尺寸、安装尺寸规格数量间距、连接质量、表面、保护层)，预埋件(数量、规格、尺寸)，砼(浇注、养护)，实体检验 | GB50204 |
| 8 | 锚喷 | 原材料(混凝土配比及强度、钢绞线、钢筋)锚杆锚索(位置、钻孔直径深度、预应力、浆体强度、注浆量、拉力试验)喷射混凝土(厚度、外观)，钢筋网(加工尺寸、安装尺寸规格数量间距、连接质量、表面、保护层) | GB50086 |
| 9 | 构件安装 | 构件及支撑面(尺寸、强度)，安装(轴线、前沿线、标高、位置) | |
| 10 | 基坑开挖 | 开挖前验收、顺序、基坑尺寸、监测 | GB50202 |
| 11 | 基坑支护 | 原材料(钢材、混凝土)，支撑(标高、位置、预加顶力) | GB50202 |
| 12 | 降水及排水 | 排水沟坡度、井管垂直度、间距、插入深度、回填量、真空度 | GB50202 |
| 13 | 基坑回填 | 原材料、分层厚度、含水量、密实度、标高、平整度 | GB50202 |
| 14 | 防水工程 | 原材料(卷材、涂料、混凝土、止水带等)，基层处理，防水层(卷材/防水板/金属板搭接及胶结、涂料配比及厚度粘结)，保护层厚度，细部构造(施工缝及止水带留置) | 混凝土/砂浆同第7项 |
| 15 | 施工测量 | 首级控制网交桩及复测、加密控制测量、联系测量、定向测量、地下控制测量 | GB 50307—2008 |

④ 及时收集每项工程原始资料及隐蔽工程照片，认真填写各种资料并及时签认，同时为竣工文件做好准备。

⑤ 用施工网络管理，明确质量目标，并在施工过程中不断修正、完善。

（五）施工质量检查、验收及其相关标准

施工质量检查按照《城市轨道交通工程质量安全检查指南》（试行）、《质量监督检查管理规定》（QI8-1）等要求执行，编制详细的《工程质量检查制度》，定期不定期进行检查，落实整改。检查方法：采用查阅相关的资料、记录、录像、照相和复制留存相关的质量材料，以及查看施工现场等方式进行检查。对有疑问的材料、构件、半成品和分项工程进行复验。

质量检验严格按照局《QP7-3 质量问题的纠正措施和预防措施管理程序》《QI7-1 质量监督检查管理规定》《QP6-2 现场施工过程控制程序》《钻孔桩、混凝土浇筑等作业指导书》等管理体系文件执行。工程质量检验严格按图 9-11 执行，施工过程严格按班组自检、项目部专检、工序间交接检执行。隐蔽工程及关键部位验收：必须及时填写隐蔽工程质量验收记录，未经验收合格，不能进行下一道工序的施工。

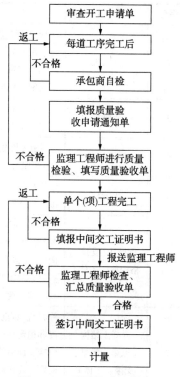

图 9-11　质量检验工作流程

## （六）突发事件的应急措施

① 编制《质量事故应急预案》，成立应急小组。质量事故发生的主要原因是图纸、工艺错误，施工人员责任心不强，弄虚作假、偷工减料，操作不规范，擅自修改施工方案；管理不到位，未落实三检制度；设备故障、仪表失准，材料不合格或变质等。

② 明确事故报告程序。按照《中交第四航务工程局有限公司工程质量事故报告、处理及责任追究管理规定》（四航工程字〔2009〕865 号）要求，发生直接经济损失在 10 万元以下的质量事故，项目部在 5 天内书面快报公司；发生直接经济损失在 10（含）万元以上、50 万元以下的质量事故，项目部 2 天内报公司；发生直接经济损失在 50（含）万元以上、100 万元以下的质量事故，项目部应在 1 天内以书面快报形式报告公司；发生直接经济损失在 100（含）万元以上质量事故，项目部必须在 2 小时内电话报告公司，并在在 12 小时内书面报出快报。

凡发生下列质量事件或下列质量事件有发生的迹象时（主体结构滑移；较大结构性裂缝；砼强度低于设计强度；测量放样错误；主体结构异常偏位、沉降），凡发生钢筋位置及数量不符合设计图纸、原材料未按要求使用甲供材料、被政府监督管理部门在督查中通报的质量问题，可能造成不良社会影响，造成企业经济损失和影响企业荣誉的事件，项目部应在 1 小时内上报公司。凡造成人员死亡的，按安全生产责任事故报告。按照《厦门市建设工程质量监督管理规定》和《关于做好房屋建筑和市政基础设施工程质量事故报告和调查处理工作的通知》要求，工程施工中发生建设工程质量事故时，事故发生单位应在 24 小时内向建设工程质量监督机构报告，重大质量事故应在 1 小时内向建设工程质量监督机构和建设行政主管部门或其他有关部门报告。情况紧急时，事故现场有关人员可直接向建设主管部门报告。

### （七）质量报告和处理

质量报告严格按照局《QI6-35 工程质量统计台账和报表管理规定》《QI6-28 顾客投诉接收和处理规定》《QP4-4 协商与信息沟通控制程序》等管理体系文件执行。

① 在生产过程中，项目部应对各种试验、测量数据认真记录、汇总，对于持续发生的大量的试验数据，特别是同一结构物的砼试验数据，要定期进行统计分析，掌握其质量变化趋势，及时处理可能存在的质量问题。

② 建立与顾客、公司等上级单位联系渠道，及时听取上级单位对本工程质量工作的意见，及时改进施工质量。落实上级单位对项目部质量检查考核。包括建设主管部门违规记分、公司年度经济考核等，定期不定期进行自查自纠。

③ 项目部做好质量统计报告。对施工质量进行通报。发生质量事故及时调查报告，严肃处理。

④ 建立《项目部质量奖罚制度》和《协作队伍质量管理制度》并严格执行。对圆满完成质量目标的、有突出贡献的人员给予奖励；对达不到质量目标的、违反相关规定及造成质量事故的相关责任人员给予必要的处罚。

### （八）质量信息及沟通

① 沟通的渠道包括各种会议、文件、信函、电话、电传、电子邮件、内部网站、内部报刊(通讯、简报)、谈话等。

② 管理要求：顾客对施工质量、进度、服务等方面合理的意见和要求，项目部要及时研究、改进并做好记录，并及时向顾客反馈。对项目部无能力解决的问题要及时向子公司、公司逐级上报。加强施工过程中与设计、监理的沟通，并收集、积累相关的原始资料。对检查和投诉中提出的问题要及时研究整改。施工现场设置监控头，实时监控现场施工情况。提倡体系运行的相关部门负责人能经常性就体系运行的情况进行沟通，特别是在相关管理制度、办法等文件上 OA 系统前，能达成基本共识。项目部要将在当地需遵守的主要法律法规的内容向员工传达。

③ 各部门在获得与其他部门职责相关的重要信息时，应及时转达给有关职能部门。各部门在对外沟通时获得重要信息时应按总归口和体系管理归口的要求，分别及时转达给办公室或体系管理部门。

### （九）施工管理应形成的记录

编制《竣工资料收集责任制》，工程竣工资料要求做到系统配套、齐全、准确、整洁、耐久、及时。

① 齐全完整：按照《厦门市轨道交通工程档案分类方案、归档范围、保管期限表》明确责任人，及时收集。内容完整，签字盖章齐全，不得涂改，具备法律效力。按顺序填写，不得丢失。归档资料须保证 4 份原件，其他单位需留底时增加份数。原材料出厂合格证或

质量证明由材料供应单位提供，抄件或复印件中应有抄件人的签字和抄件单位的红色公章，并注明保存单位。原件扫描件激光打印并盖公章，凡是表格是复印件，而内容是手写的，也将视为复印件。如会议签到表必须是打印出来的，而不能是复印的。

② 真实准确：所移交的竣工文件内容，真实记述和准确反映建设过程和竣工时的工程客观实际，如建交表、试验报告、隐蔽工程检查证、各种原始记录、原材料出厂合格证、复试报告和各项技术数据翔实可靠；竣工图纸已按变更设计和施工洽商记录进行了修改，做到图物相符。

③ 系统配套：按《厦门市轨道交通工程文件归档整理管理办法》等规定统一格式，明确相关用表格式要求，不得随意改动。若需改动，需经监理、业主档案室认可。竣工文件的所有文字、表格材料统一采用 80g A4 纸（297mm×210mm），如不是 A4 纸大小最后组成时要进行折叠和裱糊成统一的 A4 纸大小。成册的图纸按 3#图幅尺寸装订。文字、表格页边距统一采用上下边距 30mm、左边距 20mm、右边距 25mm。各类工程归档资料表格编制：各类表名（第一行，宋体标题，小二号，不加黑），表内文字间距为单倍行距。表内文字为 5 号宋体字，内容较多时可用小 5 号宋体字。统一采用部颁科技档案盒。按规范顺序：排列一个建设项目内各专业内容，一个单位工程内施工资料、图纸的各项内容应配套完整。资料可追溯性：规范规定检查方法，查产品合格证，记录里就必须填写合格证编号。

④ 整洁：竣工文件字体工整，图样清晰，文面整洁。

⑤ 耐久：竣工文件的所有文字、表格材料统一采用 80g 纸。纸张不得破损、潮湿，对破损的文件、图纸应进行托裱，不得使用胶纸带粘贴。必须用碳素墨水打印或填写，严禁使用圆珠笔或易褪色的墨水书写，不得用双面蓝色复写纸书写和复印文件，热敏纸、喷墨打印。声像资料清晰（通过数码相机等设备拍摄的照片，其像数应不小于 1000 万像数。数字照片图像分辨率不应小于 3000×2000 像素，宜使用 RAW 格式拍摄。归档的工程录像资料应图像清晰，解说词和字幕应与画面相符。归档的工程录像带应为 PAL 制式，格式应符合专业格式标准，片长宜为 15～30min 的专题片。摄像机应使用专业机器拍摄。）电子文件：扫描分辨率不低于 600dpi，储存格式为黑白二值图 jpg/jpeg。每页纸质档案单独占用一页进行扫描，扫描留下的黑迹宽度不得超过 0.5cm，指印和黑线不能覆盖或影响正文内容。

⑥ 及时：竣工文件的收集、整理、归档及移交，应做到布置施工任务与布置竣工文件编制、工程施工进度与竣工文件形成积累、工程验收交接与竣工文件交接同步进行，及时移交档案室。

## 八、施工质量检查、验收及其标准

本工程施工质量检查、验收及其标准见表 9-4。

表 9-4  本工程施工质量检查、验收及其标准

| 强制条文 | |
| --- | --- |
| 序号 | 规范和标准名称 |
| 1 | 中华人民共和国《工程建设标准强制性条文（城市建设部分）》（2000 年版） |
| 2 | 中华人民共和国《工程建设标准强制性条文（房屋建筑部分）》（2009 年版） |

测量工程

| 序号 | 规范和标准名称 |
| --- | --- |
| 1 | 《城市轨道交通工程测量规范》GB 50307—2008 |
| 2 | 《工程测量规范》GB 50025—2007 |
| 3 | 《城市测量规范》CJJ/T 7—2011 |
| 4 | 《铁路工程测量规范》TB 10101—2009 |
| 5 | 《建筑变形测量规范》JGJ 7—2007 |
| 6 | 《建筑变形测量规程》JGJ/T 7—2007 |
| 7 | 《全球定位系统(GPS)测量规范》GB/T 18341—2009 |

车站及区间隧道结构

| 序号 | 规范和标准名称 |
| --- | --- |
| 1 | 《建筑地基基础工程施工质量验收规范》GB 50202—2002 |
| 2 | 《建筑边坡工程技术规范》GB 50330—2002 |
| 3 | 《混凝土结构工程施工及验收规范》GB 50203—2002(2011 版) |
| 4 | 《地下铁道工程施工及验收规范》GB 50299—1999 |
| 5 | 《锚杆喷射砼支护技术规范》GB 50085—2001 |
| 6 | 《地下防水工程质量验收规范》GB 50207—2011 |
| 7 | 《铁路隧道工程施工质量验收标准》TB 10416—2003 |
| 8 | 《建筑基坑支护技术规程》JGJ 120—2012 |
| 9 | 《建筑桩基技术规范》JGJ 93—2008 |
| 10 | 《建筑地基基础技术规范》DBJ 13—06-2006 |
| 11 | 《厦门市深基坑支护工程技术管理规定》厦建科〔1997〕002 号 |
| 12 | 《铁路隧道喷锚构筑法技术规范》TB 10107—2002 |
| 13 | 《砌体结构工程施工质量验收规范》GB 50203—2011 |
| 14 | 《建筑防腐蚀工程施工及验收规范》GB 50212—2002 |
| 15 | 《粉体喷搅法加固软弱土层技术规范》TB 10113—96 |
| 16 | 《铁路混凝土与砌体工程施工质量验收标准》TB 10423—2010/J283—2004 |
| 17 | 《组合钢模板技术规范》GB 50213—2001 |
| 18 | 《建筑施工现场环境与卫生标准》JGJ 145—2004 |
| 19 | 《建筑工程施工质量验收统一标准》GB 50300—2001 |
| 20 | 《混凝土小型空心砌块工程质量检验评定标准》DG/TJ 07-2006—2000 |
| 21 | 《土工试验方法标准》GB 50123—99(2007 版) |

车站及区间隧道结构

| 序号 | 规范和标准名称 |
|------|--------------|
| 22 | 《建筑防腐蚀工程施工质量验收规范》GB 50223—2010 |
| 23 | 《砌体工程现场检测技术标准》GB/T 50314—2011 |
| 24 | 《建筑地基处理技术规范》JGJ 79—2012 |
| 25 | 《建筑节能工程施工质量验收规范》GB 50411—2007 |
| 26 | 《既有建筑地基基础加固技术规范》JGJ 123—2000 |
| 27 | 《建筑基坑工程监测技术规范》GB 50496—2009 |
| 28 | 《建筑基桩检测技术规范》JGJ 105—2003 |
| 29 | 《岩土锚杆（索）技术规程》CECS22—2005 |

混凝土工程

| 序号 | 规范和标准名称 |
|------|--------------|
| 1 | 《混凝土结构工程施工质量验收规范》GB 50203—2011 |
| 2 | 《混凝土外加剂》GB 8075—2008 |
| 3 | 《普通混凝土拌合物性能试验方法标准》GB/T 50080—2002 |
| 4 | 《普通混凝土配合比设计规程》JGJ 54—2011 |
| 5 | 《预拌混凝土生产技术规程》DG/TJ 07-226—2009 |
| 6 | 《用于水泥和混凝土中的粉煤灰》GB/T 1595—2005 |
| 7 | 《用于水泥和混凝土中的粒化高炉矿渣粉》GB/T 18045—2008 |
| 8 | 《普通混凝土力学性能实验方法标准》GB/T 50081—2002 |
| 9 | 《普通混凝土用砂、石质量及检验方法标准》JGJ 52—2006 |
| 10 | 《普通混凝土用碎石或卵石质量标准及检验方法》JGJ 52—2006 |
| 11 | 《混凝土强度检验评定标准》GB/T 50106—2010 |
| 12 | 《混凝土质量控制标准》GB 50164—2011 |
| 13 | 《铁路混凝土强度检验评定标准》TB 10424—2003 |
| 14 | 《通用硅酸盐水泥》GB 174—2007 |
| 15 | 《混凝土拌和用水标准》JGJ 63—2006 |
| 16 | 《大体积混凝土施工规范》GB 50495—2009 |
| 17 | 《混凝土结构后锚固技术规程》JGJ 144—2013 |
| 18 | 《混凝土异形柱结构技术规程(附条文说明)》JGJ 149—2006 |
| 19 | 《混凝土泵送施工技术规程》JGJ/T 10—2011 |
| 20 | 《补偿收缩混凝土应用技术规程》JGJ/T 177—2009 |
| 21 | 《回弹法检测混凝土抗压强度技术规程》JGJ/T 23—2011 |
| 22 | 《混凝土及预制混凝土构件质量控制规程》CECS40—92 |

续表

| 钢筋工程 | |
| --- | --- |
| 序号 | 规范和标准名称 |
| 1 | 《钢筋混凝土用热轧带肋钢筋》GB 1499.2—2007 |
| 2 | 《钢筋混凝土用热轧光圆钢筋》GB 1499.1—2008 |
| 3 | 《钢筋焊接及验收规程》JGJ 17—2012 |
| 4 | 《钢筋混凝土用钢筋焊接网》G/T 1499.3—2010 |
| 5 | 《钢筋机械连接技术规程》JGJ 106—2010 |
| 6 | 《钢筋阻锈剂应用技术规程》JGJT 192—2009 |
| 7 | 《预应力筋用锚具、夹具和连接器应用技术规程》JGJ 84—2010 |
| 8 | 《钢筋焊接网混凝土结构技术规程》JGJ 113—2003 |
| 9 | 《钢筋焊接接头试验方法标准》JGJ/T 26—2001 |

| 电气工程 | |
| --- | --- |
| 序号 | 规范和标准名称 |
| 1 | 《建筑电气工程施工质量验收规范》GB 50303—2002 |
| 2 | 《地铁杂散电流腐蚀防护技术规程》CJJ 49—92 |

| 档案管理 | |
| --- | --- |
| 序号 | 规范和标准名称 |
| 1 | 《建设工程项目管理规范》GB/T 50325—2006 |
| 2 | 《建设工程文件归档整理规范》GB/T 50327—2001 |
| 3 | 《建筑施工组织设计规范》GBT 50502—2009 |
| 4 | 《城市轨道交通建设项目管理规范》GB 50722—2011 |
| 5 | 《工程网络计划技术规程》JGJ/T 121—1999 |
| 6 | 《建设电子文件与电子档案管理规范》CJJ/T 116—2007 |
| 7 | 《厦门市城市基本建设档案管理暂行办法》 |
| 8 | 《厦门市建设工程文件归档范围目录表》厦建办(2011)11号文 |

| 其他 | |
| --- | --- |
| 序号 | 规范和标准名称 |
| 1 | 《综合布线工程验收规范》GB 50312—2007 |
| 2 | 建设部《建筑业企业资质管理规定》 |
| 3 | 《危险房屋鉴定标准》GJ 124—1999 |
| 4 | 《城镇道路工程施工质量验收标准》(DBJ01-11—2004) |

## 九、单位、分部、分项工程划分表

本工程单位、分部、分项工程划分表见表9-5。

表9-5 单位、分部、分项工程划分表

| 火炬园站单位/分部/分项工程划分 | | | | |
|---|---|---|---|---|
| 单位工程 | 子单位工程 | 分部工程 | 子分部工程 | 分项工程 |
| 火炬园站 | 明挖车站主体工程 | 基坑围护及地基处理 | 有支护土方 | 冲孔灌注桩 |
| | | | | 钻孔灌注桩 |
| | | | | 人工挖孔灌注桩 |
| | | | | 旋喷桩 |
| | | | | 钢管桩 |
| | | | | 锚杆 |
| | | | | 锚索 |
| | | | | 袖阀管注浆 |
| | | | | 冠梁(圈梁) |
| | | | | 钢筋混凝土支撑、腰梁 |
| | | | | 桩间网喷射混凝土 |
| | | | | 挡墙 |
| | | | | 钢支撑、腰梁及纵向连系梁 |
| | | | | 格构柱型钢 |
| | | | | 降水及排水 |
| | | | | 土石方开挖 |
| | | | | 土方回填 |
| | | | | 混凝土垫层 |
| | | | | 施工测量 |
| | | | | 监控测量 |
| | | 主体结构(含站台及站内用房) | 混凝土结构 | 模板及支架 |
| | | | | 钢筋 |
| | | | | 防水混凝土/混凝土 |
| | | | | 施工测量 |
| | | | 钢管混凝土结构 | 钢管制作 |
| | | | | 钢管焊接 |
| | | | | 螺栓连接 |
| | | | | 钢管安装 |
| | | | | 混凝土 |

| 火炬园站单位/分部/分项工程划分 | | | |
|---|---|---|---|
| 火炬园站 | 明挖车站主体工程 | 杂散电流及综合接地 | 杂散电流及综合接地 |
| | | 防水工程 | 水泥砂浆防水层 |
| | | | 卷材防水层 |
| | | | 涂料防水层 |
| | | | 金属板防水层 |
| | | | 细石砼保护层防水 |
| | | | 塑料板防水层 |
| | | | 细部构造防水 |
| | | | 注浆 |
| | 盖挖车站主体工程 | 基坑围护及地基处理 | 钻孔灌注桩 |
| | | | 旋喷桩 |
| | | | 袖阀管注浆 |
| | | | 冠梁(圈梁) |
| | | | 钢筋混凝土支撑 |
| | | 有支护土方 | 锚杆 |
| | | | 桩间网喷射混凝土 |
| | | | 降水及排水 |
| | | | 土石方开挖 |
| | | | 土方回填 |
| | | | 混凝土垫层 |
| | | | 施工测量 |
| | | | 监控测量 |
| | 主体结构(含站台及站内用房) | 盖板结构 | 贝雷梁制作 |
| | | | 贝雷梁安装 |
| | | | 钢筋混凝土栈桥板 |
| | | | 沥青路面 |
| | | 混凝土结构(含中柱) | 模板及支架 |
| | | | 钢筋 |
| | | | 防水混凝土/混凝土 |

| 火炬园站单位/分部/分项工程划分 | | | |
|---|---|---|---|
| | 盖挖车站主体工程 | 主体结构(含站台及站内用房) | 混凝土结构(含中柱) | 施工测量 |
| | | 防水工程 | | 水泥砂浆防水层 |
| | | | | 卷材防水层 |
| | | 防水工程 | | 涂料防水层 |
| | | | | 金属板防水层 |
| | | | | 细石砼保护层防水 |
| | | | | 塑料板防水层 |
| | | | | 细部构造防水 |
| | | | | 注浆 |
| 火炬园站 | 附属工程(1#出入口) | 基坑围护及地基处理 | 有支护土方 | 钻孔灌注桩 |
| | | | | 旋喷桩 |
| | | | | 桩间网喷射混凝土 |
| | | | | 冠梁(圈梁) |
| | | | | 挡墙 |
| | | | | 基坑降排水 |
| | | | | 土石方开挖 |
| | | | | 土石方回填 |
| | | | | 混凝土垫层 |
| | | | | 施工测量 |
| | | | | 监控测量 |
| | | 主体结构 | 混凝土结构 | 模板及支架 |
| | | | | 钢筋 |
| | | | | 混凝土 |
| | | | | 施工测量 |
| | | 建筑装饰装修 | 钢结构 | 钢墙架 |
| | | | 地面 | 花岗岩面层 |
| | | | | 石盲道砖面层 |

| 火炬园站单位/分部/分项工程划分 | | | | |
|---|---|---|---|---|
| 火炬园站 | 附属工程(1#出入口) | 建筑装饰装修 | 门窗 | 金属卷闸门 |
| | | | 吊顶 | 氟碳铝板屋面 |
| | | | | 天棚吊顶 |
| | | 建筑装饰装修 | 饰面 | 拉丝不锈钢饰面安装 |
| | | | | 花岗岩墙面安装 |
| | | | | 柱(梁)面装饰 |
| | | | 幕墙 | 玻璃幕墙 |
| | | | 细部 | 金属扶手带栏杆、栏板 |
| | | 防水工程 | | 水泥砂浆防水层 |
| | | | | 卷材防水层 |
| | | | | 涂料防水层 |
| | | | | 金属板防水层 |
| | | | | 细石砼保护层防水 |
| | | | | 细部构造防水 |
| | 附属工程(2#出入口) | 基坑围护及地基处理 | 有支护土方 | 桩间网喷射混凝土 |
| | | | | 锚杆 |
| | | | | 基坑降排水 |
| | | | | 土石方开挖 |
| | | | | 土石方回填 |
| | | | | 混凝土垫层 |
| | | | | 施工测量 |
| | | | | 监控测量 |
| | | 主体结构 | 混凝土结构 | 模板及支架 |
| | | | | 钢筋 |
| | | | | 混凝土 |
| | | | | 施工测量 |
| 火炬园站 | 附属工程(2#出入口) | 建筑装饰装修 | 地面 | 花岗岩面层 |
| | | | | 石盲道砖面层 |
| | | 建筑装饰装修 | 门窗 | 金属卷闸门 |
| | | | 饰面 | 花岗岩墙面安装 |
| | | | 细部 | 金属扶手带栏杆、栏板 |
| | | 防水工程 | | 水泥砂浆防水层 |
| | | | | 卷材防水层 |
| | | | | 涂料防水层 |
| | | | | 金属板防水层 |
| | | | | 细石砼保护层防水 |
| | | | | 细部构造防水 |

| 火炬园站单位/分部/分项工程划分 | | | | |
|---|---|---|---|---|
| 火炬园站 | 附属工程<br>（3#出入口） | 基坑围护及<br>地基处理 | 有支护土方 | 桩间网喷射混凝土 |
| | | | | 锚杆 |
| | | | | 基坑降排水 |
| | | | | 土石方开挖 |
| | | | | 土石方回填 |
| | | | | 混凝土垫层 |
| | | | | 施工测量 |
| | | | | 监控测量 |
| | | 主体结构 | 混凝土结构 | 模板及支架 |
| | | | | 钢筋 |
| | | | | 混凝土 |
| | | | | 施工测量 |
| | | 建筑装饰装修 | 地面 | 花岗岩面层 |
| | | | | 石盲道砖面层 |
| 火炬园站 | 附属工程<br>（3#出入口） | 建筑装饰装修 | 门窗 | 通风百叶 |
| | | | | 金属卷闸门 |
| | | | 吊顶 | 天棚吊顶 |
| | | | 幕墙 | 玻璃幕墙 |
| | | 建筑装饰装修 | 饰面 | 花岗岩墙面安装 |
| | | | 细部 | 金属扶手带栏杆、栏板 |
| | | 防水工程 | | 水泥砂浆防水层 |
| | | | | 卷材防水层 |
| | | | | 涂料防水层 |
| | | | | 金属板防水层 |
| | | | | 细石砼保护层防水 |
| | | | | 细部构造防水 |
| | 附属工程<br>（4#出入口） | 基坑围护及<br>地基处理 | 有支护土方 | 钻孔灌注桩 |
| | | | | 旋喷桩 |
| | | | | 桩间网喷射混凝土 |
| | | | | 锚杆 |
| | | | | 锚索 |
| | | | | 冠梁（圈梁） |
| | | | | 钢筋混凝土支撑、腰梁 |
| | | | | 钢支撑、腰梁及纵向连系梁 |
| | | | | 挡墙 |

续表

| 火炬园站单位/分部/分项工程划分 | | | | |
|---|---|---|---|---|
| 火炬园站 | | | | 基坑降排水 |
| | | | | 土石方开挖 |
| | | | | 土石方回填 |
| | | | | 混凝土垫层 |
| | | | | 施工测量 |
| | | | | 监控测量 |
| | | 主体结构 | 混凝土结构 | 模板及支架 |
| | | | | 钢筋 |
| 火炬园站 | 附属工程<br>(4#出入口) | 主体结构 | 混凝土结构 | 混凝土 |
| | | | 地面 | 施工测量 |
| | | | 地面 | 花岗岩面层 |
| | | 建筑装饰装修 | 门窗 | 石盲道砖面层 |
| | | | | 通风百叶 |
| | | 建筑装饰装修 | 吊顶 | 金属卷闸门 |
| | | | 饰面 | 天棚吊顶 |
| | | | 幕墙 | 花岗岩墙面安装 |
| | | | 细部 | 玻璃幕墙 |
| | | | | 金属扶手带栏杆、栏板 |
| | | 防水工程 | | 水泥砂浆防水层 |
| | | | | 卷材防水层 |
| | | | | 涂料防水层 |
| | | | | 金属板防水层 |
| | | | | 细石砼保护层防水 |
| | | | | 细部构造防水 |
| | 附属工程<br>(5#出入口) | 基坑围护及<br>地基处理 | 有支护土方 | 钻孔灌注桩 |
| | | | | 旋喷桩 |
| | | | | 桩间网喷射混凝土 |
| | | | | 冠梁(圈梁) |
| | | | | 钢筋混凝土支撑、腰梁 |
| | | | | 钢支撑、腰梁及纵向连系梁 |
| | | | | 挡墙 |
| | | | | 基坑降排水 |
| | | | | 土石方开挖 |
| | | | | 土石方回填 |
| | | | | 混凝土垫层 |
| | | | | 施工测量 |

| 火炬园站单位/分部/分项工程划分 | | | |
|---|---|---|---|
| 火炬园站 | 附属工程<br>（5#出入口） | 基坑围护及地基处理 | 有支护土方 | 监控测量 |
| | | 主体结构 | 混凝土结构 | 模板及支架 |
| | | | | 钢筋 |
| | | | | 混凝土 |
| | | | | 施工测量 |
| | | 建筑装饰装修 | 地面 | 花岗岩面层 |
| | | | | 石盲道砖面层 |
| | | | 饰面 | 花岗岩墙面安装 |
| | | | 细部 | 金属扶手带栏杆、栏板 |
| | | 防水工程 | | 水泥砂浆防水层 |
| | | | | 卷材防水层 |
| | | | | 涂料防水层 |
| | | | | 金属板防水层 |
| | | | | 细石砼保护层防水 |
| | | | | 细部构造防水 |
| | 附属工程<br>（6#出入口） | 基坑围护及地基处理 | 有支护土方 | 桩间网喷射混凝土 |
| | | | | 锚杆 |
| | | | | 土石方开挖 |
| | | | | 土石方回填 |
| | | | | 混凝土垫层 |
| | | | | 施工测量 |
| | | | | 监控测量 |
| | | 暗挖部分 | | 格栅钢架 |
| | | | | 桩间网喷射混凝土 |
| | | | | 初支背后注浆 |
| | | | | 二次衬砌 |
| | | | | 二次衬砌背后注浆 |
| | | | | 混凝土垫层 |
| | | | | 施工测量 |

| 火炬园站单位/分部/分项工程划分 | | | |
|---|---|---|---|
| 火炬园站 | 附属工程<br>（6#出入口） | 暗挖部分 | 监控测量 |
| | | 主体结构 | 混凝土结构 | 模板及支架 |
| | | | | 钢筋 |
| | | | | 混凝土 |
| | | | | 施工测量 |
| | | | 钢结构 | 钢墙架 |
| | | 建筑装饰装修 | 地面 | 花岗岩面层 |
| | | | | 石盲道砖面层 |
| | | | 门窗 | 金属卷闸门 |
| | | | 吊顶 | 氟碳铝板屋面 |
| | | | | 天棚吊顶 |
| | | | 饰面 | 拉丝不锈钢饰面安装 |
| | | | | 花岗岩墙面安装 |
| | | | | 柱（梁）面装饰 |
| | | | 幕墙 | 玻璃幕墙 |
| | | | 细部 | 金属扶手带栏杆、栏板 |
| | | 防水工程 | | 水泥砂浆防水层 |
| | | | | 卷材防水层 |
| | | | | 涂料防水层 |
| | | | | 金属板防水层 |
| | | | | 塑料板防水层 |
| | | | | 细石砼保护层防水 |
| | | | | 细部构造防水 |
| | 附属工程<br>（1#风道） | 基坑围护及<br>地基处理 | 有支护土方 | 钻孔灌注桩 |
| | | | | 旋喷桩 |
| | | | | 桩间网喷射混凝土 |
| | | | | 锚索 |
| 火炬园站 | 附属工程<br>（1#风道） | 基坑围护及<br>地基处理 | 有支护土方 | 冠梁（圈梁） |
| | | | | 钢筋混凝土支撑、腰梁 |
| | | | | 钢支撑、腰梁及纵向连系梁 |
| | | | | 挡墙 |
| | | | | 基坑降排水 |
| | | | | 土石方开挖 |
| | | | | 土石方回填 |
| | | | | 混凝土垫层 |
| | | | | 施工测量 |
| | | | | 监控测量 |

| 火炬园站单位/分部/分项工程划分 | | | | |
|---|---|---|---|---|
| 火炬园站 | 附属工程<br>（1#风道） | 结构工程 | 混凝土结构 | 模板及支架 |
| | | | | 钢筋 |
| | | | | 混凝土 |
| | | | | 施工测量 |
| | | 装饰装修 | 门窗 | 铝合金消音百叶 |
| | | | 饰面 | 花岗石墙面安装 |
| | | | | 铝板饰面安装 |
| | | 防水工程 | | 水泥砂浆防水层 |
| | | | | 卷材防水层 |
| | | | | 涂料防水层 |
| | | | | 金属板防水层 |
| | | | | 细石砼保护层防水 |
| | | | | 细部构造防水 |
| | 附属工程(2#风道) | 基坑围护及<br>地基处理 | 有支护土方 | 桩间网喷射混凝土 |
| | | | | 锚杆 |
| | | | | 基坑降排水 |
| | | | | 土石方开挖 |
| | | | | 土石方回填 |
| 火炬园站 | 附属工程(2#风道) | 基坑围护及地基处理 | 有支护土方 | 混凝土垫层 |
| | | | | 施工测量 |
| | | | | 监控测量 |
| | | 结构工程 | 混凝土结构 | 模板及支架 |
| | | | | 钢筋 |
| | | | | 混凝土 |
| | | | | 施工测量 |
| | | | | 铝合金消音百叶 |
| | | 装饰装修 | 门窗 | 玻璃幕墙 |
| | | | 幕墙 | 花岗石墙面安装 |
| | | | 饰面 | 铝板饰面安装 |
| | | | | 水泥砂浆防水层 |
| | | 防水工程 | | 卷材防水层 |
| | | | | 涂料防水层 |
| | | | | 金属板防水层 |
| | | | | 细石砼保护层防水 |
| | | | | 细部构造防水 |

| 火炬园站单位/分部/分项工程划分 | | | |
|---|---|---|---|
| 火炬园站 | 附属工程<br>(3#风道) | 基坑围护及<br>地基处理 | 有支护土方 | 钻孔灌注桩 |

| | | | | |
|---|---|---|---|---|
| 火炬园站 | 附属工程<br>(3#风道) | 基坑围护及<br>地基处理 | 有支护土方 | 钻孔灌注桩 |
| | | | | 旋喷桩 |
| | | | | 桩间网喷射混凝土 |
| | | | | 冠梁(圈梁) |
| | | | | 钢筋混凝土支撑、腰梁 |
| | | | | 钢支撑、腰梁及纵向连系梁 |
| | | | | 挡墙 |
| | | | | 基坑降排水 |
| | | | | 土石方开挖 |
| | | | | 土石方回填 |
| | | | | 混凝土垫层 |
| 火炬园站 | 附属工程(3#风道) | 基坑围护及<br>地基处理 | 有支护土方 | 施工测量 |
| | | | | 监控测量 |
| | | 结构工程 | 混凝土结构 | 模板及支架 |
| | | | | 钢筋 |
| | | | | 混凝土 |
| | | | | 施工测量 |
| | | 装饰装修 | 门窗 | 铝合金消音百叶 |
| | | | 饰面 | 花岗石墙面安装 |
| | | 装饰装修 | 饰面 | 铝板饰面安装 |
| | | | 幕墙 | 玻璃幕墙 |
| | | 防水工程 | | 水泥砂浆防水层 |
| | | | | 卷材防水层 |
| | | | | 涂料防水层 |
| | | | | 金属板防水层 |
| | | | | 细石砼保护层防水 |
| | | | | 细部构造防水 |
| | 附属工程<br>(地面冷却塔) | 设备基础 | | 土石方开挖 |
| | | | | 混凝土面层 |
| | | | | 基础模板 |
| | | | | 基础钢筋 |
| | | | | 混凝土 |
| | | 装饰装修 | 门窗 | 铝合金通风百叶 |
| | | | 饰面 | 花岗石墙面安装 |

| 火炬园站单位/分部/分项工程划分 | | | | |
|---|---|---|---|---|
| 火炬园站 | 附属工程<br>（残疾人电梯） | 主体结构 | | 模板及支架 |
| | | | | 钢筋 |
| | | | | 混凝土 |
| | | | | 施工测量 |
| | 附属工程<br>（残疾人电梯） | 建筑装饰装修 | 地面 | 花岗岩面层 |
| | | | 门窗 | 玻璃门 |
| | | | 饰面 | 花岗岩墙面安装 |
| | | | 幕墙 | 玻璃幕墙 |
| | | | 细部 | 金属门窗套 |
| | | | | 残疾人坡道扶手 |
| | 附属工程<br>（有盖紧急出入口1） | 防水工程 | | 水泥砂浆防水层 |
| | | | | 卷材防水层 |
| | | | | 细石砼防水 |
| | | 主体结构 | | 模板及支架 |
| | | | | 钢筋 |
| | | | | 混凝土 |
| | | 建筑装饰装修 | 地面 | 施工测量 |
| | | | 门窗 | 花岗岩面层 |
| | | | 饰面 | 玻璃门 |
| | | | 幕墙 | 花岗岩墙面安装 |
| | 附属工程<br>（有盖紧急出入口2） | 主体结构 | | 玻璃幕墙 |
| | | | | 模板及支架 |
| | | | | 钢筋 |
| | | | | 混凝土 |
| | | 建筑装饰装修 | 地面 | 施工测量 |
| | | | 门窗 | 花岗岩面层 |
| | | | 饰面 | 玻璃门 |
| | | | 幕墙 | 花岗岩墙面安装 |
| | | | | 玻璃幕墙 |

| 火炬园站单位/分部/分项工程划分 | | | | |
|---|---|---|---|---|
| 火炬园站 | 附属工程<br>(有盖紧急出入口3) | 主体结构 | | 模板及支架 |
| | | | | 钢筋 |
| | | | | 混凝土 |
| | | | | 施工测量 |
| | | 建筑装饰装修 | 地面 | 花岗岩面层 |
| | | | 门窗 | 玻璃门 |
| | | | 饰面 | 花岗岩墙面安装 |
| | | | 幕墙 | 玻璃幕墙 |
| | 附属工程<br>(联络线) | 基坑围护及地基处理 | 有支护土方 | 锚杆 |
| | | | | 桩间网喷射混凝土 |
| | 附属工程<br>(联络线) | 基坑围护及地基处理 | 有支护土方 | 格栅钢架 |
| | | | | 初支背后注浆 |
| | | | | 混凝土垫层 |
| | | | | 施工测量 |
| | | | | 监控测量 |
| | | 主体结构 | 混凝土结构 | 模板及支架 |
| | | | | 钢筋 |
| | | | | 混凝土 |
| | | | | 施工测量 |
| | | 防水工程 | | 复合防水层 |
| | | | | 金属板防水层 |

| 火炬园站单位/分部/分项工程划分 | | | | |
|---|---|---|---|---|
| 单位工程 | 子单位工程 | 分部工程 | 子分部工程 | 分项工程 |
| 高殿站 | 明挖车站主体工程 | 基坑围护及<br>地基处理 | 有支护土方 | 冲孔灌注桩 |
| | | | | 钻孔灌注桩 |
| | | | | 旋喷桩 |
| | | | | 钢管桩 |
| | | | | 袖阀管注浆 |
| | | | | 冠梁(圈梁) |
| | | | | 钢筋混凝土支撑、腰梁 |
| | | | | 钢支撑、腰梁及纵向连系梁 |
| | | | | 土钉墙 |
| | | | | 桩间网喷射混凝土 |
| | | | | 挡墙 |
| | | | | 钢支撑、腰梁及纵向连系梁 |

| 火炬园站单位/分部/分项工程划分 | | | | |
|---|---|---|---|---|
| 高殿站 | 明挖车站主体工程 | 基坑围护及地基处理 | 有支护土方 | 格构柱型钢（含格构柱伸出部分） |
| | | | | 降水及排水 |
| | | | | 土方开挖 |
| | | | | 土方回填 |
| | | | | 混凝土垫层 |
| | | | | 施工测量 |
| | | | | 监控测量 |
| | | 防水工程 | | 水泥砂浆防水层 |
| | | | | 卷材防水层 |
| | | | | 涂料防水层 |
| | | | | 金属板防水层 |
| | | | | 细石砼保护层防水 |
| | | | | 塑料板防水层 |
| | | | | 细部构造防水 |
| | | | | 注浆 |
| | | 主体结构（含站台及站内用房） | 基础 | 抗拔桩 |
| | | | 混凝土结构 | 模板及支架 |
| | | | | 钢筋 |
| 高殿站 | 明挖车站主体工程 | 主体结构（含站台及站内用房） | 混凝土结构 | 防水混凝土/混凝土 |
| | | | | 施工测量 |
| | | 杂散电流及综合接地 | | 杂散电流及综合接地 |
| | 附属工程（1号出入口） | 主体结构 | 混凝土结构 | 模板及支架 |
| | | | | 钢筋 |
| | | | | 防水混凝土/混凝土 |
| | | | | 施工测量 |
| | | 建筑装饰装修 | 地面 | 花岗岩面层 |
| | | | | 石盲道砖面层 |
| | | | 门窗 | 通风百叶 |
| | | | 吊顶 | 天棚吊顶 |
| | | | 饰面 | 花岗岩墙面 |
| | | | 幕墙 | 玻璃幕墙 |
| | | | 细部 | 金属扶手带栏杆、栏板 |
| | | 防水工程 | | 水泥砂浆防水层 |
| | | | | 卷材防水层 |
| | | | | 细石砼保护层防水 |

| 火炬园站单位/分部/分项工程划分 | | | |
|---|---|---|---|
| 高殿站 | 附属工程<br>（2号出入口） | 基坑围护及<br>地基处理 | 有支护土方 | 桩间网喷射混凝土 |
| | | | | 土钉墙 |
| | | | | 基坑降排水 |
| | | | | 土方开挖 |
| | | | | 土方回填 |
| | | | | 混凝土垫层 |
| | | | | 施工测量 |
| | | | | 监控测量 |
| | | 主体结构 | 混凝土结构 | 模板及支架 |
| | | | | 钢筋 |
| | | | | 混凝土 |
| | | | | 施工测量 |
| | 附属工程<br>（2号出入口） | 建筑装饰装修 | 地面 | 花岗岩面层 |
| | | | | 石盲道砖面层 |
| | | | 饰面 | 花岗岩墙面 |
| | | | 细部 | 金属扶手带栏杆、栏板 |
| | | 防水工程 | | 水泥砂浆防水层 |
| | | | | 卷材防水层 |
| | | | | 涂料防水层 |
| | | | | 金属板防水层 |
| | | | | 细石砼保护层防水 |
| | | | | 细部构造防水 |
| 高殿站 | 附属工程<br>（3号出入口） | 基坑围护及地基处理 | 有支护土方 | 桩间网喷射混凝土 |
| | | | | 基坑降排水 |
| | | | | 土方开挖 |
| | | | | 土方回填 |
| | | | | 混凝土垫层 |
| | | | | 施工测量 |
| | | | | 监控测量 |
| | | 主体结构 | 混凝土结构 | 模板及支架 |
| | | | | 钢筋 |
| | | | | 混凝土 |
| | | | | 施工测量 |
| | | 建筑装饰装修 | 钢结构 | 钢墙架 |
| | | | 地面 | 花岗岩面层 |
| | | | | 石盲道砖面层 |
| | | | 门窗 | 金属卷闸门 |
| | | | 吊顶 | 氟碳铝板屋面 |
| | | | | 天棚吊顶 |

| 火炬园站单位/分部/分项工程划分 | | | | |
|---|---|---|---|---|
| 高殿站 | 附属工程<br>(3号出入口) | 建筑装饰装修 | 墙饰面 | 拉丝不锈钢饰面 |
| | | | | 花岗岩墙面 |
| | | | | 柱(梁)面装饰 |
| | | | 幕墙 | 玻璃幕墙 |
| | | | 细部 | 金属扶手带栏杆、栏板 |
| | | 防水工程 | | 水泥砂浆防水层 |
| | | | | 卷材防水层 |
| | | | | 涂料防水层 |
| | | | | 金属板防水层 |
| | | | | 细石砼保护层防水 |
| | | | | 细部构造防水 |
| | 附属工程<br>(1号风道) | 主体结构 | 混凝土结构 | 模板及支架 |
| | | | | 钢筋 |
| | | | | 混凝土 |
| | | | | 施工测量 |
| | | 建筑装饰装修 | 饰面 | 铝板饰面 |
| | | | 门窗 | 铝合金消音百叶 |
| | | | 饰面 | 花岗岩墙面 |
| | | | 幕墙 | 玻璃幕墙 |
| | | 防水工程 | | 水泥砂浆防水层 |
| | | | | 卷材防水层 |
| | 附属工程<br>(2号风道) | 主体结构 | 混凝土结构 | 模板及支架 |
| | | | | 钢筋 |
| | | | | 混凝土 |
| | | | | 施工测量 |
| | | 建筑装饰装修 | 门窗 | 铝格栅 |
| | | | | 铝合金百叶 |
| 高殿站 | 附属工程<br>(2号风道) | 建筑装饰装修 | 饰面 | 花岗岩墙面 |
| | | | 细部 | 不锈钢护栏 |
| | 附属工程<br>(地面冷却塔) | 设备基础 | | 土石方开挖 |
| | | | | 混凝土面层 |
| | | | | 钢筋混凝土基础 |
| | | | | 施工测量 |
| | | 装饰装修 | 门窗 | 铝合金通风百叶 |
| | | | 饰面 | 花岗石墙面安装 |

| 火炬园站单位/分部/分项工程划分 | | | |
|---|---|---|---|
| 高殿站 | 附属工程<br>（残疾人电梯） | 主体结构 | 混凝土结构 | 模板及支架 |
| | | | | 钢筋 |
| | | | | 混凝土 |
| | | | | 施工测量 |
| | | 建筑装饰装修 | 地面 | 花岗岩面层 |
| | | | 门窗 | 玻璃门 |
| | | | 饰面 | 花岗岩墙面 |
| | | | 幕墙 | 玻璃幕墙 |
| | | | 细部 | 残疾人坡道扶手 |
| | | 防水工程 | | 水泥砂浆防水层 |
| | | | | 卷材防水层 |
| | | | | 细石砼防水 |
| | 附属工程<br>（有盖紧急出入口1） | 主体结构 | 混凝土结构 | 模板及支架 |
| | | | | 钢筋 |
| | | | | 混凝土 |
| | | | | 施工测量 |
| | | 建筑装饰装修 | 地面 | 花岗岩面层 |
| | | | 门窗 | 玻璃门 |
| 高殿站 | 附属工程（有盖紧急出入口1） | 建筑装饰装修 | 饰面 | 花岗岩墙面 |
| | | | 幕墙 | 玻璃幕墙 |
| | 附属工程（有盖紧急出入口2） | 主体结构 | 混凝土结构 | 模板及支架 |
| | | | | 钢筋 |
| | | | | 混凝土 |
| | | | | 施工测量 |
| | | 建筑装饰装修 | 地面 | 花岗岩面层 |
| | | | 门窗 | 玻璃门 |
| | | | 饰面 | 花岗岩墙面 |
| | | | 幕墙 | 玻璃幕墙 |

| 火炬园站单位/分部/分项工程划分 | | | |
|---|---|---|---|
| 单位工程 | 分部工程 | 子分部工程 | 分项工程 |
| 火高区间 | 竖井及连通道 | 1#竖井 | 冲孔灌注桩 |
| | | | 旋喷桩 |
| | | | 降水及排水 |
| | | | 土石方开挖 |
| | | | 腰梁（冠梁） |

245

| 火炬园站单位/分部/分项工程划分 | | | | |
|---|---|---|---|---|
| 火高区间 | 竖井及连通道 | 1#竖井 | | 钢支撑 |
| | | | | 桩间网喷射混凝土 |
| | | | | 中隔墙 |
| | | | | 主体结构(钢筋、模板、混凝土) |
| | | | | 混凝土垫层 |
| | | | | 竖井回填 |
| | | | | 投点测量 |
| | | | | 监控量测及信息反馈 |
| | | 2#竖井 | | 冲孔灌注桩 |
| | | | | 旋喷桩 |
| | | | | 腰梁(冠梁) |
| | | | | 桩间网喷射混凝土 |
| | | | | 土石方开挖 |
| | | | | 中隔墙 |
| | | | | 混凝土垫层 |
| | | | | 竖井回填 |
| | | | | 投点测量 |
| | | | | 监控量测及信息反馈 |
| | | 3#竖井 | | 冲孔灌注桩 |
| | | | | 旋喷桩 |
| | | | | 腰梁(冠梁) |
| | | | | 桩间网喷射混凝土 |
| | | | | 土石方开挖 |
| | | | | 混凝土垫层 |
| | | | | 竖井回填 |
| | | | | 投点测量 |
| | | | | 监控量测及信息反馈 |
| | | 1#连通道 | | 超前小导管 |
| | | | | 超前注浆 |
| | | | | 初期支护锚杆 |
| | | | | 初期支护网喷射混凝土 |
| | | | | 初期支护格栅拱架 |
| | | | | 初支背后回填注浆 |
| | | | | 二次衬砌混凝土(模板及支架、钢筋、防水混凝土) |
| | | | | 二次衬砌背后注浆 |
| | | | | 环框梁 |
| | | | | 回填素混凝土 |
| | | | | 堵头墙 |

| 火炬园站单位/分部/分项工程划分 | | | |
|---|---|---|---|
| 火高区间 | 竖井及连通道 | 1#连通道 | 中隔板 |
| | | 2#连通道 | 监控量测及信息反馈 |
| | | | 施工测量 |
| | | | 超前小导管 |
| | | | 超前注浆 |
| | | | 初期支护锚杆 |
| | | | 初期支护网喷射混凝土 |
| | | | 初期支护格栅拱架 |
| | | | 初支背后回填注浆 |
| | | | 二次衬砌混凝土(模板及支架、钢筋、防水混凝土) |
| | | | 二次衬砌背后注浆 |
| | | | 环框梁 |
| | | | 回填素混凝土 |
| | | | 堵头墙 |
| | | | 中隔板 |
| | | | 监控量测及信息反馈 |
| | | | 施工测量 |
| | 防水工程 | | 水泥砂浆防水层 |
| | | | 卷材防水层 |
| | | | 金属板防水层 |
| | | | 细石混凝土保护层 |
| | | | 塑料板防水层 |
| | | | 细部构造防水 |
| | 主体工程 | 开挖及支护 | 超前小导管 |
| | | | 超前注浆 |
| | | | 洞身开挖 |
| | | | 初期支护网喷射混凝土 |
| | | | 初期支护锚杆 |
| | | | 初期支护格栅拱架 |
| | | | 初期支护型钢拱架 |
| | | | 初期支护背后注浆 |
| | | | 混凝土垫层 |
| | | | 施工测量 |
| | | | 净空测量 |
| | | 二次衬砌 | 监控量测及信息反馈 |
| | | | 混凝土(模板及支架、钢筋、防水混凝土) |
| | | | 二次衬砌背后注浆 |
| | | | 施工测量 |
| | | | 净空测量 |

续表

| 火炬园站单位/分部/分项工程划分 | | | |
|---|---|---|---|
| 火高区间 | 附属工程 | 泵房 | 超前小导管 |
| | | | 超前注浆 |
| | | | 开挖 |
| | | | 初期支护网喷射混凝土 |
| | | | 锚杆 |
| | | | 二次衬砌混凝土(模板及支架、钢筋、防水混凝土) |

| 塘火区间分部分项工程划分 | | | |
|---|---|---|---|
| 单位工程 | 分部工程 | 子分部工程 | 分项工程 |
| 塘火区间 | 竖井及连通道 | 竖井 | 冲孔灌注桩 |
| | | | 旋喷桩 |
| | | | 袖阀管注浆 |
| | | | 降水及排水 |
| | | | 腰梁(冠梁) |
| | | | 土石方开挖 |
| | | | 桩间网喷射混凝土 |
| | | | 锚杆 |
| | | | 混凝土底层 |
| | | | 竖井回填 |
| | | | 投点测量 |
| | | | 监控量测及信息反馈 |
| | | 连通道 | 超前小导管 |
| | | | 超前注浆 |
| | | | 初期支护锚杆 |
| | | | 初期支护网喷射混凝土 |
| | | | 初期支护格栅钢架 |
| | | | 初期支护背后回填注浆 |
| | | | 二次衬砌混凝土(模板及支护、钢筋、防水混凝土) |
| | | | 二次衬砌背后注浆 |
| | | | 洞身开挖 |
| | | | 降水及排水 |
| | | | 环框梁 |
| | | | 堵头墙 |
| | | | 中隔板 |
| | | | 混凝土垫层 |
| | | | 监控量测及信息反馈 |
| | | | 施工测量 |

| 火炬园站单位/分部/分项工程划分 | | | |
|---|---|---|---|
| 塘火区间 | 防水工程 | | 水泥砂浆防水层 |
| | | | 卷材防水层 |
| | | | 金属板防水层 |
| | | | 细石混凝土保护层 |
| | | | 塑料板防水层 |
| | | | 细部构造防水 |
| | 主体工程/ | 开挖及支护 | 超前小导管 |
| | | | 超前注浆 |
| | | | 洞身开挖 |
| | | | 初期支护网喷射混凝土 |
| | | | 初期支护锚杆 |
| | | | 初期支护格栅钢架 |
| | | | 初期支护型钢 |
| | | | 初期支护背后注浆 |
| | | 二次衬砌 | 混凝土(模板及支架、钢筋、防水混凝土) |
| | | | 二次衬砌背后注浆 |
| | | 杂散电流及综合接地 | 杂散电流及综合接地 |
| | 附属工程 | 泵房 | 超前小导管 |
| | | | 超前注浆 |
| | | | 开挖 |
| | | | 初期支护网喷射混凝土 |
| | | | 锚杆 |
| | | | 二次衬砌混凝土(模板及支架、钢筋、防水混凝土) |

# 十、质量保证技术措施

## (一) 施工质量管理措施

1. 组织保证措施

① 建立健全的质量管理体系组织机构。

② 设置现场工程质量控制机构,配备足够的有经验的技术人员、质检人员、管理人员和操作人员。项目经理部设专职质检员,保证施工作业始终在质检人员的严格监督下进行。质检工程师拥有质量否决权,发现违背施工程序,不按设计图、规则、规范及技术交底施工,或使用的材料半成品及设备不符合质量要求者,有权制止,必要时下停工令,限期整改并有权进行处罚,杜绝半成品或成品不合格。

③ 对特殊工艺、特殊工种作业人员,应有经国家授权的有关机构颁发的特殊工艺、特殊工种作业人员操作证书。

2. 制度保证措施

① 贯彻执行"每道工序必检""谁施工、谁负责工程质量""项目经理是工程质量第一责任人""施工操作人员是直接责任人"原则；

② 按照有关规范和技术标准，结合本公司实际情况，编制工程质量计划，建立质量管理程序，设立以工区项目经理为代表的行政管理系统，抓好施工全过程中的质量控制、检查和监督。

③ 建立质量评定制度，定期对施工质量进行评定，树立样板工程，及时反馈工程质量信息，把评定结果作为制定项目施工计划的依据之一。

④ 制定工程创优规划，明确工程创优目标，层层落实创优措施，责任到人。

⑤ 建立质量奖惩制度，明确奖惩标准，做到奖惩分明，杜绝质量事故发生。

### （二）钢筋工程质量保证措施

1. 原材料质量控制

① 钢筋进场按规定要求有出厂质量证明书或试验报告单，每批钢筋均要求有标牌。进场时按炉(批)号及直径分批验收。

② 各种规格、型号、机械性能、化学成分、可焊性和其他专项指标必须符合标准规范的要求。

③ 进场钢筋除复试外，还应按照有关规定进行见证取样。

2. 钢筋加工制作质量控制

① 及时向监理工程师提交加工方案、加工材料表。加工时钢筋保持平直，无局部曲折，如遇有死弯时，将其切除。

② 保证所使用钢筋表面洁净，无损伤、油漆和锈蚀，级别、钢号直径符合设计要求。

3. 钢筋焊接质量控制

① 焊工持证上岗，所使用的焊机、焊条符合加工的质量要求。开工前将焊工的证书复印件报监理备案。

② 每批钢筋正式焊接前，按实际操作条件进行试焊，报经监理工程师检查、试验合格后，正式成批焊接。

③ 当受力钢筋直径 $d \geq 22mm$ 时，采用机械连接或焊接接头，对轴心受拉及小偏心受拉杆件，不采用非焊接的搭接接头。

④ 受力钢筋采用焊接接头时，设置在同一构件内的焊接接头相互错开，错开距离为钢筋直径的 $35d$ 且不小于 $500mm$。在该区段内有接头的受力钢筋截面面积占受力钢筋总截面面积的百分率为：受拉区不超过 50%，受压区和装配构件边界处根据情况适当放宽。

⑤ 焊接接头距钢筋弯曲处的距离应不小于 10 倍的钢筋直径，也不位于构件最大弯矩处。

4. 绑扎钢筋质量控制

① 钢筋的交叉点用铁丝全部绑扎牢固，至少不少于 90%。钢筋绑扎接头搭接长度及误差按规范和设计要求办理。

② 各受力钢筋的绑扎接头位置相互错开，从任意绑扎接头中心至 1.3 倍搭接长度的区

段范围内，有绑扎接头的受力钢筋截面面积占受力钢筋总截面面积的百分率，受拉区不超过25%，受压区不超过50%。

### (三) 模板工程质量控制及措施

① 在制作模板及支架前，技术人员要进行模板的设计，设计内容包括强度、刚度和稳定性的验算及材料、制作、安装和拆除的各项细节，以及混凝土浇筑的次序、速度、施工荷载的限制等，并报监理工程师批准。

② 模板制作必须表面光洁平整，接缝严密不漏浆，且保证混凝土固结后结构物的相对位置、形状、尺寸和表面修饰符合设计及规范要求，制作误差严格控制在允许范围内。

③ 模板安装过程中，必须保持足够的临时固定设施，防止模板变形走样，安装误差严格控制在允许范围内。

④ 模板的表面必须涂上认可的脱模剂，防止混凝土黏附，操作时严格按制造商的指示，避免污染钢筋，且在同一构筑物上只可使用一种脱模剂。

⑤ 模板安装完成后，先自检，合格后，提前通知监理工程师检查，批准后方可浇筑混凝土；浇筑混凝土前，必须彻底清洁已安装好的所有模板，模板及支架上，严禁堆放超过设计荷载的材料及设施。

⑥ 模板的拆除期限，要遵守设计及规范要求，对不承重的模板，在混凝土强度达到2.5MPa以上时，方可拆除；对承重模板，在混凝土强度达到规定的强度后，方可拆除。

⑦ 拆下的模板、支架及配件应及时清理、维修，并分类堆存，妥善保管。工区项目经理部成立质量管理领导小组。工区项目经理任领导小组组长，工区项目技术负责人任副组长，成员由各方面人员组成，包括质检、技术、物资等部门，质量管理领导小组负责定期召开质量分析会议，检查、分析质量保证计划的执行情况，及时发现存在问题，研究改进措施，以推动和改进工区项目经理部所属的质量管理工作。

### (四) 混凝土工程质量保证措施

本工程结构混凝土要求为防水混凝土，抗渗等级主体及附属工程为P10，防水质量要求高。因此，必须采取有效的措施保证混凝土的抗压强度、抗渗等级、防腐性能满足设计要求，并具有良好的抗裂性能。

1. 混凝土配合比设计与控制

① 混凝土配合比设计原则：按照试验规程及施工技术规范进行设计，严格控制水泥砂石及外加剂等的质量。

② 将标准混凝土配合比换算成施工配合比，并填写施工配料单，技术负责人签认后实施。

③ 当材料有变化时重新进行配合比设计。

④ 除试验人员外任何人员不得随意调整配合比。

2. 混凝土的拌制

在混凝土生产时设专人检查以下事项：

① 拌制混凝土时，材料的配合偏差不得超过表9-6的规定。

**表 9-6　混凝土原材料计量允许偏差**　　　　　　　　　　　　　%

| 原材料名称 | 水泥 | 细骨料 | 粗骨料 | 水 | 矿物掺合料 | 外加剂 |
|---|---|---|---|---|---|---|
| 每盘计量允许偏差 | ±2 | ±3 | ±3 | ±1 | ±2 | ±1 |
| 累计计量允许偏差 | ±1 | ±2 | ±2 | ±1 | ±1 | ±1 |

② 经常检查骨料含水率，据以调整加水量和骨料重量。

③ 混凝土应搅拌至各种组成材料混合均匀，颜色一致，在搅拌机中搅拌时间应满足表 9-7 的规定。

**表 9-7　混凝土在搅拌机中连续搅拌的最短时间**

| 混凝土坍落度/mm | 搅拌机机型 | 搅拌机出料量 | | |
|---|---|---|---|---|
| | | <250L | 250~500L | >500L |
| ≤40 | 强制式 | 60 | 90 | 120 |
| >40，且<100 | 强制式 | 60 | 60 | 90 |
| ≥100 | 强制式 | 60 | | |

④ 控制混凝土稠度(坍落度)，若稠度与配合比不一致，应立即查明原因予以纠正。

⑤ 在下盘料装入之前，搅拌机的拌合料应全部倒出，搅拌机停用超过 30min 或更换水泥品种时，应彻底清洗搅拌机。

**3. 混凝土的运输**

① 装运混凝土拌合物，杜绝漏浆，防止离析。浇注时如发现离析，必须进行二次拌和。

② 混凝土搅拌出机后的任何时刻，都需监督，不准往拌和物中擅自任意加水。

③ 混凝土拌合物从搅拌机出料后，运至铺筑地点进行浇筑振捣，至浇筑完毕的允许最长时间由试验室根据水泥初凝时间及施工气温确定。无试验资料时，混凝土从搅拌机出料至浇筑完毕允许最长时间要符合设计及规范要求。

**4. 混凝土的浇筑质量保证措施**

(1) 组织管理

由各工点副经理专管混凝土浇筑，试验员负责监督管理。成立专门负责混凝土浇筑的作业班，并对作业人员的职责分工明确。进行技术交底，明确安全注意事项。实行终身质量责任制，参与施工人员需在混凝土浇筑记录上签字。根据混凝土的浇筑部位工艺及数量安排设备及人员。

(2) 混凝土浇筑前的准备工作

混凝土浇筑前，对模板、支撑体系、钢筋和预埋件进行检查，符合要求后方能浇筑。做好电力、动力、照明、养生等的准备工作。

(3) 混凝土的浇筑高度

混凝土自高处倾落的自由倾浇高度，不应超过 2m。

(4) 混凝土浇筑的间歇时间

混凝土浇筑应连续进行，因故必须间歇时，其允许间歇时间应根据试验确定。

（5）混凝土浇筑振捣

采用振捣器捣实混凝土，每一振点的振捣延续时间，应将混凝土捣实至表面呈现浮浆和不再沉落为止，且移动间距不宜大于作用半径1.5倍。插入振捣器应尽量避免碰撞钢筋，更不得放在钢筋上，振捣机头开始转动后方可插入混凝土内，振完后应徐徐提出，不能过快或停转后再拔出来。

（6）混凝土的养护

编制混凝土养护作业指导书。养护用水的质量与拌制混凝土相同。每天浇水的次数，以能保持混凝土表面经常处于湿润状态为宜。

**（五）隧道开挖施工质量保证措施**

1. 超前小导管注浆施工质量保证措施

① 严格控制配合比与凝胶时间，初选配合比后，用凝胶时间控制调节配合比，并测定注浆结实体的强度，选定最佳配合比。

② 注浆过程中，严格控制注浆压力，注浆过程稳压，保证浆液的渗透范围，防止出现结构变形、串浆而危及地下构筑物、地面建筑物的异常现象。注浆过程中进行跟踪监测，当出现异常现象时，立即采取下列措施：

a. 降低注浆压力或采用间歇注浆。

b. 改变注浆材料或缩短浆液凝胶时间。

c. 调整注浆实施方案。

③ 注浆效果检查：开挖隧道后检查固结厚度，如达不到要求，及时调整配合比并改善注浆工艺。

④ 为防止孔口漏浆，在钢管尾端用麻绳及胶泥（水泥+少许水玻璃）封堵钻孔与钢管的空隙。

⑤ 注浆管与钢管采用活接头联结，保证快速装拆。

⑥ 注浆的次序由两侧对称向中间进行，自下而上逐孔注浆。

⑦ 拆下活接头后，快速用水泥药卷封堵钢管口，防止未凝的浆液外流。

⑧ 注浆期间定期对地下水取样检查，如有污染须采取措施。

⑨ 注浆过程有专人记录，完成后检验注浆效果，不合格者进行补注。注浆达到要求强度后方可进行开挖作业。

2. 开挖质量保证措施

① 采用激光导向仪和人工测量相结合控制结构开挖轴线。

② 加大断面测量频率，直线段每10m测量一次，保证其开挖精度。

③ 人工与机械开挖相结合。开挖轮廓线处及结构断面变化除采用人工开挖，施工预留的核心土用机械开挖。

④ 结构开挖尺寸不合格，不进入下道工序。

3. 初期支护质量保证措施

① 在喷射混凝土前对断面的超欠挖进行测量，欠挖部分及时处理。

② 在喷射面上插标尺钢筋，按标尺钢筋来控制喷射厚度，厚度不足处补喷至设计

厚度。

③ 在喷射混凝土前对风压、喷射距离等参数进行调整。

④ 控制每次的喷射厚度，分层喷射，保证混凝土表面基本平顺。

⑤ 提高格栅的加工精度。

⑥ 格栅加工完毕后在加工场试装，合格后按榀堆放，做好标记，防止错用。

⑦ 利用经纬仪及钢尺对格栅定位。

⑧ 定位准确后进行格栅固定，经再次测量合格后，焊接连结筋。

⑨ 初支后结构净空不满足要求，不进入下道工序。

### （六）对预埋件、预留孔洞的保证措施

预埋件、预留孔洞是建筑工程中不可缺少的重要部分，它直接影响到机电设备安装和建筑装饰工程的施工和质量，为保证预埋件、预留孔洞不漏设、不错设，位置、数量、尺寸符合设计要求，应建立一套完整、科学的施工和检测验收体系。

坚持施工中技术交底和多级复查制度是预埋件、预留孔洞施工质量的重要保证，在施工过程中按以下控制因素进行检查。

1. 编制预埋件、预留孔洞埋设计划

开工前由工区项目技术负责人组织对土建结构设计图与下道工序相关的设备安装、建筑装饰等图纸进行对照审核，对各类图纸中包含的预埋件、预留孔洞做详细的汇总研究，确定预埋件、预留孔洞的位置、规格、数量、材质等是否相互吻合，编制预埋件、预留孔洞埋设计划、绘制综合预埋、预留图。发现预埋件不吻合时，及时向驻地监理及设计单位以书面报告的形式进行汇报；得到设计单位的变更设计或监理的正式批复书后，再将预埋件、预留孔洞单独绘制成图，由专人负责技术指导、检查，且做好技术交底工作。技术交底复核无误后，下发各班组按图施作。预留孔、预埋件施工质量控制因素检查见图9-12。

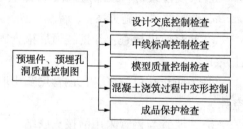

图9-12  预留孔、预埋件施工质量控制因素检查图

2. 测量放线

预埋件、预留孔洞位置以中心线及实测标高严格控制，中心线严格按双检制度执行，未经复核的中线不准使用。测量放线并精确确定预埋件，预留孔洞的中心位置，外轮廓线要求精确到毫米。

3. 加强施工过程控制

① 预留孔模型和预埋件由专门作业小组严格按技术交底进行制作，预留孔洞模型应按设计的尺寸规格、垂直度进行制作，其精度应符合设计要求。预埋件应按设计规定的材质、大小、形状提前进行加工制作，并分类存放，确保非制作原因而影响正常施工。

② 作业小组严格依照综合预埋、预留图进行施作，严格按测量放线位置正确安装，保证焊接牢固、支撑稳固，不变形和不移位。对有止水要求的，按设计采取防水措施。穿墙

螺栓及穿墙管要设止水环与之满焊（不得靠模板固定）。

③ 检查验收。预留孔洞模型安装、预埋件安装完成后，由工区项目技术负责人组织质检人员、工序技术人员检查验收，重点检查预埋位置、数量、尺寸、规格是否符合设计要求。自检合格后，报请驻地监理工程师检查验收，并办理签认手续；签认后，方能进行下道工序施工。

4. 结构灌注时对预埋件、预留孔洞的保护

工序技术负责人在施工现场指挥，跟班把关，并对施工人员进行现场技术交底，使操作人员清楚预埋件、预留孔洞的位置、精确度的重要性。对预埋件、预留孔洞位置要小心下料，混凝土捣固时，捣固棒不能离孔模太近；捣固应保证密实，以防止发生预埋件、预留孔洞中线移位或预留孔洞外边缘变形等质量问题。

5. 模板拆除

禁止使用撬棍沿孔边缘硬撬。拆模后，测量组要对预埋件、预留孔洞位置、孔洞尺寸、孔壁垂直度等进行复测。对接地体或易破坏的预埋件、预留孔洞应采取特殊的保护措施，防止被损坏。

6. 设置明显标志，方便后续工程施工。

对预埋件、预埋孔设明显标志，以便机电安装、装修时使用，也便于保护。

**（七）降水工程质量保证措施**

① 为确保场地内的大气降水不回灌到地表以下，在开始降水施工前，合理安排好场内地表水的排水沟槽。

② 井点降水设备进场，在埋设井点管之前，必须逐根检查井点管及集水总管，发现损坏，立即更换，保证滤网完整无缺。井点管埋设之前，用布头或麻丝塞住管口，以免埋设时杂物掉入管内。

③ 每根井点管埋设后，应及时检验渗水性能。井点管与孔壁之间填砂滤料时，管口应有泥浆水冒出，或向管内灌水时，能很快下渗方为合格。

④ 布设集水总管之前，必须对集水总管进行清洗，并对其它部件进行检查清洗。井点管与集水总管之间用橡胶软管连接，确保其密闭性。

⑤ 井点系统安装完毕后，必须及时试抽，并全面检查管路接头质量、井点出水状况和抽水机械运转情况等，如发现漏气和死井，应立即处理。每套机组所能带动的集水管总长度必须严格按机组功率及试抽后确定。

⑥ 试抽合格后，井点孔口到地面下 1.0m 的深度范围内，用黏性土填塞严密，以防漏气。

⑦ 使用井点时要连续抽水，不宜时抽时停，以防滤孔堵塞及地下水回升，引起基坑边坡坍方和附近建筑物沉降开裂。

⑧ 井点系统运行后要求连续工作，准备双电源，并经常观测井点的真空度，判断井点是否良好，一般要求真空度不低于 60kPa。

⑨ 为确保水位降至设计标高，降水施工队应派人 24 小时值班监测水位，发现情况及时上报。

⑩ 地下构筑物竣工并进行回填土后，方可拆除井点。拔出井点管借助于倒链或起重机等，所留孔洞用砂或土填塞，地基有防渗要求时，地面以下 2m 应用黏土填实。

### （八）冲孔灌注桩质量保证措施

① 冲孔施工前，首先进行场地平整，对未达到施工要求的场地要进行推平，地面倾斜度不宜大于 2°，保证钻机施工时平衡。若有软弱地带还必须进行换填，以使施工地面对钻机有较好的承载力。

② 放桩位线：轴线与桩位的测量定位必须由专职测量人员同测，平行检查，顺轴线方向±50mm，垂直轴线方向+300mm。

③ 护筒埋设应准确、稳定。护筒中心的偏差不得大于 5cm，护筒内径应大于钻头直径 10cm，其高度不宜小于 1m。

④ 泥浆护壁对泥浆性能的指标要严格控制，必须符合规范要求。施工过程中护筒内的泥浆面应高出地下水位 1m。清孔过程中应不断置换泥浆，直至浇注砼。浇注砼前，泥浆相对密度应在 1.15~1.20 之间，废弃的泥浆、渣应按环保的有关规定处理。

⑤ 桩机应放平放稳，机底应垫木，避免因机身倾斜而造成的桩孔偏斜，钻机就位必须进行开孔前验收，经技术员检查桩位的偏差及垂直偏差，符合要求后方可开钻。

⑥ 在成孔过程中钻机偏斜，整体塔架晃动，应随时责令施工方矫正垂直度。

⑦ 成孔孔径不得小于设计桩径，要经常检查被磨损的钻头外出刃的大小，防止缩颈。

⑧ 终孔后应及时检查桩位、孔深、孔径和垂直度等，并做好记录，合格后方可进行清孔。

⑨ 冲孔至设计终孔标高后，提出钻头，经监理、地勘、设计、业主确认后，开始清空作业。清孔利用储浆池的泥浆进行泥浆正循环置换出孔内的渣浆，在清孔过程中要不断向孔内泵送优质泥浆，保持孔内液面稳定。

⑩ 砼灌注前监理人员须亲自测定孔底沉渣和泥浆相对密度。测定沉渣必须在循环液处于静止状态，在停泵 10min 后进行，否则测量数据无效。重锤检测时，手感要好，测绳测定计算时孔深要加钻头锥体投影 2/3 高度。

⑪ 钢筋笼加工：严格按设计图纸加工，按批进行验收，合格品做标识．钢筋的长度不满足设计要求时，主筋采取搭接焊或机械连接，按规定做抗拉强度试验。为保证主筋间距和钢筋笼的整体刚度，固定架立筋应与主筋焊牢，箍筋与主筋绑牢，成形后的钢筋笼外形尺寸、主筋位置、数量等应与设计相符合。

⑫ 吊放钢筋笼：清孔沉渣厚度满足规范要求后报验，报验合格后即下钢筋笼。钢筋笼达到标高后，用一端弯曲的钢管套入主筋至第一道箍圈，上部在地面被压住，以防掉笼或浮笼。

⑬ 验笼顶标高：砼浇灌前，主管工程师检查钢筋笼的笼顶标高，符合要求后方可进行浇灌。

⑭ 下导管：导管使用前应试拼试压，保证导管拼装不漏水，导管底部下至距孔底 30cm。砼灌注前再次校核钢筋笼标高、孔深、泥浆沉淀厚度。水下砼的首批灌注方量要经过计算，保证灌入后导管被埋住的深度不小于 1m。

⑮ 浇灌砼：砼的浇灌要连续，若遇两次浇灌，时间间隔要小于 1h，以免形成断桩。砼

浇灌过程中要保证导管埋入混凝土 23m 并派专人测设导管的埋深和水下砼灌注的标高，并做好记录。灌注桩的允许偏差和检验方法见表 9-8。

**表 9-8　灌注桩的允许偏差和检验方法**

| 序号 | 检查项目 | 允许偏差或允许值 | | 检验方法 |
|---|---|---|---|---|
| | | 单位 | 数值 | |
| 1 | 桩身垂直度 | ‰ | 5 | 吊线测量计算，测斜仪 |
| 2 | 桩径 | mm | ±5 | 用钢尺量 |
| 3 | 泥浆比重（粘土或砂性土） | | 1.151.20 | 用比重计，清孔后在距孔底 50cm 处取样 |
| 4 | 泥浆面标高（高于地下水位） | m | 0.51.0 | 目测 |
| 5 | 沉渣厚度：围护桩 | mm<br>mm | 盖挖段<50<br>明挖段<150 | 用沉渣仪或重锤测量 |
| 6 | 混凝土坍落度：<br>上下灌注<br>干施工 | mm<br>mm | 160210<br>100210 | 坍落度仪 |
| 7 | 钢筋笼安装深度 | mm | ±50 | 用钢尺量 |
| 8 | 混凝土充盈系数 | | >1 | 检查每根桩的实际灌注量 |
| 9 | 桩顶标高 | mm | +30/-50 | 水准仪，需扣除桩顶浮浆层及劣质桩体 |

### （九）旋喷桩质量控制措施

① 放注浆管前，先在地表进行射水实验，待气、浆压正常后，才能下注浆管施工。

② 高喷施工时隔两孔施工，防止相邻高喷孔施工时串浆。相邻的旋喷桩施工时间间隔不少于 48h。

③ 采用普通硅酸盐水泥作加固材料，每批水泥进场必须出具合格证明，并按每批次现场抽样外检，合格后才能投入使用。施工中所有计量工具均应进行鉴定，水泥进场后，应垫高水泥台，覆防雨彩布，防止水泥受潮结块。

④ 浆液水灰比、浆液相对密度、每米桩体掺入水泥重量等参数均以现场试桩情况为准。施工现场配备比重计，每天量测浆液相对密度，严格控制水泥用量。搅拌桶做明显标记，以确保浆液配比的正确性。灰浆搅拌应均匀，并进行过滤。喷浆过程中浆液应连续搅动，防止水泥沉淀。

⑤ 施工前进行成桩试验，由设计、业主、监理、施工单位共同确定旋喷桩施工参数，保证成桩直径不小于设计桩径。

⑥ 严格控制喷浆提升速度，其提升速度应小于 0.14m/min。喷浆过程应连续均匀，当喷浆过程中出现压力骤然上升或下降，大量冒浆、串浆等异常情况时，应及时提钻出地表，排除故障后，复喷接桩时应加深 0.4m 重复喷射接桩，防止出现断桩。

⑦ 高喷孔喷射成桩结束后，应采用含水泥浆较多的孔口返浆回灌，防止因浆液凝固后体积收缩，桩顶面下降，以保证桩顶标高满足设计要求。

⑧ 因地下孔隙等原因造成返浆不正常，漏浆时，应停止提升，用水泥浆灌注，直至返浆正常后才能提升。

⑨ 引孔钻孔施工时应及时调整桩机水平，防止因机械振动或地面湿陷造成钻孔垂直度偏差过大。穿过砂层时，采用浓泥浆护壁成孔，必要时可下套管护壁，以防垮孔。

⑩ 实行技术人员随班作业制，技术人员必须时刻注意检查浆液初凝时间、注浆流量、风量、压力和旋转提升速度等参数是否满足设计要求，及时发现和处理施工中的质量隐患。当出现实际孔位孔深和每个钻孔内的地下障碍物、洞穴、涌水、漏水与工程地质报告不符等情况时，应详细记录，认真如实填写施工报表，客观反映施工实际情况。

⑪ 根据地质条件的变化情况及时调整施工工艺参数，以确保桩的施工质量。调整参数前应及时向业主、监理、设计部门报告，经同意后调整。

⑫ 配备一台备用发电机组。旋喷桩施工，进入旋喷作业则应连续施工。若施工过程中停电时间过长，则启用备用发电机，保证施工正常进行。

⑬ 施工现场配备常用机械设备配件，保证机械设备发生故障时，能够及时抢修。

⑭ 施工结束后，应检验桩体强度、平均直径、桩身中心位置、桩体质量及承载力等。桩体质量及承载力的检验应在施工结束后 28 天后进行。旋喷桩质量检验标准见表 9-9。

表 9-9　旋喷桩质量检验标准

| 序号 | 检查项目 | 允许偏差 | | 检验方法 |
|---|---|---|---|---|
| | | 单位 | 数值 | |
| 1 | 钻孔位置 | mm | ≤50 | 用钢尺量 |
| 2 | 钻孔垂直度 | % | ≤1 | 经纬仪测钻杆或实测 |
| 3 | 孔深 | mm | ±200 | 用钢尺量 |
| 4 | 注浆压力 | 按设计参数指标 | | 查看压力表 |
| 5 | 桩体搭接 | mm | >100 | 开挖后用钢尺量 |
| 6 | 桩体直径 | mm | ≤50 | 开挖后用钢尺量 |
| 7 | 桩中心允许偏差 | mm | ≤50 | 开挖后桩顶下 500mm 处用钢尺量 |

### （十）监测质量保证措施

① 根据项目的特点，将施工期间监测委托专业监测单位实施。在监测全过程中由项目监测技术负责人在技术和质量上全面跟踪管理。对观测设备以及人员资质予以充分保证。同时对项目的责任与管理进行严格分工，确保工程监测的质量和进度。

② 在工程开工前，对参加作业的人员进行技术业务培训，学习现行规范和规程，保证作业人员能高质量地完成各项监测任务。

③ 实行全面质量管理，强化质量保证体系，严格执行规范和各种技术要求，确保各项数据可靠真实。

④ 监测技术负责人与工程技术人员密切配合，监测组应及时了解施工工况、进程、施工部位，监测组及时反映监测数据资料，使监测真正成为指导施工生产的一种重要手段。

⑤ 在监测工作开始前，对使用的各种仪器设备进行检定，保证这些仪器设备在有效的使用期限内。在监测过程中，严格按照有关规范要求，保证监测精度。在监测工作完成后，对仪器设备和监测数据进行彻底的核查校准，保证数据准确性。为保证数据的精度，监测时做到"三定"即定人、定机、定时。

⑥ 对业主提供的基准点资料要及时进行复测，对不同之处要及时提出意见以便修正，全面确保基准点数据的准确性。

⑦ 根据设计说明编制详细的监测计划，监测方法、监测频率、监测点的布置、埋设符合设计文件要求。

⑧ 监测点位置应设计醒目的警戒标志加以保护。

⑨ 监测资料的存储、计算、管理均采用计算机进行。

⑩ 每次的监测成果及时送报主管工程师(并报送监理工程师)。

⑪ 当监测数据达到报警范围，或遇到特殊情况，如暴雨恶劣天气以及其他意外工程事件时，要迅速报告监理工程师并加密观测次数，加密次数由监测单位、施工单位、监理单位共同研究确定。

⑫ 监测过程中的原始资料必须保存完整，以便抽查。

具体《监测专项方案》另行编制，按要求评估、报批。

### (十一) 喷射混凝土质量保证措施

1. 喷射混凝土材料要求

由于喷射混凝土工艺的特殊性，对原材料的性能、规格要求及其配比，也和普通混凝土有所不同。

(1) 水泥

水泥的品种和规格应根据隧道支护工程的要求、水泥对所用速凝剂的适用性，以及现场供应条件而定。应优先选用普通硅酸盐水泥，其特点是凝结硬化快，保水性好，早期强度增长快；也可以根据实际情况选用矿渣硅酸盐水泥或火山灰硅酸盐水泥。过期、受潮结块或混合的水泥均不得使用。

(2) 骨料

粗骨料应采用坚硬耐久的碎石或卵石，或两者混和物，严禁选用具有潜在碱活性骨料。当使用碱性速凝剂时，不得使用含有活性二氧化硅的石料。喷射混凝土中的石子最大粒径不宜大于 15mm，骨料级配宜采用连续级配。按重量计含泥量不应大于 1%，泥块含量不应大于 0.25%。

细骨料应采用坚硬、耐久的中砂或粗砂，细度模数应大于 2.5，含水率宜控制在 5%~7%。砂中小于 0.075mm 的颗粒不应大于 20%。含泥量不应大于 3%，泥块含量不应大于 1%。

(3) 速凝剂

按成分可分为两类，一类是以铝酸盐和碳酸盐为主，再复合一些其他无机盐类组成；另一类则以水玻璃为主要成分，再与其他无机盐类复合组成。按形状又可分为粉状和液状。两类速凝剂能使喷射混凝土凝结速度快、早期强度高、后期强度损失小、干缩变形增加不大、对金属腐蚀小、在低温(5℃左右)下不致失效。使用速凝剂前，应做与水泥的相容性试验及水泥净浆凝结效果试验。速凝剂的运输存放必须保持干燥，不得损坏包装品，以防受潮变质，影响使用效果和工程质量。过期的、变质结块的速凝剂不得使用。

(4) 水

凡能饮用的自来水及洁净的天然水都可以作为喷射混凝土混合用水。混合水中不应含有影响水泥正常凝结与硬化的有害物质，不得使用污水以及 pH<4 的酸性水和含硫酸盐量按 $SO_4^{-2}$ 计算超过水重的 1% 的水。

2. 喷射混凝土施工

为减少回弹量，降低粉尘，提高一次喷层厚度，喷射混凝土采用喷射机进行喷射作业。锚喷支护喷射混凝土，分初喷和复喷。初喷在开挖完成后立即进行，以尽早封闭暴露岩面，防止表层风化剥落。复喷混凝土在锚杆、挂网和钢架安装后进行，尽快形成喷锚支护整体受力，以抑制围岩变位。

3. 防尘措施

① 适当增加砂石的含水率，是减少砂、石在搅拌、上料和喷射过程中产生粉尘的有效方法。

② 加强通风和水幕喷雾，对降尘有显著效果。一般通风管距工作面以 10~15m 为宜。同时在喷射工作面的回风流中设置喷雾器进行水幕喷雾，降低风尘。

③ 严格控制工作压力。在满足工艺要求的条件下，工作风压不宜过大，水灰比要控制适当，避免干喷。

**（十二）防渗漏保证措施**

防水施工前，进行图纸会审，掌握工程主体及细部构造的防水技术要求，并编制防水工程的施工方案，因地制宜，科学管理，精心施工。保证防水砼、防水卷材及结构变形缝、施工缝、穿墙管道、预埋件等细部构造的施工质量，确保其防裂抗裂，防腐抗渗达到预期效果。

1. 建立专业防水组织管理机构

成立以工区项目副经理为首的防水施工作业组织管理机构和专业防水组，由防水施工技术负责人专职负责，工区项目技术负责人和质检工程师对每道工序进行检查、监督。

2. 实行旁站管理和验收制度

防水工程质量检查严格执行"三检"和旁站监理制度。对每一道工序进行质量检查，做好记录。在经过自检、质检工程师和监理工程师检查验收签认后，方可进入下一道工序的施工。

3. 保证防水卷材施工质量

① 防水层的原材料应有出厂质量证明文件、试验报告以及现场取样复检报告，其质量必须符合要求，并经监理工程师检验认可后，方可用于防水工程施工。

② 卷材防水层在施工缝、穿墙管周围等细部做法必须符合设计要求和施工规范的规定。

③ 卷材防水层的基面应牢固，表面洁净、平整，保证防水卷材铺设过程中不被钢筋头、碎石等扎破。

④ 加强防水卷材铺设时的保护以及绑扎钢筋、浇注混凝土时对其的保护，保证防水卷材施工质量。

4. 混凝土结构自防水控制措施

① 充分认识混凝土防裂、抗裂的机理和重要性，对入模温度、混凝土的浇筑、振捣和

养护等与混凝土防裂抗裂密切相关的环节进行控制。

② 限制结构浇筑混凝土的分段长度是防止混凝土发生裂缝的有效措施之一。通过合理的施工组织实现结构分段浇筑，后浇筑段采用微膨胀混凝土，每段长度控制在 10m 左右。

③ 混凝土施工前，由专人负责检查，对不符合设计的，不允许混凝土浇筑，待采取措施保证达到设计要求后，方可继续施工。

④ 精心做好混凝土的浇筑、振捣、养护，控制拆模时间，严格按规范要求操作，从而确保混凝土的强度、密实性、耐久性、抗渗等级和抗裂能力。

5. 加强对防水工程成品的保护。

对已经完成的成品，采取防护措施，避免被破坏。

### (十三) 管线保护措施

① 详细阅读、熟悉掌握设计、建设单位提供的地下管线图纸资料，并在工程实施前召开各管线单位施工配合会议，进一步收集管线资料，在此基础上，对影响施工和受施工影响的地下管线，开挖必要的探洞(开挖探洞时通知管线单位、监理单位监护人员到场)，核对搞清地下管线的确切情况(包括标高、埋深、走向、规格、容量、用途、性质、完好程度等)，做好记录，并发出《公用管线施工配合业务联系单》，双方签字认可，由建设单位见证。

② 把保护地下管线工作列为施工组织和施工方案的主要内容之一，并在施工平面图上标明影响施工和受施工影响的地下管线。

③ 工程实施前，向有关管线产权单位提出监护的书面申请，办妥《地下管线监护交底卡》手续。

④ 工程实施前，对受施工影响的地下管线设置若干数量的沉降观测点，工程实施时，定期观测管线沉降量，及向建设单位和有关管线管理单位提供观测点布置与沉降观测资料。

⑤ 工程实施时，严格按照审定的施工组设计和地下管线保护技术措施的要求进行施工，各级管线保护负责人深入施工现场监护地下管线，督促操作(指挥)人员遵守操作规程，制止违章操作、违章指挥和违章施工。

⑥ 施工过程中，对可能发生意外情况的地下管线，事先制定应急措施，配备好抢修器材，以便在管线出现险兆时及时抢修，做到防患于未然。

### (十四) 施工期间对隐蔽工程的质量保证措施

1. 隐蔽工程质量控制责任人及控制点

为确保隐蔽工程的质量，在工程施工过程中做到人人重视，对各主要隐蔽工序的质量控制责任落实到人，见表 9-10。

表 9-10　主要隐蔽工程质量控制责任落实表

| 序号 | 项目名称 | 责任人 | 质量控制点 |
| --- | --- | --- | --- |
| 1 | 围护结构质量控制 | 质量工程师<br>测量工程师<br>试验工程师 | 护壁稳定、成孔精度及基底处理、钢筋绑扎。<br>冲孔桩的桩位偏差、垂直度、钢筋笼焊接 |

| 序号 | 项目名称 | 责任人 | 质量控制点 |
|------|----------|--------|------------|
| 2 | 地基基底验槽质量控制 | 质量工程师<br>测量工程师试验工程师 | 基底修整、基底验槽、超挖处理、封底垫层 |
| 3 | 钢筋工程质量控制 | 质量工程师<br>试验工程师 | 证单查验、进场复试、抽样检查 |
| 4 | 接地系统与预埋件、预留孔洞质量控制 | 机电工程师<br>土建工程师<br>质量工程师 | 优选接地材质、确保埋深、保证焊接、降阻剂施放、性能（接地电阻等）实测 |
| 5 | 防水工程质量控制 | 质量工程师<br>土建工程师 | 成立专业队伍并建立质控体系、优选材质、干燥施工、成品保护 |

**2. 隐蔽工程质量保证措施**

施工过程中凡需覆盖的工序完成后即将进入下道工序前，均应进行隐蔽工程验收。工区项目经理部设质检工程师和专职质检人员，现场技术人员、跟班检查验收。

① 隐蔽工程采用班组自检、班组互检及专业检查相结合的方式控制质量。要求每工序的施工班组对本工序的施工质量负责，每一工序完成并自检合格后，报专职质检人员检查，合格后通知监理工程师检查。

② 每道需隐蔽的工序未经监理工程师的批准，不得进入下一道工序施工，确保监理工程师对即将覆盖的或掩盖的任何一部分工程进行检查、检验以及任何部分工程施工前对其基础进行检查，监理工程师认为已覆盖的工程需要返工时，质检工程师和施工员应积极配合并做好记录。

③ 所有隐蔽工程必须有严格的施工记录，隐蔽工程的检查、验收都必须认真做好隐蔽工程验收记录和隐蔽工程检查签证资料的整理、存档工作。将检查项目、施工技术要求及检查部位等项填写清楚，记录上必须有施工负责人、技术负责人、质量检查人的签字。

**（十五）成品保护的保证措施**

① 合理安排附属工程施工的施工时间，并加强施工中的管理与协调，采取有效技术措施避免对主体结构的损害。

② 加强施工策划和现场的管理控制，防止施工对接口工程结构的损害。

③ 对所有已完成的永久结构在施工完成交验前安排专人看守、维护，保证其不受损害。

④ 如若施工中有损害已完成结构的，应立即组织人员进行维修。并应满足不降低结构原有的设计性能。

**（十六）其他工程项目保证措施**

**1. 明挖质量保证措施**

① 基坑开挖严格按编制的基坑开挖方法组织施工，分层分段开挖。

② 基坑开挖至支撑设计标高时，必须及时架设相应的支撑，开挖时机械避免碰撞钢支撑。

③ 为减少对围护桩的影响，基坑内靠近桩 0.5m 的土方采用人工开挖。

④ 开挖过程中，周期性地对桩位点和埋设的水准点进行监测，并通过监测的数据控制开挖，减少基坑的变形。

⑤ 开挖最下一道支撑下面土方时，分小段开挖，16 小时内挖完，为减少对基底原状土的扰动，基底以上 30cm 的土用人工开挖，对超挖部分采用砂、碎石回填。

⑥ 开挖过程中按设计要求进行基坑降排水，确保基坑的整体稳定；开挖如发现桩间渗、漏水，采用注浆及时封堵，防止基坑失水而造成对周围环境产生不利影响。

⑦ 根据监测信息，必要时采取加密支撑等措施防止基坑围护桩变形过大。

2. 基坑内支撑质量保证措施

① 严把材料关，施工所用的钢支撑必须质量合格、各证齐全，经确认符合设计要求后方可使用。

② 派专人负责支撑的配料和拼装，确保支撑长度适当和配件充足。

③ 支撑安装采用地面预拼，分体吊装并架临时竖撑的方法，用专用预应力千斤顶和配套动力箱施加预应力。

④ 考虑到预应力施加后会有一定的损失，故实际预应力施加时应提高 10% 左右。预应力施加应定期对设备标定，施工时由专人负责记录。

⑤ 严格控制支撑支座焊接质量，防止受力变形。

⑥ 加强量测，及时掌握围护结构及周围土体的沉降和位移情况，采取有效措施加以控制。

⑦ 每一层土方开挖至支撑标高时，应暂停开挖，安装好支撑后方可开挖。且做到快挖快撑，严格按规定操作，减少施工暴露时间。

3. 对供应商的管理措施

本工区中，施工材料主要包括：业主甲供材料、自购工程材料。其中由业主提供的包括钢筋、钢支撑、围挡材料等。工程所用的材料必须进行严格的质量管理，包括对原材料、成品、半成品的质量管理。对供货商的严格管理也是保证工程质量的重要措施之一。

（1）业主供材管理

① 工区项目经理部物资部门每月 25 日前向业主物资管理部门提出下月材料需用计划，并在运送到工地前 3 天再次提出申请，申请内容包括材料名称、规格、型号、数量、质量标准。

② 材料运送到工地后，由物资部门组织人员进行验收，包括材料名称、规格、型号、数量、质量标准是否与申请单相符，出厂合格证、质量检验证明是否齐全，包装是否完好，若完全符合，立即办理签收手续。发现不符合要求的坚决拒收，并立即向业主物资管理部门报告请况。

资运送到工地后，立即通知委托的中心试验室，按规定的抽样方法、检验频率进行复检。

④ 由业主提供的物资，用专门的库房单独存放，专人保管。

（2）自购材料的管理及产品采购

① 对于自购的材料，将积极对供货商进行调查、评价，选择信誉度最好，供货能力强的供货商。

② 选定供货商前对多家供货商的能力、信誉进行详细的调查，评价满足产品质量要求的能力，查阅其被证实的能力和业绩的记录。调查是否通过质量体系认证或近期获得国家、行业认可。

③ 经对多家供货商的进行全面的调查，物资部根据调查资料，编制"供货商调查表"，对合格的单位暂定为初选供货商。

④ 与初选供货商联络，请供货商提供需进行再试验产品的样品，送试验室检测。

⑤ 收集、整理供货商认定过程中的有关资料，对初选供货商进行评价，根据对供货商的调查和评价情况，负责认定合格供货商，编制"合格供货商名录"，建立档案。

⑥ 综合选择合格的优秀的供料方，并签订供货合同。

⑦ 每批产品应索取相关技术证件(技术证件要求填写齐全，如钢材炉号、水泥批号等)。

⑧ 认真做好进货检验和试验，严把产品质量验收关，不合格的产品不得进入现场。

4. 质量缺陷责任期的维修保证措施

为了使工程竣工验收后在实际使用条件下，确保工程各种设施达到合同规定的要求，在工程缺陷责任期采取如下维修措施：

① 成立专门质量缺陷责任期维修小组，专门负责工程在质量缺陷责任期各种质量缺陷的维修，做到尽可能满足客户的使用需要。同时落实责任，跟踪服务。

② 工程在质量缺陷责任期的任何缺陷或损坏，我方将遵循"质量第一、用户至上"的原则，严格按照监理工程师提出的质量要求进行维修。

③ 工程在质量责任缺陷期存在的所有缺陷，在未取得监理工程师同意、批准之前不得擅自先行维修。

④ 对质量责任缺陷期工程存在的所有缺陷，必须做好详细的缺陷记录上报业主和施工监理，同时上报详细的维修方案。

⑤ 责任期的缺陷维修严格按照审定、批准的缺陷维修方案进行施工，同时必须符合有关施工规范、规程的规定。

### （十七）冬季、雨季、夏季、夜间、台风季节施工质量保证措施

冬季、雨季、夏季、夜间、台风季节施工质量保证措施见表9-11。

表9-11　冬季、雨季、夏季、夜间、台风季节施工质量保证措施

| 序号 | 不利天气 | 质量保证措施 |
|---|---|---|
| 1 | 冬季 | 冬季气温较低，混凝土浇注现场应留设同条件养护的混凝土试块作为拆模依据，拆模时间可以适当推迟，当混凝土与外界温差大于20℃时，拆模后的混凝土表面，应临时覆盖，使其缓慢冷却，防止冷击，养护时注意保温保湿，先覆盖塑料薄膜，上部再覆草袋、麻袋等保温材料 |
| 2 | 雨季 | 雨季这段时间是工程施工重点施工阶段，对保证本工程以后的施工进度和质量有着重大的影响，为保证工期，雨季施工以预防为主，采用防御措施及加强排水手段。1. 怕雨、怕潮、怕裂、怕倒的原材料、构件和设备，应放入室内，或设立坚实的基础堆放在较高处，或用帐篷布封盖严密等措施，进行分别处理；2. 按时收听天气预报，周密安排施工，避免下雨时浇注混凝土；3. 施工过程中，实验室增加骨料含水率测定次数，随时调整搅拌楼拌和用水量；4. 浇注过程中如遇小雨，适当增加水泥用量，缩短浇注时间，并及时对新灌注砼进行防护；5. 浇注过程中如遇中雨或大雨，立即停止浇注，采取覆盖措施，防止砼被冲刷 |

| 序号 | 不利天气 | 质量保证措施 |
|---|---|---|
| 3 | 夏季 | 1. 在高温酷暑期间，对各生产环节中持续运行的机械设备，尽可能采取间断运行的方式，对确需持续运行的机械设备，采取降温措施，防范因机械设备故障而带来的事故；2. 高温天气、干燥热风吹在混凝土结构表面使其水分蒸发很快，一定要加强对混凝土养护，一般气候下普通混凝土浇注后12h内开始浇水养护，但夏季高温季节进行混凝土施工时开始浇水养护时间要提前，养护时间要始终保持混凝土表面湿润；3. 模板工程高温施工措施：模板加工及存放都在棚内或遮盖，避免阳光直接照射。已经支好的模板进行了遮盖，避免模板起皮 |
| 4 | 台风季节 | 施工期间台风对本工程影响大，台风季节期间，要合理安排施工：1. 在台风季节来临前，做好工区项目经理部的防洪防台应急预案；2. 密切注意台风动向，若有台风来袭，工区项目经理部将按照防洪防台应急预案做好临时建筑等的加固防台，对已经安装的模板，来不及浇筑的，应采取加固措施，台风过后，重新检查模板安装情况，确保安装尺寸、缝隙等符合要求；3. 加强水泥、钢筋等材料防台措施，水泥必须全部入罐，钢筋堆放采取覆盖措施，防止台风带来雨水淋湿材料；4. 台风过后及时组织人员检查工地，发现问题及时整改 |
| 5 | 夜间 | 1. 首先对参加夜间施工的工作人员进行夜间施工安全交底；2. 模板支设、钢筋绑扎、预埋件设置、标高测设尽量安排在白天进行；3. 施工设置足够的照明设备，在施工前进行检查，保证设备正常使用；4. 砼振捣专人负责，避免漏振；5. 现浇砼构件标高设明显标识，施工人员精心操作，确保标高满足设计要求 |

# 第四节　环境因素辨识及环境保护管理

## 一、环境因素辨识与评估

详见重要环境因素清单。

## 二、环境保护目标与责任落实。

### （一）环境保护目标

不发生环境污染责任事故。

### （二）责任落实

1. 建立环保机构、明确环保职责

成立以工区项目经理为组长的环境保护领导小组，工区项目经理对环保工作全面负责；按照"分区负责、分级负责"的原则，各工点分管副经理为相应区域环保直接责任人，由安质部对各级管理人员落实环保职责的情况进行监督。环境保护体系见图9-13所示。

2. 培训和教育

加强环境保护宣传教育，学习环境管理体系文件、地方政府环保法规及有关规定，使广大干部职工认识到环境保护的重要性和必要性，增强环境保护的自觉性，提高全员环保意识。

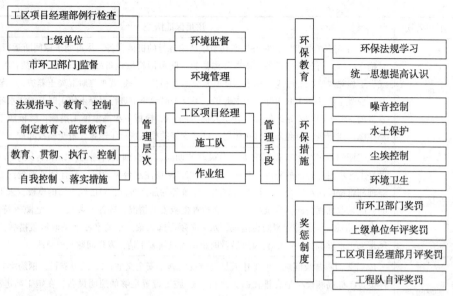

图 9-13　环境保护体系图

### 3. 奖励和考核

加强环境保护检查，制定奖惩制度，每月组织一次专项检查，对照评分，交流经验，严格奖惩，查纠不足。

## 三、环境保护应遵循的法规、制度

环境保护应遵循的法规、制度见表 9-12。

表 9-12　环境保护应遵循的法规、制度

| 序号 | 法规、制度 | 颁发日期 |
|---|---|---|
| 1 | 厦门市环境保护条例 | 2004.06.05 |
| 2 | 厦门市水污染物排放许可证管理实施办法 | 1991.04.24 |
| 3 | 厦门市建筑废土、沙石运输管理办法（试行） | 2008.06.01 |
| 4 | 建设项目职业病危害分类管理办法 | 2006.07.27 |
| 5 | 建设项目环境保护管理条例 | 1998.11.18 |
| 6 | 关于发布《废电池污染防治技术政策》的通知 | 2003.10.09 |
| 7 | 福建省固体废物污染环境防治若干规定 | 2010.01.01 |
| 8 | 厦门轨道交通集团有限公司现场文明施工管理办法（试行） | 2012.09 |

## 四、管理和技术措施

### （一）自然环境保护

① 对施工场地进行详细测量，编制出详细的场地布置图，在业主提供的施工场地范围内合理布置施工场地，生产、办公设施布置在征地红线以内，尽量不破坏原有的植被，保

护自然环境，并且按图布置的施工场地围挡及临时设施要考虑到同周围环境协调。

② 对施工中可能遇到的各种公共设施，制定可靠的防止损坏和移位的实施措施，向全体施工人员交底。

③ 对施工有影响的树木采取必要的保护措施，对要迁移的树木须报请园林部门确认后及时向业主报告，由业主委托园林部门进行迁移，不得私自移除或破坏。

④ 弃碴运至指定的弃渣场，严禁任意弃渣。

### （二）保持环境卫生

① 施工场地采用硬式围挡，施工区的材料堆放、材料加工、出碴及出料口等场地均设置围挡封闭。施工现场以外的公用场地禁止堆放材料、工具、建筑垃圾等。

② 场地出口设洗车槽，并设专人对所有出场地的车辆进行冲洗，严禁遗洒。采用带盖的碴土车运送碴土，严防落土掉碴污染道路，影响环境。

③ 落实"门前三包"责任制，保持施工区和生活区的环境卫生，及时清理垃圾，运至指定地点进行掩埋或采取其他处理方法处理，生活区设置化粪设备，生活污水和大小便经化粪设备处理后排入市政污水管道。

④ 工程车辆的行驶路线和时间要严格遵守交管部门的要求，禁止超载、超高、超速行驶，对工地周围的道路派专人清扫，保持周边环境的整洁。

⑤ 燃料、燃油必须采用专用车辆运输，并要有专人负责保护。

### （三）施工噪声控制

① 合理安排施工作业、重型运输车辆的运行时间，避开噪声敏感时段；较高噪声、较高振动的施工作业尽量安排在环境噪声值较高的白天施工；禁止施工人员在居民区附近和夜间施工时高声喧哗，避免人为噪声扰民。

② 工程施工期间，严格按照国家和厦门市有关法规要求，控制噪声、振动对周围地区建筑物及居民的影响。施工噪声遵守《建筑施工场界环境噪声排放标准》（GB 12523—2011），施工振动对环境的影响遵守《城市区域环境振动标准》（GB 10070—1988）。

### （四）内燃机械空气污染控制

优先选用电动机械，尽量减少内燃机械对空气的污染。

### （五）施工污水处理

在工作场地内设置沉淀池，对施工废水进行沉淀净化，并用于场地内运输道路的洒水降尘。对施工中产生的废泥浆，在排入市政管网前先沉淀过滤，废泥浆使用专门的车辆运输，防止遗撒、污染路面。

### （六）扬尘控制

施工场地及道路进行硬化，适时洒水，减轻扬尘污染。土、石、砂、水泥等材料运输和堆放进行遮盖，减少污染。

### （七）建筑物和地下管线保护

① 对所通过的建筑物的桩基、建筑物外表、裂缝等情况进行拍照、记录，并请第三方对影响范围内的建筑物情况进行公证。施工中采取合理的措施对建筑物进行保护，防止对

建筑造成损伤。

② 对施工中遇到的各种管线,先探明后施工,并做好地下管线抢修预案。妥善保护各类地下管线,确保城市公共设施的安全。

### (八) 保证交通通畅

场地布置时,对施工场地所处位置及相邻道路的交通情况进行详细调查,根据调查结果进行场地规划。并编制详细的施工运输方案,尤其对渣土外运及材料进场等运输路线进行详细的调查,并与交通部门联系确定交通疏解方案。施工期间严格按照既定的运输路线和运输方案、交通疏解方案进行实施。

### (九) 环境绿化

工程竣工为保证原有的面貌,需要搞好地面恢复,恢复原有植被,保持城市原有环境风貌的完整和美观。

# 第五节　节能减排与文明施工措施

## 一、节能减排与文明施工目标

争创省市安全文明标准化工地。在施工过程中严格按照创建文明安全工地的标准和要求进行文明安全施工管理,督促全体工作人员自觉遵纪守法和做好文明施工。节能减排旨在确保科学合理地利用能源和资源、杜绝浪费,兼顾施工生产与社会效益平衡。

## 二、节能减排计划与措施

### (一) 节能减排计划

施工前根据本项目特点,有针对性地制订节能减排计划,编制节能减排措施,并落实执行,定期安排检查与考核。

### (二) 节能减排措施

为完成上述节能减排目标,项目部成立节能减排管理小组,进行监督控制,并制订工作细则和一系列节能的控制措施。

1. 施工生产方面节能减排措施

① 设备进场严格执行进场准入制度,对于排放和油耗不达标的车辆严禁进场作业。

② 能耗较高的各个作业部位由分项主管负责监控,对所辖分项的能耗及排放情况负责,出现状况及时向分管领导反映。

③ 积极引进先进的节能减排技术,对已经使用的设备和施工工艺做出调整,节约能源,减少排放。

④ 各用电场所的配电室必须有专业人员负责,健全岗位责任,认真填写运行记录,并对供电质量、用电安全负责;线路在设计时应符合节能要求,各相负载尽量平衡以减少损耗;用电负责人应随时检查人离机停、人走灯灭的节电情况;在设备更新时,要考虑淘汰

耗能高的机电设备，努力更换使用节能科技新产品；对使用的车辆经常检查，以防零部件出现松动，导致漏油发生，并定期进行检修和维护，防止机油泄漏。

2. 工作、生活方面节能减排措施

① 注意随手关灯，使用高效节能灯泡。节能灯最好不要短时间内开关，节能灯在开关时是最耗电的，对于保险丝的损伤也是最大的。

② 购买洗衣机、电脑、空调或其他电器时，选择可靠的低耗节能产品；电脑、空调不用时及时关断电源，既节约用电又防止插座短路引起火灾的隐患；不用时关掉饮水机的电源；保持冰箱处于无霜状态。

③ 尽量循环利用材料，靠循环再利用的方法来进行材料的循环使用，可以减少生产新源料的数量，从而降低二氧化碳的排放量。

④ 出门时，如目的地较近，可以尽量采用步行的方法；用手洗轻便的衣服，也是一种很好的运动，同时也可以节约电能。

⑤ 利用各种可再生能源的技术，能减少我们在使用能源过程中排放的二氧化碳。

⑥ 垃圾分类可以回收宝贵的资源，同时减少填埋和焚烧垃圾所消耗的能源。

## 三、文明施工方案与措施

### (一) 建立文明施工管理责任制

为了全面落实市建委和市政府关于创建文明工地的要求，强化"谁承包，谁负责"的原则，本工程实行文明施工责任制。工区项目经理是施工现场的直接管理者，对管理的施工现场的文明施工负直接责任。工区项目副经理、作业队长对各自管辖的范围负管理责任。

### (二) 文明施工管理网络

① 文明施工是涉及人民群众的切身利益，同时也是取信于民、维护企业声誉的大事，一旦在文明施工中掉以轻心，造成的损失和影响是无法弥补的。我们将遵循"快速施工、集中施工、文明施工"原则，组织管理和施工，并指定文明施工管理网络。

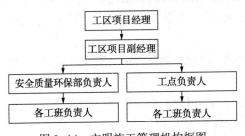

图 9-14　文明施工管理机构框图

② 建立文明施工领导小组，加强文明施工管理。建立、健全以分管领导和文明施工员具体指导、工区项目经理现场负责，各施工队、班、组具体落实的管理网络，增强管理力量。文明施工管理机构框图见图9-16。

3. 文明施工保证措施

① 严格遵守国家、厦门市有关文明施工的规定。认真贯彻业主有关文明施工的各项要求，制定出以"方便居民生活，利于生产发展，维护环境卫生"为宗旨的文明施工措施。

② 本工程建设将全面开展创建文明工地活动，切实做到"两通、三无、五必须"。

a. 两通：施工现场人行道畅通，施工工地沿线单位和居民出入口畅通。

b. 三无：施工无管线事故；施工无重大伤亡事故；施工现场周围无坑塘和积水，道路平整。

　　c. 五必须：施工区域必须严格分离；施工现场必须挂牌施工和工作人员配卡上岗；工地现场材料必须堆放整齐合理；工地生活设施必须清洁文明；工地现场必须开展以创建文明工地为主要内容的思想政治工作。

　　③ 在正式开工之前邀请工程周围所涉及的单位、街道以及居民代表召开座谈会，征询对文明施工的意见和建议，取得他们的谅解、理解和支持。

　　④ 实行施工现场平面管理制度，各类临时设施、施工便道、加工场、堆放场和生活设施均按经过业主审定的施工组织设计和总平面布置图实施，如因现场情况变化，必须调整平面布置，应画出总平面布置调整图报上级部门批准，不得擅自改变总平面布置或搭建其他设施。

　　⑤ 结合本工区实际情况，成立以工区项目经理为组长的文明施工领导小组，对工区项目经理部及各作业队负责人进行明确分工，落实文明施工现场责任区，制定相关规章制度，确保文明施工现场管理有章可循。

　　⑥ 现场工程概况牌、维权公示牌、管理人员名单、安全生产规定、文明施工规定、防火规定、施工现场平面布置图和重大危险源公示牌要设置齐全，规格统一，内容完善，位置醒目，特别要注明工程名称、施工单位、工期、工程主要负责人和监督电话，接受社会监督。

　　⑦ 进场材料、成品、半成品以及构件等分门别类，堆放整齐，机械设备指定专人保养，保持运行正常，机容整洁。

　　⑧ 施工中严格按审定的施工组织设计及作业指导书实施各道工序，保持场地上无淤泥积水，施工道路平整畅通。临时道路的路面要硬化，道路平坦、通畅，周边设排水沟，路边设置相应的安全防护设施和安全标志，道路要经常维修。

　　⑨ 工地主要出入口设置交通指令标志和警示灯，保证车辆和行人安全。

　　⑩ 合理安排施工，尽可能使用低噪声设备，严格控制噪声，对于特殊设备采取降噪消音措施，以尽可能减少噪声对周边环境的影响。

　　⑪ 施工现场给排水要统一规划，做到给水不漏，排水顺畅。施工污水经明沟引流、集水池沉淀滤清后，间接排入下水道。同时落实"防大风""防汛"和"雨季防涝"措施，配备"三防器材"和值班人员作好"三防"工作。

　　⑫ 施工用电有用电规划设计，明确电源、配电箱及线路位置，制定安全用电技术措施和电器防火措施，不准随意架设线路。

　　⑬ 现场实行安全、保卫制度，进入施工现场的人员一律要戴安全帽。管理人员与作业人员分颜色区别，建立来访制度，经常对工人进行法律和文明教育。

　　⑭ 现场设置职工生活服务设施，工地食堂、更衣室、浴室、厕所等生活设施，需保持整洁卫生，符合厦门市卫生标准。搞好文体活动，做好卫生防病工作，确保职工身心健康。对生活区和办公区场地进行植树、种草绿化。

　　⑮ 施工现场设置专职的"环境保洁岗"，负责检查施工场地内外的卫生设施和卫生情况，并督促有关部门和个人及时进行清洁。

　　⑯ 认真执行国家有关安全生产和劳动保护法法规，建立安全生产责任制，严格按照《中华人民共和国消防条例》建立和执行防火管理制度，设置符合要求的消防设施并保持其

良好的工作状态。

⑰ 加强施工现场的检查与监督，从严要求、持之以恒，使现场文明施工管理真正抓出成效。同时经常征求建设单位和施工监理单位对文明施工的批评意见，及时采取整改措施，切实搞好文明施工。

⑱ 工程竣工后，及时拆除工地的所有安全防护设施和其他临时设施，清理现场恢复原貌。

### （四）文物保护措施

① 对施工人员进行文物保护意识教育，施工过程遵守国家和地方政府有关文物保护的法规和条例，对违反的人员按国家和地方政府有关规定进行处理。

② 施工过程中如发现有文物、古迹以及具有地质研究或考古价值的其他遗迹、化石、钱币或物品，不得随意移动和收藏，立即暂停施工并保护好现场，防止文物流失，通知监理工程师及上级主管部门，并派专人看守保护等候处理。

③ 施工中注意对当地和已规划文物遗址的保护。

### （五）管线保护措施

1. 施工准备阶段采取的措施

① 开工前项目部参加建设单位组织的管线综合协调交底会。了解管线的性质、走向、埋深、管径以及管线的变化情况。项目部在制定施工组织设计方案时，从现状管线保护角度考虑方案的可操作性和安全性，从方案上保证管线安全。

② 项目部取得各种地下管线资料后，对照现场与图纸资料互相校核验证。建立健全地下管线安全保证体系，项目部设专职安全员，作业队伍进行三级安全教育和安全技术交底，挑选技术水平过硬的机械操作人员，并对操作人员进行安全施工技术交底。制定安全生产责任制，明确奖惩措施，责任落实到人。

2. 现场地下管线详细调查

① 挖探沟：探沟采用人工开挖，开挖时应采用铁锹薄层轻挖，不宜使用羊镐、钢钎等尖锐工具。根据现场情况确定探沟的间距，通过两处以上探沟暴露的管线情况来推断该种管线的大致走向和埋深等信息。

② 与各专业管线单位监护人员进行交流，请他们介绍一下管线的分布情况，施工中应该注意的事项，对工程的安全、进度十分有利。

③ 根据经验，仔细观察，合理判断分支管线的埋设位置和种类。重点观察部位：大路口处四周集中穿路管线，沿线单位处支管接入情况，一般从检查井盖位置可以看出管线的大致走向；电线杆引下线、配电柜至附近电力检查井之间应小心地下敷设的电力电缆。

④ 绘制管线分布图。对调查出的各种地下管线叠加绘制在同一张平面分布图上，注明每种管线的埋设方式，张贴在办公室显要位置，组织施工管理人员交底学习，随时提醒相关人员注意管线安全。

⑤ 现场做好警示标志。对已查明的地下管线，在施工现场应做好醒目的警示标志，方法是沿管道走向插小红旗，旗杆上设置方向标和标志牌，标志牌上注明管道名称、管径、根数、埋深等信息，小红旗之间洒白色石灰连成线，提示施工人员和机械操作人员注意保

护地下管线安全。对于埋设较浅，受到重压会有危险的管线，还应采用设置警戒线的方式禁止一切重型机械通过。

3. 施工过程中采取的措施

① 机械开挖沟槽、路槽作业时，应有专人指挥，在地下管线位置安全距离外洒白色石灰线，线内禁止机械作业，避免因管道两侧土体受到挤压而损坏管道。管道位置采用人工薄层轻挖，管道暴露后应采取临时保护和加固措施，随时检查是否存在安全隐患。

② 对开槽中发现的没有标明的地下管线，或虽有竣工资料，但管线的位置、走向与实际不符时，要及时会同有关单位召开专门的会议，制定专门的保护方案。

③ 机械操作人员必须服从现场管理人员的指挥，小心操作，挖掘动作不宜太大，防止盲目施工，施工机械行进路线应避开已标明的地下管道位置。

④ 常见的供水、电缆、燃气管道等遇到障碍物时，为了避让障碍会突然抬高，或者走向突左突右、很不规则的现象，因此施工人员要时刻保持警惕，不能依据某探坑处发现的管线位置、高程而想当然地认为全线如此。

⑤ 开挖作业时根据土层的变化和土壤含水量的变化来推测管线位置，根据经验：土壤突然变湿或局部翻浆应考虑可能因附近供水管道渗漏引起的；土壤突然变干应考虑附近可能有供暖管道；土层显示为原状土则比较安全，若显示为回填土或采用其他材料回填而成则应小心地下管线。

⑥ 根据专业管线的常用包管材料来判断管道位置和种类。供热管道常用黄砂包管；燃气管道常用石粉包管，并在管顶 30cm 处设置警示带；供水管道常用水泥石屑包管；电力直埋管常用混凝土包管。所以路槽开挖时，当突然挖出以上材料时应小心地下管道。

⑦ 竖井开挖施工管线保护措施。竖井开挖施工时，降水、围护结构变形过大导致的地面沉降是影响地下管线的主要因素。为保护地下管线的安全、正常使用，施工中应加以妥善保护。

a. 冲孔灌注桩施工前先做探坑，探坑深度 12.5m，探明地下无"在用"管线时再施工。

b. 旋喷桩施工至桩顶 1m 范围时，要严格控制注浆压力，防止浆液压力对附近管线造成破坏。

⑧ 隧道施工管线保护措施。根据沿线环境保护要求及隧道施工特点，施工过程中主要从隧道开挖施工方面入手来减少地表沉降，将管线的被动变形控制在允许范围内，并配以其他辅助措施，确保隧道施工影响范围内地下管线的安全。

a. 施工前对隧道施工影响范围内的地下管线进行全面调查，并列出需重点保护的对象及其所处的里程。对其沉降要求做出全面统计，根据计算或设计要求确定其沉降预警值、不均匀沉降值，为以后施工提供指导。

b. 对于管线埋深较浅，管线分布较少的地段，浅埋暗挖法施工的通道应严格按照"管超前，严注浆，短开挖，强支护，早封闭，勤量测"的施工原则进行施工组织，杜绝掌子面暴露时间过长引起地表沉降。

c. 对于埋深较深或有特殊保护要求(煤气)的管线的地段，除遵循上述施工原则外还应从加强超前支护、初期支护、进行回填注浆等方面入手严控地表沉降。

⑨ 监控量测。采用信息化施工，设定各种管线位移警戒值，及时反馈监测信息，根据

施工时实际情况及时调整支护参数及施工步骤，并采用相应的保护措施，从而确保管线的安全。

a. 加强施工管线监控，根据不同的管线，建立各类管线的管理基准值，通过监控量测及时掌握管线变形状况，及时调整施工工艺，做好二次补压浆工作，确保管线保护管理在可控状态有效进行。

b. 加强地面沉降监测，尤其对沉降敏感的管线要布点监测，并及时分析施工对管线的影响程度，根据施工和变位情况调节观测的频率，及时反馈指导施工。

c. 当施工前预测和施工中监测分析确认某些重要管线可能受到损害时，将根据地面条件、管线埋深条件等采用临时加固、悬吊或管下地基注浆等保护方案，并经监理工程师批准后实施。

# 参 考 文 献

［1］ Benz T. Small-strain Stiffness of Soils andits Numerical Consequences［D］. Stuttgart University，2007.

［2］ Bransby P L，Milligan GWE. Soil Deformations Near Cantilever Sheet Pile Walls［J］. 1975，25：174-195.

［3］ Chin-Yung Chang，James M. Duncan. Analysis of Soil Movement Around a Deep Excavation［J］. Journal of the Soil Mechanicsand Foundations Division. 1970，SM5(96)：1629-1653.

［4］ IBR. Analysis of incremental excavation based on critical state theory［J］. Journal Of Geotechnical Engineering Division. 1990，6(116)：963-985.

［5］ JFR，SHI，JSP. Analysis of braced excavations with coupled finite element formulations［J］. Computers And Geotechnics. 1991，12(35)：91-114.

［6］ Kung Gordon T，Jheng U. Evaluation of analyzing excavation-induced wall deflection and ground movement using hardening soil models［J］. Yantu Gongcheng Xuebao/Chinese Journal of Geotechnical Engineering. 2010，32(2)：174-178.

［7］ Tang Y，Kung GT. Investigating the effect of soil models on deformations caused by braced excavations through，inverse-analysis technique［J］. Computers and Geotechnics. 2010，37(6)：769-780.

［8］ TeruoN，DanielaB，Yasuharu. Sato，Y. Simulation of conventional and inverted braced excavation using subloading t_ (ij) MODEL model［J］. Soiland Foundations. 2007，47(3)：596-612.

［9］ Viggiani G，Tamagnini C. Ground movements around excavations in granular soils：A few remarks on the influence of the constitutive assumptions on FE predictions［J］. Mechanics of Cohesive-Frictional Materials. 2000，5(5)：399-423.

［10］ 曾宪明，黄久松，王作民. 土钉支护设计与施工手册［M］. 北京：中国建筑工业出版社，2000.

［11］ 陈希哲. 土力学地基基础［M］. 4版. 北京：清华大学出版社，2003.

［12］ 陈幼雄. 井点降水设计与施工［M］. 上海：上海科学普及出版社，2004.

［13］ 陈肇元，崔京浩. 土钉支护在基坑工程中的应用［M］. 2版. 北京：中国建筑工业出版社，2000.

［14］ 陈忠汉，黄书秩. 深基坑工程［M］. 北京：机械工业出版社，2002.

［15］ 程良奎，杨志银. 喷射混凝土与土钉墙［M］. 北京：中国建筑工业出版社，1998.

［16］ 崔宏环，张立群，赵国景. 深基坑开挖中双排桩支护的的三维有限元模拟［J］. 岩土力学. 2006(04)：662-666.

［17］ 戴北冰，王成华，雷军. 双排桩开挖过程的改进有限元分析方法［J］. 低温建筑技术. 2006(04)：106-110.

［18］ 戴智敏，阳凯凯. 深基坑双排桩支护结构体系受力分析与计算［J］. 信阳师范学院学报(自然科学版). 2002(03)：347-352.

［19］ 邓成发. 门架式双排桩围护结构在深基坑工程中的应用研究［D］. 河海大学，2008.

［20］ 邓志勇，陆培毅. 几种单桩竖向极限承载力预测模型的对比分析［J］. 岩土力学. 2002(04)：427-431.

［21］ 董必昌，邱红胜. 双排桩对边坡稳定影响分析的仿真研究［J］. 武汉理工大学学报(交通科学与工程版). 2007(03)：502-505.

［22］ 高森亚. 微型钢管桩在基坑支护中的应用研究［D］. 长沙：中南大学，2008.

［23］ 葛恒毕. 深基坑工程特点及支护技术在我国的发展［J］. 山西建筑. 2010(09)：92-94.

［24］ 工程地质手册编委会. 工程地质手册［M］. 4版. 北京：中国建筑工业出版社，2007.

［25］ 何颐华，季婉如. 大基础地基压缩层深度计算方法的研究［J］. 建筑结构学报. 1984(01)：55-63.

［26］ 黄强. 护坡桩空间受力简化计算方法［J］. 建筑技术. 1989(6)：43-45.

[27] 黄强. 深基坑支护工程设计技术[M]. 北京：中国建材工业出版社，1995.

[28] 建设部综合勘察研究设计院. JGJ/T111—98 建筑与市政降水工程技术规范[S]. 北京：中国建筑工业出版社，1999.

[29] 蒋国盛. 基坑工程[M]. 武汉：中国地质大学出版社，2000.

[30] 李小军，陈映华，宣庐峻. 采用水上深基坑围护法建造特大型船坞坞口的创新设计[J]. 岩土工程学报. 2006(S1)：1560-1564.

[31] 李钟. 深基坑支护技术现状及发展趋势(一)[J]. 岩土工程界. 2001(第1期)：42-45.

[32] 廖雄华，周健，徐建平，等. 粘性土室内平面应变试验的颗粒流模拟[J]. 水利学报. 2002(12)：11-17.

[33] 廖瑛. 深基坑及基坑支护结构发展综述[J]. 科技进步与对策. 2003(S1)：252-253.

[34] 林鹏，王艳峰，范志雄，等. 双排桩支护结构在软土基坑工程中的应用分析[J]. 岩土工程学报. 2010(S2)：331-334.

[35] 林宗元. 岩土工程治理手册[M]. 北京：中国建筑工业出版社，2005.

[36] 刘唱晓. 基桩嵌入地层的三维可视化研究[D]. 中国科学院武汉岩土力学研究所，2005.

[37] 刘二栓. 深基坑工程特点及存在的问题[J]. 有色金属设计. 2004(01)：44-47.

[38] 刘国彬，王卫东. 基坑工程手册[M]. 2版. 北京：中国建筑工业出版社，2009.

[39] 刘建航，侯学渊. 基坑工程手册[M]. 北京：中国建筑工业出版社，1997.

[40] 刘庆茶，吴福相. 有空间效应的土压力在双排桩支护结构中的研究分析[J]. 中国水运(学术版). 2006(05)：202-205.

[41] 刘维宁，张弥，邝明. 城市地下工程环境影响的控制理论及其应用[J]. 土木工程学报. 1997(05)：65-75.

[42] 刘钊. 双排桩结构的分析及实验研究[J]. 岩土工程学报. 1992(9)：13-15.

[43] 聂庆科，梁金国，韩立君，等. 深基坑双排桩支护结构设计理论与应用[J]. 岩土力学. 2008(08)：2301.

[44] 彭文斌. FLAC3D 实用教程[M]. 北京：机械工业出版社，2009.

[45] 平扬，白世伟，曹俊坚. 深基双排桩空间协同计算理论及位移反分析[J]. 土木工程学报. 2001(02)：79-83.

[46] 清华大学土木工程系. CECS96—97 基坑土钉支护技术规程[S]. 北京：中国城市出版社，1997.

[47] 山东省建设厅. GB50497—2009 建筑基坑工程监测技术规范[S]. 北京：中国计划出版社，2009.

[48] 史海莹. 双排桩支护结构性状研究[D]. 浙江大学，2010.

[49] 唐业清，李启民. 基坑工程事故分析与处理[M]. 北京：中国建筑工业出版社，1999.

[50] 唐业清，力启明，崔江余. 基坑事故分析与处理[M]. 北京：中国建筑工业出版社，1997.

[51] 万智. 深基坑双排桩支护结构体系受力分析与计算[D]. 湖南大学，2001.

[52] 王曙光. 基坑支护事故处理经验录[M]. 北京：机械工业出版社，2005.

[53] 王卫东，王建华. 深基坑支护结构与主体结构相结合的设计、分析与实例[M]. 北京：中国建筑工业出版社，2007.

[54] 熊冰，徐良德. 渝黔高速公路C、D段深路堑高边坡处治方式浅析[J]. 路基工程. 2001(02)：10-11.

[55] 熊巨华. 一类双排桩支护结构的简化计算方法[J]. 勘察科学技术. 1999(02)：32-34.

[56] 熊伟芬. 深基坑双排桩支护结构计算模式与树脂模拟研究[D]. 武汉：武汉理工大学，2010.

[57] 徐至钧，赵锡宏. 逆作法设计与施工[M]. 北京：机械工业出版社，2002.

[58] 徐中华，王卫东. 敏感环境下基坑数值分析中土体本构模型的选择[J]. 岩土力学. 2010(01)：

257-264.

[59] 杨德健，王铁成．双排桩支护结构优化设计与工程应用研究[J]．工程力学．2010(S2)：283-288.

[60] 杨光华．深基坑支护结构的实用计算分析方法及其应用[M]．北京：地质出版社，2004.

[61] 杨建斌，潘秋元，朱向荣．深基开挖双排支护系统性状分析[J]．浙江建筑．1995(01)：9-12.

[62] 杨靖．考虑尺寸效应的双排桩的有限元分析[D]．天津大学，2006.

[63] 杨曼，李博．国内外基坑发展概况[J]．山西建筑．2007(24)：123-124.

[64] 杨育文，蒋涛，刘秀萍，等．深基坑工程实例及系统开发[J]．岩土工程学报．2006(S1)：1844-1848.

[65] 姚天强，石振华．基坑降水手册[M]．北京：中国建筑工业出版社，2006.

[66] 余志成，施文华．深基坑支护设计和施工[M]．北京：中国建筑工业出版社，1997.

[67] 张冬霁．考虑空间与时间效应的基坑工程数值分析研究[D]．浙江大学，2000.

[68] 张富军．双排桩支护结构研究[D]．西南交通大学，2004.

[69] 张秀成，王义重，傅旭东．不同应力路径下某高速公路路基黏性土湿化变形试验研究[J]．岩土力学．2010(06)：1791-1796.

[70] 张永波，孙新忠．基坑降水工程[M]．北京：地震出版社，2000.

[71] 赵志缙．简明深基坑工程设计施工手册[M]．北京：中国建筑工业出版社，2000.

[72] 郑陈旻．隧道塌方预警预报体系研究[J]．福建建设科技．2010(01)：70-72.

[73] 中国建筑科学研究院黄强建设部．建筑基坑支护技术规程 Technical specification forretaining and protection of building foundation excavations[M]．北京：中国建筑工业出版社，1999：90.

[74] 中国土木工程学会土力学与岩土工程分会．深基坑支护技术指南[M]．北京：中国建筑工业出版社，2012.

[75] 中华人民共和国建设部．GB50007—2011 建筑地基基础设计规范[S]．北京：中国建筑工业出版社，2011.

[76] 中华人民共和国建设部．GB50021—2001 岩土工程勘察规范(2009 版)[S]，北京：中国建筑工业出版社，2009.

[77] 中华人民共和国建设部．GB50330—2002 建筑边坡工程技术规范[S]．北京：中国建筑工业出版社，2002.

[78] 中华人民共和国建设部．JGJ120-99 建筑基坑支护技术规程[S]．北京：中国建筑工业出版社，1999.

[79] 中华人民共和国住房和城乡建设部．JGJ94—2008 建筑桩基技术规范[S]．北京：中国建筑工业出版社，2008.

[80] 中华人民共和国住房和城乡建设部．建筑基坑支护技术规程[S]．北京，2012.

[81] 周翠英，刘祚秋，尚伟，等．门架式双排抗滑桩设计计算新模式[J]．岩土力学．2005(03)：441-444.

[82] 朱艳红．双排桩结构的研究概况[J]．港工技术与管理．2003(06)：1-5，23.